U0128803

中等职业教育机电类专业“十一五”规划教材

计算机绘图（电气类）

中国机械工业教育协会
全国职业培训教学工作指导委员会 组编
机电专业委员会
闫 霞 主编

机 械 工 业 出 版 社

本教材是为适应“工学结合、校企合作”培养模式的需求，根据中国机械工业教育协会和全国职业培训教学工作指导委员会机电专业委员会组织制定的中等职业教育教学计划大纲编写的。本教材共9章，主要内容包括电气制图基本知识，Protel 99 SE 概述，原理图设计系统，原理图元件库编辑，生成原理图报表，印制电路板设计系统，单面板的制作，PCB元件封装，生成 PCB 报表文件等知识。在每章的最后均设有小结和复习题，使学生能够巩固并检验本章所学知识。

本套教材公共课、专业基础课、专业课、技能课、企业生产实践配套，教学计划大纲、教材、电子教案（或课件）齐全，大部分教材还有配套的习题集和解答。

本教材可供中等职业技术学校、技工学校、职业高中使用。

图书在版编目(CIP)数据

计算机绘图(电气类)/闫霞主编. —北京：机械工业出版社，2008.8
中等职业教育机电类专业“十一五”规划教材
ISBN 978-7-111-24787-6

Ⅰ.计…　Ⅱ.闫…　Ⅲ.电气工程-自动绘图-专业学校-教材
Ⅳ.TM02-39

中国版本图书馆 CIP 数据核字（2008）第118776号

机械工业出版社(北京市百万庄大街22号　邮政编码100037)
策划编辑：荆宏智　陈玉芝　责任编辑：陈玉芝　版式设计：霍永明
责任校对：姜　婷　　　封面设计：马精明　责任印制：李　妍
北京蓝海印刷有限公司印刷
2008年9月第1版第1次印刷
184mm×260mm ·12印张·293千字
0001—4000册
标准书号：ISBN 978-7-111-24787-6
定价：19.00元

《计算机绘图（电气类）》编审人员

主　编　闫　霞

参　编　史海青

主　审　廖怀平

序

为贯彻《国务院关于大力发展职业教育的决定》精神，落实文件中提出的中等职业学校实行“工学结合、校企合作”的新教学模式，满足中等职业学校、技工学校和职业高中技能型人才培养的要求，更好地适应企业的需要，为振兴装备制造业提供服务，中国机械工业教育协会和全国职业培训教学工作指导委员会机电专业委员会共同聘请有关行业专家制定了中等职业学校6个专业10个工种新的教学计划大纲，并据此组织编写了这6个专业的“十一五”规划教材。

这套新模式的教材共近70个品种。为体现行业领先的策略，编出特色，扩大本套教材的影响，方便教师和学生使用，并逐步形成品牌效应，我们在进行了充分调研后，才会同行业专家制定了这6个专业的教学计划，提出了教材的编写思路和要求。共有22个省（市、自治区）的近40所学校的专家参加了教学计划大纲的制定和教材的编写工作。

本套教材的编写贯彻了“以学生为根本，以就业为导向，以标准为尺度，以技能为核心”的理念，“实用、够用、好用”的原则。本套教材具有以下特色：

1. 教学计划大纲、教材、电子教案（或课件）齐全，大部分教材还有配套的习题集和习题解答。

2. 从公共基础课、专业基础课，到专业课、技能课全面规划，配套进行编写。

3. 按“工学结合、校企合作”的新教学模式重新制定了教学计划大纲，在专业技能课教材的编写时也进行了充分考虑，还编写了第三学年使用的《企业生产实习指导》。

4. 为满足不同地区、不同模式的教学需求，本套教材的部分科目采用了“任务驱动”形式和传统编写方式分别进行编写，以方便大家选择使用；考虑到不同学校对软件的不同要求，对于《模具CAD/CAM》课程，我们选用三种常用软件各编写了一本教材，以供大家选择使用。

5. 贯彻了“实用、够用、好用”的原则，突出“实用”，满足“够用”，一切为了“好用”。教材每单元中均有教学目标、本章小结、复习思考题或技能练习题，对内容不做过高的难度要求，关键是使学生学到干活的真本领。

本套教材的编写工作得到了许多学校领导的重视和大力支持以及各位老师的热烈响应，许多学校对教学计划大纲提出了很多建设性的意见和建议，并主动推荐教学骨干承担教材的编写任务，为编好教材提供了良好的技术保证，在此对各个学校的支持表示感谢。

由于时间仓促，编者水平有限，书中难免存在某些缺点或不足，敬请读者批评指正。

中国机械工业教育协会
全国职业培训教学工作指导委员会
机电专业委员会

前　言

随着科学技术的不断发展，现代电子工业也取得了长足的进步。大规模、超大规模集成电路的应用，使得电路设计及印制电路板的制作日趋精密和复杂，传统的手工操作已不能实现。因此，电路设计自动化——EDA 已成为现代电子工业中不可缺少的一项新技术。电路及印制电路板设计是 EDA 技术中的一个重要的内容，而 Protel 是目前应用比较广泛的一个软件。

本书从实用角度出发，结合中职、技校电气专业学生的特点，详细介绍了 Protel 99 SE 最重要的两个部分，即原理图设计和印制电路板设计。每个知识点均结合本专业相应的实例进行讲解，直观易懂且非常实用。

本书共分九章。第一章为电气制图基本知识；第二章为 Protel 99 SE 概述；第三章为原理图设计系统，包括原理图编辑器的基本功能及原理图的绘制等；第四章为原理图元件库编辑，通过实例讲述了制作原理图元件的详细过程；第五章为生成原理图报表；第六章为印制电路板设计系统，介绍了印制电路板的结构、常见元器件的封装形式及 PCB 编辑器的工作环境等；第七章为单面板的制作；第八章为 PCB 元件封装，通过实例讲解了自己创建 PCB 元件封装的具体操作等；第九章为生成 PCB 报表文件。每章后配有复习思考题，便于学生对所学的知识点加以巩固。

本书中有些元器件符号及电路图采用的是 Protel 99 SE 软件的符号标准，有些与国家标准不符，特提请读者注意。本书由闫霞主编，史海青参编，廖怀平主审。史海青编写了第一章，闫霞编写了第二至第九章。在本书的编写过程中，戴成增等老师给予了大力的支持和帮助，并提出了许多宝贵的意见，书中参考和引用了许多学者和专家的著作及研究成果，在此一一表示深深的感谢！

由于作者的水平有限，加之时间仓促，书中不足之处在所难免，敬请读者批评指正。

编者

目　录

第一章　电气制图基本知识

教学目标：

1. 熟悉电气制图国家标准中的一般规定。

2. 掌握电气专业常用元器件的图形符号及使用规则。

3. 能够识读常用电气图中的文字符号和项目代号。

4. 掌握识读电气专业中常见的几种图形：电路图、系统图、框图、接线图、接线表及印制电路板图的基本方法。

教学重点：

1. 电气制图国家标准中的一般规定。

2. 电气专业常用元器件的图形符号及使用规则。

3. 识读常用电气图中的文字符号和项目代号。

4. 识读电气专业中常见的电路图、系统图、框图。

教学难点：

1. 电气专业常用元器件图形符号的使用规则。

2. 识读常用电气图中的文字符号和项目代号。

3. 识读电气专业中常见的电路图、系统图、框图。

在电气技术领域中，用图形符号和各种图示方法绘制的图统称为电气图。电气图可用来阐述电气设备或装置的工作原理，描述产品的构成和功能，是提供装接和使用等信息的重要工具和手段。电气图的种类较多，其中常见的几种图形有电路图、系统图、框图、接线图、接线表及印制电路板图等。本章主要介绍有关电气制图的基础知识和几种常用电气图的绘制与识读。

第一节　电气制图的一般规则

一、幅面及格式（GB/T 14689—1993）

1. 图纸幅面

绘制图样时，应优先选用表 1-1 中规定的图纸基本幅面，当采用基本幅面绘制有困难时，也可采用表 1-2 中规定的加长幅面。

表 1-1　图纸基本幅面及尺寸　　（单位：mm）

<table>
<tr><th>幅面代号</th><th>A0</th><th>A1</th><th>A2</th><th>A3</th><th>A4</th></tr>
<tr><td>$B \times L$</td><td>841 × 1189</td><td>594 × 841</td><td>420 × 594</td><td>297 × 420</td><td>210 × 297</td></tr>
<tr><td>a</td><td colspan="5">25</td></tr>
<tr><td>c</td><td colspan="3">10</td><td colspan="2">5</td></tr>
<tr><td>e</td><td colspan="2">20</td><td colspan="3">10</td></tr>
</table>

表 1-2　图纸加长幅面及尺寸　（单位：mm）

幅面代号	A3×3	A3×4	A4×3	A4×4	A4×5
$B \times L$	420×891	420×1189	297×630	297×841	297×1051

2. 图框格式

图框的格式有两种：一种是保留装订边的图框，用于需要装订的图样，如图 1-1a 所示；另一种是不留装订边的图框，用于不需装订的图样，如图 1-1b 所示。图框用粗实线绘制，尺寸见表 1-1。

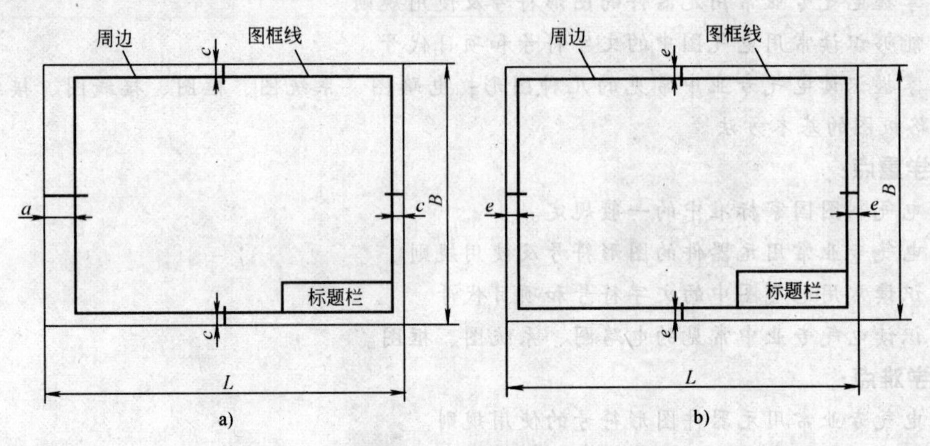

图 1-1　图框格式

a）保留装订边的图框　b）不留装订边的图框

3. 图幅分区

为了迅速查找和更改复杂图样中某些局部结构或尺寸，可在幅面中进行分区编号。图幅分区如图 1-2 所示，分区数为偶数，每一分区长度一般在 25～75mm 之间，分区线为细实线。每个分区内竖边方向用大写拉丁字母编号，横边方向用阿拉伯数字编号，编号的顺序从与标题栏相对的左上角开始。

4. 标题栏

标题栏一般位于图纸的右下角，其内容、格式及尺寸在《技术制图　标题栏》（GB/T 10609.1—1989）中均作了规定。

图 1-2　图幅分区

二、图线

1. 图线的名称、形式及应用

电气图中各种图线的名称、形式及一般应用见表 1-3。

2. 图线宽度

图线宽度一般从以下系列中选取：0.25mm、0.35mm、0.5mm、0.7mm、1.0mm、1.4mm。

在电气技术文件中通常只选用两种宽度的图线，粗线的宽度为细线宽度的两倍。如果某些图中需要两倍以上宽度的图线，则线的宽度以两倍依次递增。

表 1-3　电气图中图线的名称、形式及一般应用

图线名称	图线形式	一般应用
实线	————————	基本线、简图主要内容用线、可见轮廓线、可见导线
虚线	— — — — — — —	辅助线、屏蔽线、机械连接线、不可见轮廓线、不可见导线、计划扩展内容用线
点画线	——·——·——	分界线、结构围框线、功能围框线、分组围框线
双点画线	——··——··——	辅助围框线

三、箭头和指引线

1. 箭头

电气简图中的箭头有开口箭头和实心箭头两种形式。开口箭头如图 1-3a 所示，用于表示能量和信号流的传播方向。实心箭头如图 1-3b 所示，用于表示可变性、力和运动方向以及指引线的方向。

a)　　b)

图 1-3　电气简图中的箭头

a）开口箭头　b）实心箭头

2. 指引线

指引线用于指示注释的对象，其末端指向被注释处，并在其末端加注以下标记：

若末端在轮廓线内，加一圆点，如图 1-4a 所示；若末端在轮廓线上，加一箭头，如图 1-4b 所示；若末端在尺寸线上，则既不加圆点也不加箭头，如图 1-4c 所示；若末端在连接线上，则在连接线和指引线的交点处加一短斜线或箭头，如图 1-4d 所示。

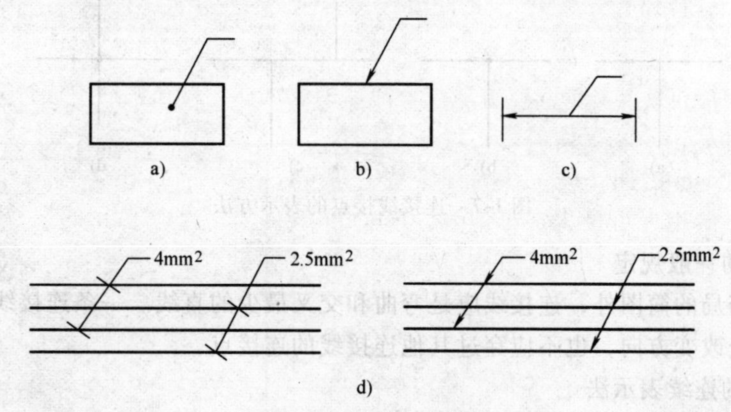

图 1-4　指引线的画法

四、连接线的表示方法

连接线是构成电气工程图的主要组成部分，连接线可分别表示导线、导线组、电缆、电力线路、信号线路、母线、总线以及用以表示某一电磁关系、功能关系等的连线。

1. 连接线的一般表示方法

连接线一般用细实线表示，计划扩展的内容可用虚线。有时为了突出或区分某些电路功能等，可以采用不同粗细的图线表示。主电路、主信号通路等可采用粗线，其余部分用细线，以示区别。

2. 连接线的分组

当有多条平行连接线时，为了便于看图，应按功能进行分组。若无法按功能分组时，可以任意分组，每组不得多于三条，组间距离应大于线间距离，如图1-5所示。

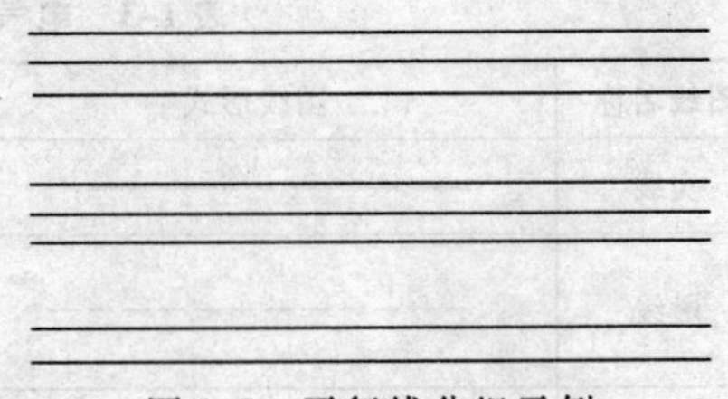

图1-5　平行线分组示例

3. 连接线的标记

为了表示连接线的功能或去向，可在水平连接线的上方、垂直连接线的左边或连接线断开处和中断处作信号标记或其他标记，如图1-6所示。

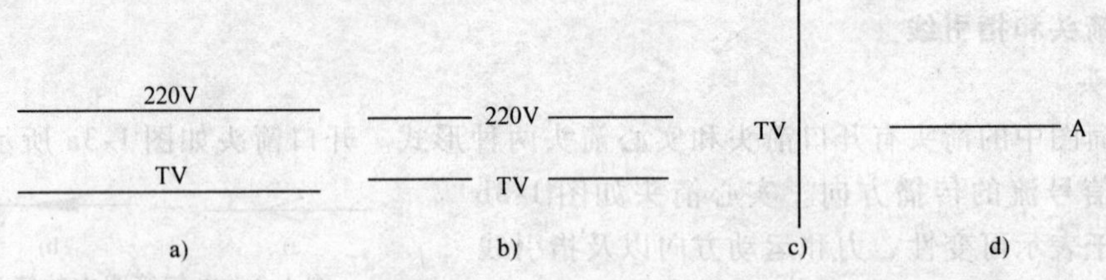

图1-6　连接线的标记

a）连接线的上方　b）连接线断开处　c）连接线的左边　d）连接线中断处

4. 连接线接点的表示方法

连接线的接点按T型连接表示，如图1-7a、b、c所示。当连接线布置的条件不便于采用T型连接时，可采用图1-7d来表示。

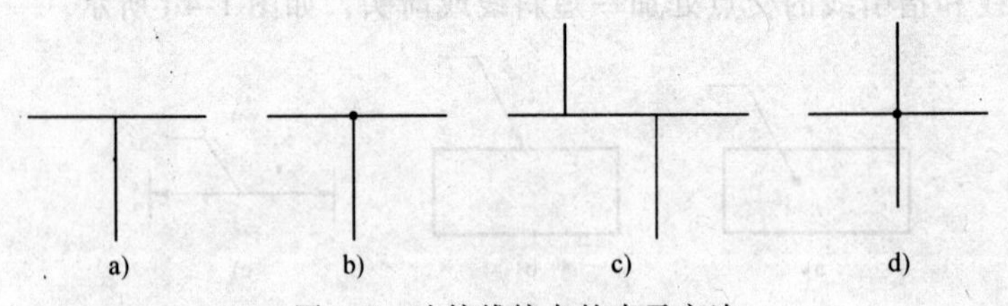

图1-7　连接线接点的表示方法

5. 连接线的一般规定

除按位置布局的简图外，连接线应是弯曲和交叉最少的直线。一条连接线不应在与另一条连接线交叉处改变方向，也不应穿过其他连接线的连接点。

6. 连接线的连续表示法

连接线既可采用多线表示也可采用单线表示。为避免线条太多，保持图面的清晰，对于多条去向相同的连接线，常采用单线表示，如图1-8所示。在连续表示法中，导线的两端应标注相同的标记符号。

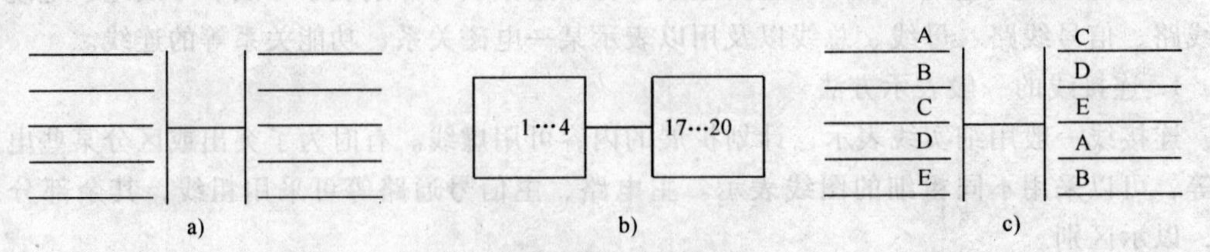

图1-8　连接线的单线表示

a）单线表示　b）标有顺序号的单线表示　c）交叉连接的单线表示

当用单线表示多根导线或连接线时，需表示出线数，如图 1-9 所示。

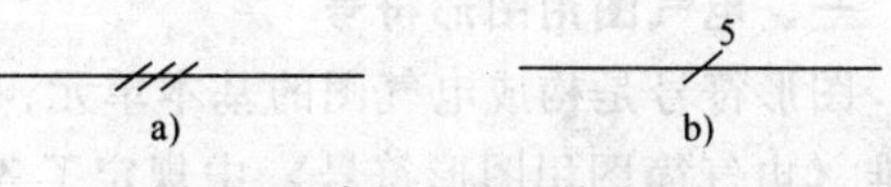

图 1-9 多根导线的简化画法

a）三根导线 b）五根导线

7. 连接线的中断表示法

当穿越图面的连接线较长或连接线需要穿越图形稠密区域时，允许将连接线中断，并在中断处加注相应的标记，如图 1-10a 所示。去向相同的线组，也可中断，并在图上线组的末端加注适当的标记，如图 1-10b 所示。引向另一图样去的连接线，应该中断，并在中断处注明图号、张次、图幅分区代号等标记，如图 1-10c 所示。当用符号表示连接线的中断时，中断线可采用字母、数码、项目代号、图区号及图样张次号表示其标记，如图 1-10d 所示。

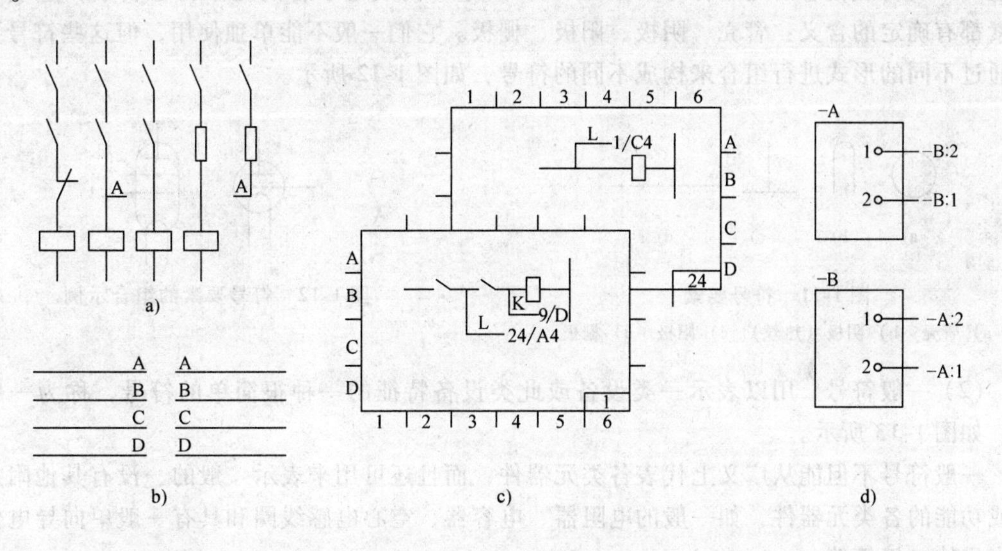

图 1-10 中断线的画法

a）穿越图面中断 b）导线组中断 c）不同图上连接线的中断 d）用符号标记表示中断

五、字体和比例

1. 字体

电气制图中的字体书写应遵照机械制图的字体书写要求。字体高度有 1.8mm、2.5mm、3.5mm、5mm、7mm、10mm、14mm、20mm 八种。

2. 比例

电气制图中需按比例绘制的图一般是平面布置图，一类用于安装布线的简图，可从以下比例系列中选用：1:10，1:20，1:50，1:100，1:200，1:500。

若需用其他比例，应符合国家有关标准的规定。

第二节 图形符号、文字符号与项目代号

构成电气工程图的元器件、设备、装置、连接线很多，结构类型千差万别，安装方法也多种多样。因此，在按简图形式绘制的电气工程图中，元器件、设备、装置、线路及其安装方法等，在一般情况下都是借用图形符号、文字符号和项目代号来表达的。

一、电气图用图形符号

图形符号是构成电气图的基本单元，是绘制和识读电气图的基础知识。GB/T 4728 系列标准《电气简图用图形符号》中规定了各类电气产品所对应的图形符号。

1. 图形符号的构成

图形符号是指在电气图中用来表示一个设备（例如电动机、开关）或一个概念（例如接地、电磁效应）的图形、标记或字符。图形符号一般有符号要素、一般符号、限定符号和方框符号四种基本形式，用于电气图的图形符号主要是一般符号和方框符号，在某些特殊情况下也用到电气设备用图形符号。

（1）符号要素　符号要素是一种具有确定意义的简单图形，它必须同其他图形组合才能构成一个设备或概念的完整符号。如图 1-11 所示，构成电子管的几个符号要素，这些符号要素都有确定的含义：管壳、阴极、阳极、栅极。它们一般不能单独使用，但这些符号要素可通过不同的形式进行组合来构成不同的符号，如图 1-12 所示。

图 1-11　符号要素

a）管壳　b）阴极（热丝）　c）阳极　d）栅极

图 1-12　符号要素的组合示例

（2）一般符号　用以表示一类设备或此类设备特征的一种很简单的符号，称为一般符号，如图 1-13 所示。

一般符号不但能从广义上代表各类元器件，而且还可用来表示一般的、没有其他附加信息或功能的各类元器件，如一般的电阻器、电容器、空心电感线圈和具有一般单向导电作用的半导体二极管等。

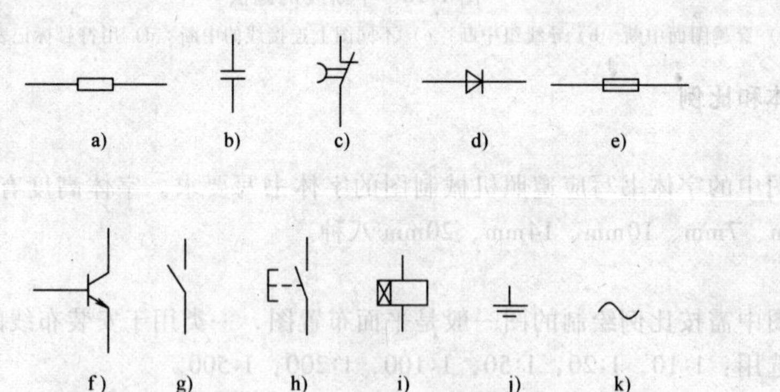

图 1-13　常用元器件的一般符号

a）电阻器　b）电容器　c）延时闭合常闭触头　d）二极管　e）熔断器　f）NPN 型半导体晶体管　g）开关　h）常开按钮　i）通电延时线圈　j）接地　k）交流

（3）限定符号　用以提供附加信息的一种加在其他符号上的符号称为限定符号。限定符号通常不能单独使用，它可与一般符号、方框符号组合，派生出若干具有附加功能的图形符号，如图 1-14 所示。

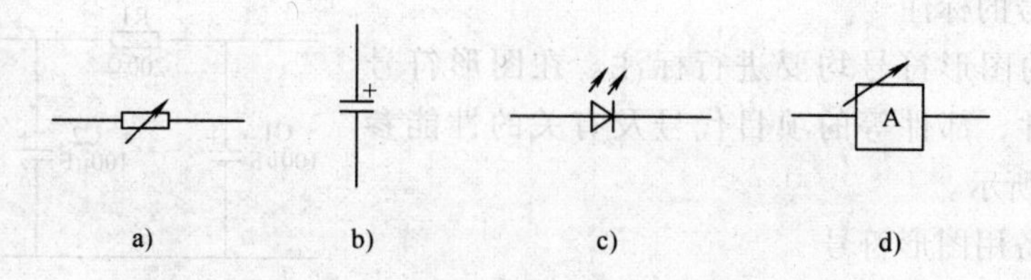

图 1-14　限定附加功能的图形符号

a）可变电阻器　b）极性电容　c）发光二极管　d）可变衰减器

（4）方框符号　用以表示元器件、设备等的组合及其功能，既不给出元器件、设备的细节，也不考虑所有连接的一种简单的图形符号，如图 1-15 所示。方框符号通常用在单线电气图和接线电气图中。

2. 图形符号的使用规则

1）当某些设备或元器件有多个图形符号时，如图 1-16 所示变压器的两种图形符号，可根据简图的详细程度选取相应的符号。首先要选择优选符号，其次在满足需要的前提下，尽量选用简单符号；在同一张图中，最好使用同一形式的图形符号。

图 1-15　整流器方框符号

图 1-16　变压器的两种图形符号

2）所有的图形符号均按无电压、无外力作用的正常状态示出。如：继电器、接触器的线圈未通电；开关未合闸，手柄置于“0”位；按钮未按下，行程开关置于非工作状态或位置等。

3）为适应不同要求，在实际应用中，图形符号的大小可根据需要进行放大或缩小。在某些情况下，为了强调某些方面，或者为了便于补充信息、区分不同的用途，允许采用大小不同的图形符号，如图 1-17 所示，但图形符号各组成部分之间的比例和相互位置均应保持不变。

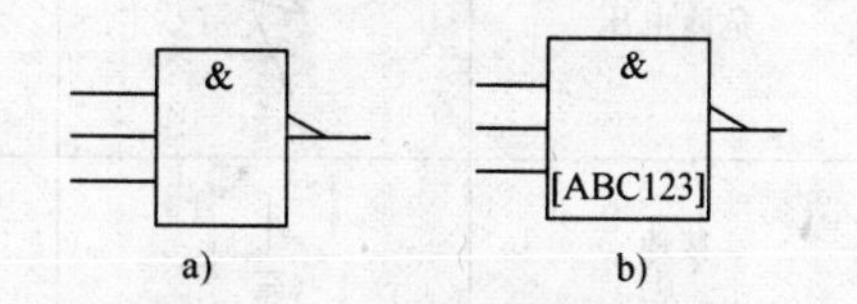

图 1-17　补充信息的符号示例

a）没有补充信息的符号

b）补充信息后的符号

4）图形符号的方位不是强制的。在不改变符号本身含义的前提下，可根据电路布局的需要旋转或成镜像放置，但文字符号、指示方向的符号和某些限定符号的位置应遵循有关规定，不能随之旋转，如图 1-18、图 1-19 所示。

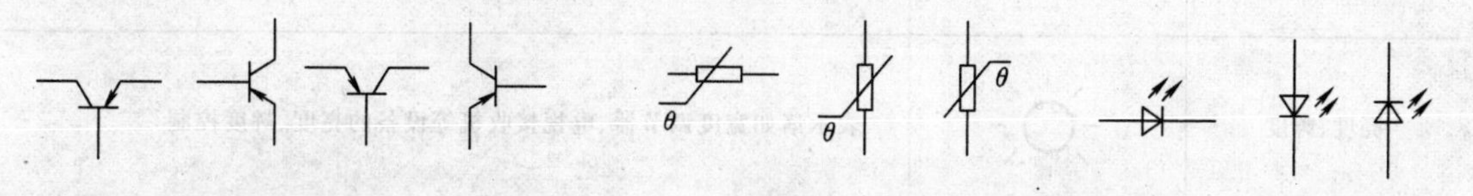

图 1-18　不同方位放置的晶体管符号　　图 1-19　旋转后的文字符号和指示方向符号

5）当某些特定装置或概念的图形符号在标准中未被列出，允许通过已规定的一般符号、限定符号和符号要素进行组合或派生新的图形符号。在简图中若采用了未被标准化的图形符号，应用注释加以说明。

3. 图形符号的标注

电气图中的图形符号均要进行标注。在图形符号旁标注该元器件、部件等的项目代号及有关的性能参数，如图 1-20 所示。

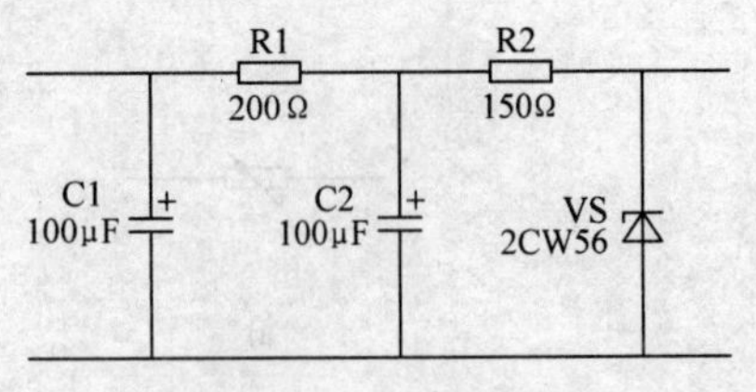

图 1-20　图形符号的标注

4. 电气设备用图形符号

电气设备用图形符号是完全有别于电气简图用图形符号的另一类符号，主要适用于各种类型的电气设备或电气设备部件，使操作人员了解电气设备或电气设备部件的用途和操作方法。

电气设备用图形符号与电气简图用图形符号的形式大部分是不同的，有一些虽然相同，但含义却不同。如电气设备用熔断器的图形符号与电气简图用图形符号的形式是一样的，但电气简图用熔断器的图形符号表示的是一类熔断器，而电气设备用熔断器的图形符号如果标注在设备的外壳上，则表示熔断器盒及其位置，若标在某些电气图上，则仅表示这是熔断器的安装位置。常用电气设备用图形符号见表 1-4。

表 1-4　常用电气设备用图形符号

名　称	符　号	应 用 范 围
电池定位	+	表示电池盒(箱)本身和电池的极性和位置
整流器		表示整流设备及其有关接线端和控制装置
熔断器		表示熔断器盒及其位置
危险电压		表示危险电压引起的危险
接地		表示接地端子
接机壳、接机架		表示连接机壳、机架的端子
灯、照明、照明设备		表示控制照明光源的开关
亮度、辉度		表示诸如宽度调节器、电视接收机等设备的亮度、辉度控制
对比度		表示诸如电视接收机等的对比度控制
色饱和度		表示彩色电视机等设备上的色彩饱和度控制

二、电气技术中的文字符号

图形符号提供了一类设备或元器件的共同符号，为了更明确地区分不同的设备、元器件，尤其是区分同类设备或元器件中不同功能的设备或元器件，还必须在图形符号旁标注相应的文字符号。

文字符号是指以文字的形式表示项目的种类和线路的特征、功能、状态及概念的代号或代码。

1. 文字符号的组成

文字符号通常由基本文字符号和辅助文字符号组成。

(1) 基本文字符号　基本文字符号用以表示电气设备、装置和元器件以及线路的基本名称和特性。基本文字符号分为单字母符号和双字母符号。

1) 单字母符号。单字母符号是用拉丁字母将各种电气设备、装置和元器件划分为23大类，每一大类用一个专用单字母符号表示，见表1-5（其中“I”、“O”易同阿拉伯数字“1”、“0”混淆，不允许使用。字母“J”也未采用)。例如：“R”表示电阻器类，“Q”表示电力电路的开关器件。

表1-5　单字母文字符号表

字母代码	项目种类	举例
A	组件、部件	分立元件放大器、磁放大器、激光器、微波激发器、印制电路板等
B	变换器[①]	热电传感器、热电池、光电池、测功计、晶体换能器、传声器、扬声器、耳机等
C	电容器	
D	二进制元件、延迟器件、存储器件	数字集成电路和器件、延迟线、双稳态元件、单稳态元件、磁心存储器、寄存器、磁带记录机等
E	其他元器件	光器件、热器件等
F	保护器件	熔断器、过电压放电器件、避雷器
G	发电机、电源	旋转发电机、旋转变频机、电池、振荡器
H	信号器件	光指示器、声指示器
K	继电器、接触器	
L	电感器、电抗器	感应线圈、线路陷波器、电抗器(并联和串联)
M	电动机	
N	模拟集成电路	运算放大器、模拟/数字混合器件
P	测量设备、试验设备	指示、记录、计算、测量设备,信号发生器,时钟
Q	电力电路的开关器件	断路器、隔离开关
R	电阻器	可变电阻器、电位器、变阻器、测量分路表、热敏电阻
S	控制电路的开关、选择器	控制开关、按钮、限制开关、选择开关、选择器
T	变压器	电压互感器、电流互感器
U	调制器、变换器	鉴频器、解调器、变频器、编码器、逆变器、变流器、电报译码器
V	电真空器件、半导体器件	电子管、气体放电管、晶体管、晶闸管、二极管

（续）

字母代号	项目种类	举例
W	传输通道、波导、天线	导线、电缆、母线、波导、波导定向耦合器、偶极天线、抛物面天线
X	端子、插头、插座	插头和插座、测试塞孔、端子板、焊接端子、连接片、电缆封端和接头
Y	电气操作的机械装置	制动器、离合器、气阀
Z	终端设备、混合变压器、滤波器、均衡器、限幅器	电缆平衡网络、压缩扩展器、晶体滤波器、网络

注：① 从非电量到电量或相反。

2）双字母符号。双字母符号由表1-5所列的一个表示种类的单字母符号与另一个字母组成，其组合形式应以单字母符号在前，另一个字母在后的次序列出。双字母符号中的另一个字母通常选用该类设备、装置和元器件的英文名称的首位字母，或常用缩略语及约定俗成的习惯用字母。如“G”为电源的单字母符号，“GS”为同步发电机的双字母符号。双字母符号可以较详细地、更具体地表述电气设备、装置和元器件的名称。常用双字母文字符号见表1-6。

表1-6　常用双字母文字符号

名　称	双字母	名　称	双字母	名　称	双字母
直流电动机	MD	自耦变压器	TA	电压继电器	KV
交流电动机	MA	整流变压器	TR	接触器	KM
同步电动机	MS	稳压器	TS	电位器	RP
电子管	VE	电流互感器	TA	频敏电阻器	RF
隔离开关	QS	电压互感器	TV	晶体管放大器	AD
刀开关	QK	熔断器	FU	电子管放大器	AV
控制开关	SA	照明灯	EL	连接片	XB
微动开关	SM	指示灯	HL	插头	XP
按钮	SB	蓄电池	GB	插座	XS

（2）辅助文字符号　辅助文字符号是用以表示电气设备、装置、元器件以及线路的功能、状态和特征的文字符号。如“RD”表示红色，“L”表示低位限制。常用辅助文字符号见表1-7。

表1-7　常用辅助文字符号

名称	符号	名称	符号	名称	符号	名称	符号
高	H	电压	V	黄	YE	反	R
低	L	电流	A	白	WH	红	RD
升	U	时间	T	蓝	BU	绿	GN
降	D	闭合	ON	直流	DC	压力	P
主	M	断开	OFF	交流	AC	自动	A,AUT
中	M	同步	SYN	停止	STP	手动	M,MAN
正	FW	异步	ASY	控制	C	信号	S

（3）特殊用途文字符号　在电气工程图中，一些特殊用途的接线端子、导线等，通常采用专用文字符号。常用的特殊用途文字符号见表1-8。

表 1-8 常用特殊用途文字符号

名称	文字符号	名称	文字符号
交流系统电源第 1 相	L1	接地	E
交流系统电源第 2 相	L2	保护接地	PE
交流系统电源第 3 相	L3	不接地保护	PU
中性线	N	保护接地线和中性线共用	PEN
交流系统设备第 1 相	U	无噪声接地	TE
交流系统设备第 2 相	V	机壳或机架	MM
交流系统设备第 3 相	W	等电位	CC
直流系统电源正极	L +	交流电	AC
直流系统电源负极	L -	直流电	DC
交流系统电源中间线	M		

2. 文字符号的使用

1）优先选用单字母文字符号。使用文字符号时，应优先选用单字母文字符号，只有当用单字母符号不能满足要求，需要将大类进一步划分时，方可采用双字母文字符号，以便更详细、具体地表述电气设备、装置和元器件。

2）文字符号的组合形式一般为：基本符号 + 辅助符号 + 数字序号。

例如：第 1 个时间继电器，其符号为 KTl；第 2 组熔断器，其符号为 FU2。

3）每项文字符号一般不超过 3 个字母，基本文字符号不得超过 2 个字母，辅助文字符号一般不得超过 3 个字母。

三、电气技术中的项目代号

1. 项目代号的含义

在电气图中，通常把用一个图形符号表示的基本件、部件、组件、功能单元、设备、系统等称为项目。项目的大小可能相差很大，电容器、端子板、发电机、电源装置、电力系统，都可称为项目。

项目代号是指用以识别图、表图、表格中和设备上的项目种类，并提供项目的层次关系和实际位置等信息的一种特定的代码。

2. 项目代号的构成

一个完整的项目代号由四部分组成，每部分称为代号段，每种代号段的特征标记称为前缀符号。代号段的名称及前缀符号见表 1-9。

例如：= T2 + D126 - K5：13。其中 T2 为高层代号，D126 为位置代号，K5 为种类代号，13 为端子代号。

表 1-9 代号段的名称和前缀符号

分段	名称	前缀符号
第一段	高层代号	=
第二段	位置代号	+
第三段	种类代号	-
第四段	端子代号	:

（1）高层代号 系统或设备中任何较高层次（对给予代号的项目而言）项目的代号，称为高层代号。例如，某电力系统 S 中的一个变电所，则电力系统 S 的代号可称为高层代

号，记作“=S”，而对1号变电所中一个开关的项目代号，变电所的代号则可称为高层代号，记作“=1”。所以，高层代号具有“总代号”的含义。高层代号可用任意选定的字符、数字表示，如=S、=1等。

(2) 位置代号　项目在组件、设备、系统或建筑物中的实际位置的代号，称为位置代号。位置代号一般由自行选定的字符或数字表示。必要时，应给出相应的项目位置示意图。

例如：105室B列机柜第3号机柜的位置代号可表示为：+105+B+3；电动机M3在某位置4中，可表示为：+4-M3。

(3) 种类代号　用以识别项目种类的代号称为种类代号。项目种类是指将各种各样的电气元器件或装置设备等，按其结构和在电路中的作用进行分类，相近的项目视为同类，用一个字母或代码表示。常用的种类代号一般由字母代码和数字组成，其中的字母代码必须是表1-4中规定的文字符号。

例如：“-K1”表示第1个继电器K；“-QS3”表示第3个电力隔离开关QS。

(4) 端子代号　用以同外电路进行电气连接的电器导电件的代号，称为端子代号。端子代号通常采用数字或大写字母表示。

例如：端子板x的5号端子，可标记为“-x：5”；继电器K4的B号端子，可标记为“-K4：B”。

第三节　系统图与框图

系统图与框图是采用符号或带注释的框来概略表示系统、分系统、成套装置或设备等基本组成的主要特征以及功能关系的电气用图。它是一种简图，主要用于了解系统或设备的总体概貌和简要的工作原理，为进一步编制详细技术文件提供依据，或供操作和维修时参考。系统图与框图的主要区别是，通常系统图用于系统或成套装置，而框图用于分系统或设备。

一、系统图与框图的组成

系统图与框图主要由矩形、正方形或《电气简图用图形符号》中规定的标准符号与信号流向及框中的注释与说明组成，框符号可以代表一个相对独立的功能单元（分机、整机或元器件组合等），一张系统图或框图可以是同一层次的，也可以将不同层次（三、四层次为宜，不宜过多）绘制在同一张图中。集成运放的组成和原理框图如图1-21所示。

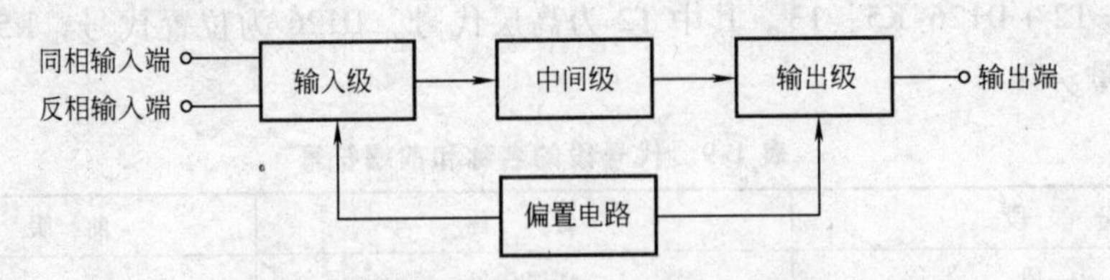

图1-21　集成运放的组成和原理框图

二、系统图与框图的绘制原则和方法

1. 符号的使用

系统图或框图主要采用方框符号或带有注释的框绘制。框内的注释可以采用符号、文字或同时采用文字与符号，如图1-22所示。框图内出现元器件的图形符号并不一定与实际的元器件一一对应，它有可能表示某一装置或单元中的主要元件或器件，也可能表示一组元件

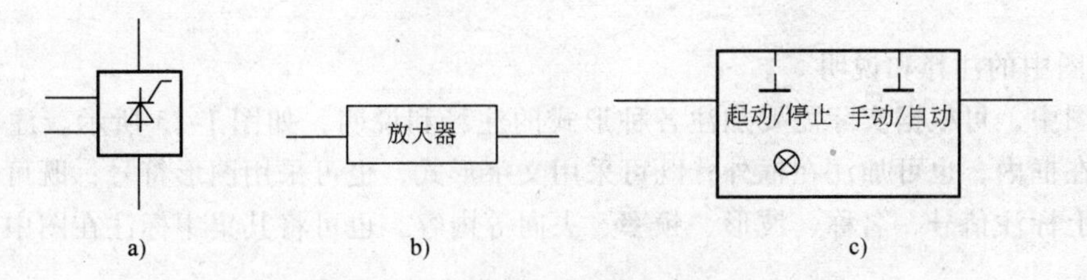

图 1-22　带注释的框
a）采用图形符号　b）采用文字　c）采用图形符号和文字

或器件。

除了上述的符号使用方法之外，系统图和框图常会出现框的嵌套形式，此种形式可以用来形象直观地反映对象的层次划分和体系结构，如图 1-23 所示。框中的“线框”是用细实线画成的框，“围框”是用点画线画成的框。

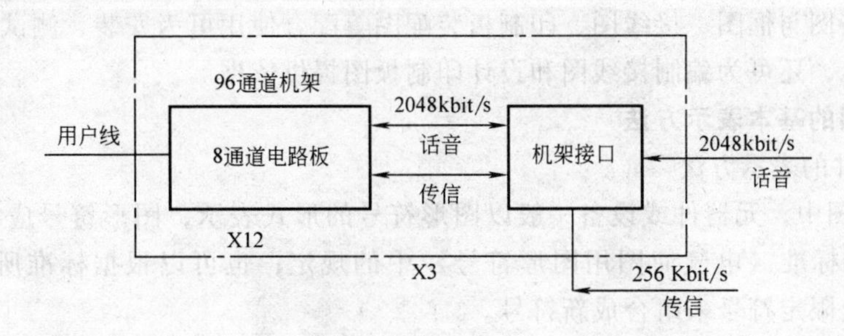

图 1-23　框的嵌套形式

2. 框图的布局

框图通常按功能布局法绘制，按信息流向自左至右、自上而下的顺序布置。在绘制系统图或框图时，要求其布局应清晰、明了，并易于识别工作过程和信息流向。对于流向相反的信号应在连接线上加开口箭头，如图 1-24 所示。

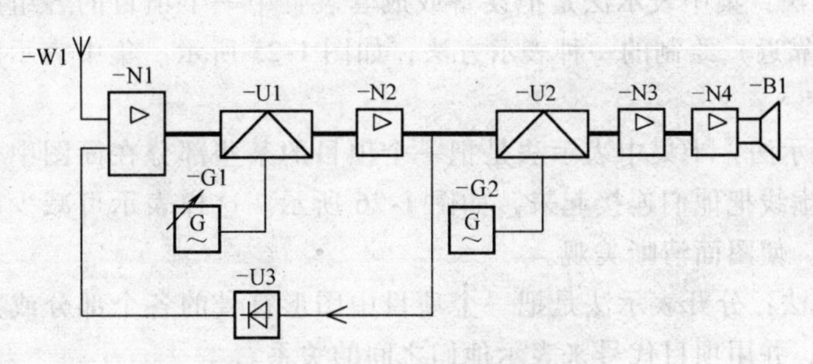

图 1-24　无线电接收机框图

3. 项目代号的标注

在系统图和框图中，每个项目所对应的框符号或带注释的框，原则上都必须标注项目代号。通过标注项目代号，可以清楚地反映项目的层次及其从属关系，便于检索较低层次的文件和建立项目与实物间的对应关系。通过在图中标注项目代号，可将系统图与框图区别开来。系统图中，一般各围框中较多地表示系统或成套装置中各组成部分的高层代号；而在框图中，各围框中较多地表示设备中单元的种类代号。项目代号一般标注在紧靠框的上方或左上方。

4. 框图中的注释和说明

在框图中，可根据实际需要加注各种形式的注释和说明，如图 1-23 所示。注释和说明既可加注在框内，也可加注在框外；既可采用文字形式，也可采用图形符号；既可根据需要在连接线上标注信号、名称、波形、频率、去向等内容，也可将其集中标注在图中空白处。

第四节　电路图的识读与绘制

用图形符号并按工作顺序排列，详细表示电路、设备或成套装置的全部基本组成和连接关系，而不考虑其实际位置的简图称为电路图。该图是以图形符号代表其实物，以实线表示电性能连接，按电路、设备或成套装置的功能和原理绘制。

在电气技术中，电路图的应用非常广泛，主要用于表示成套设备、整机或部件的组成及工作原理。电路图与框图、接线图、印制板装配图等配合使用可为安装、测试、调整、使用和维修提供信息，还可为编制接线图和设计印制板图提供依据。

一、电气图的基本表示方法

1. 电气元件的表示方法

1）在电路图中，元器件或设备一般以图形符号的形式表示，图形符号应符合国家标准 GB/T 4728 系列标准《电气简图用图形符号》中的规定；也可以根据标准所给出的规则，使用一般符号及限定符号来组合成新符号。

2）对新研制的元器件，除了采用国家标准规定的图形符号外，为了更好地表示该元器件的工作原理或在原理图中必须画出该元器件的所有连接时，也可使用简化外形的绘制方法来表示元器件。

3）对驱动部分和被驱动部分是采用机械连接的电气元件，如断路器、各种继电器等，常采用集中、半集中和分开表示的方法。

① 集中表示法：集中表示法是把设备或成套装置中一个项目的各组成部分的图形符号在图上集中（即靠近）绘制的一种表示方法，如图 1-25 所示。集中表示法仅使用于较为简单的电路。

② 半集中表示法：半集中表示法是把一个项目的某些部分在简图中分开布置，并采用机械连接符号即虚线把他们连接起来，如图 1-26 所示。这样表示可减少电路连线的往返和交叉，便于识图，使图面清晰美观。

③ 分开表示法：分开表示法是把一个项目中图形符号的各个部分或其中某些部分分开绘制在电路图上，并用项目代号来表示他们之间的关系。

分开表示法的优点是既减少了电路连接的往返交叉，又可在图面上不出现穿越画面的机械连接符号。因此，分开表示法是应用最多、最广泛的一种表示形式，如图 1-27 所示。

在使用分开表示法时，为看清元器件或设备的各组成部分和寻找其在图上的位置，可采用插图或表格。

a. 插图　把采用分开表示法分散绘制在图中各处的同一项目的不同部分再采用集中表示法另行绘制一次就形成一张插图。插图应该绘制在与驱动部分（如继电器的线圈）图形符号成一直线的位置上，也可以集中布置在图的任何一边的空白处。

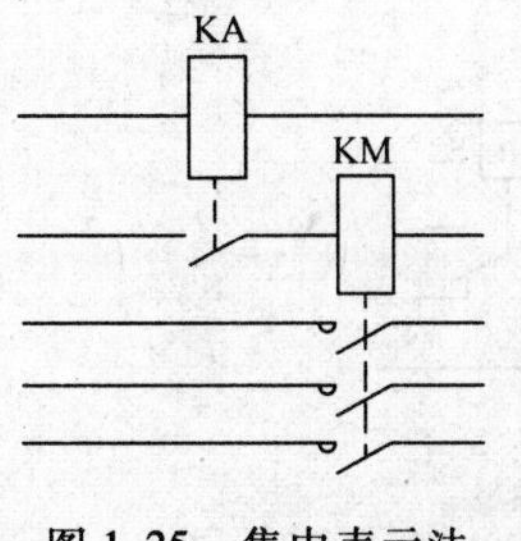

图 1-25　集中表示法

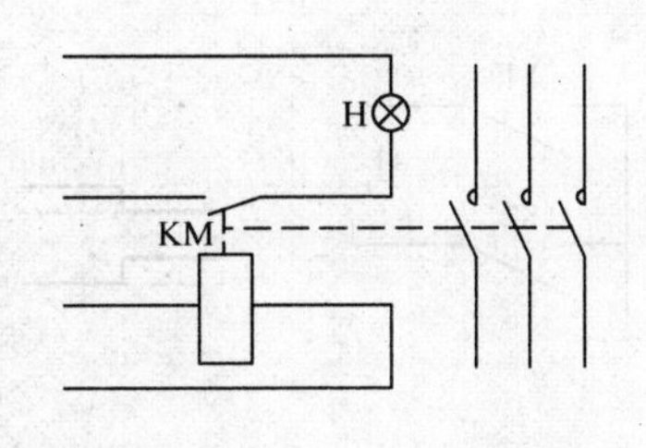

图 1-26　半集中表示法

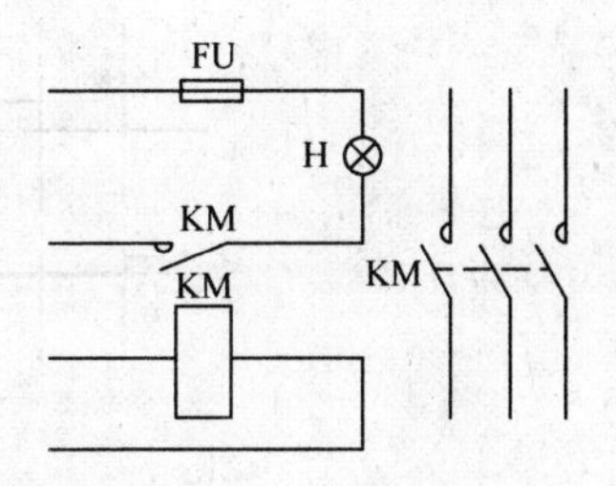

图 1-27　分开表示法

b. 表格　把采用分开表示法分散绘制在图中各处的同一项目的不同部分，集中成一张表格，如图 1-28 所示，图 a 所示表格与图 b 所示插图表达完全相同的内容。表格可以布置在与驱动部分成一条直线处。在采用电路编号法的图上，表格中的位置信息是电路的编号，此时，表格的形式可以简化，即可省略节点编号，但图形符号旁应有触点编号，如图 1-29 所示，K1 线圈下方的表格中，数字 2 和 3 分别表示由 K1 线圈所驱动的动合触点处于编号 2 的支路中，动断触点处于编号为 3 的支路中，表格中的短横线表示还各有一组动合、动断触点尚未使用。

动合触点	动断触点	位置
1-2,3-4,5-6		2/6
13-14		2/4
	21-22	
	31-32	
43-44		2/5
53-54		

a)

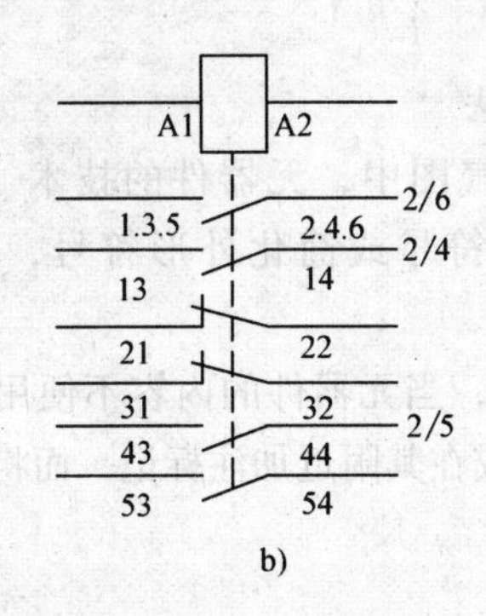

图 1-28　表格与插图对照

a) 表格　b) 插图

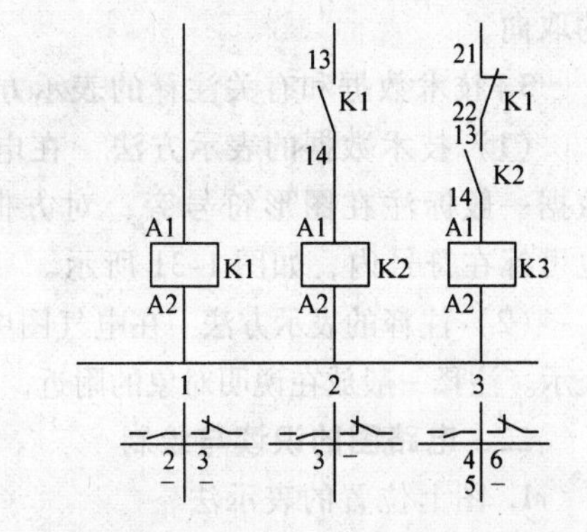

图 1-29　表格在电路编号上的应用

2. 组成部分可动的元器件表示方法

(1) 工作状态的表示方法　在电路图中，元器件和设备可动部分或装置通常应表示在非激励或不工作的状态或位置上。

1）继电器或接触器应在非激励的状态，即在电路图中所有的绕组和驱动线圈上都没有电流流过时的状态。

2）断路器和隔离开关应处于断开的位置。

3）带零位的手动控制开关在零位位置上。不带零位的手动控制开关在图中规定的位置上，而完全不必去考虑电路的实际工作状态。

4）机械操作开关，应在没有机械作用力的位置上。若为行程开关则在非工作状态或位置即搁置位置。机械操作开关的工作状态和工作位置的对应关系应表示在其触点符号的附近，如图 1-30 所示，左边是行程开关，右边是限速开关。状态图高值表示触点接通，低值表示触点断开。

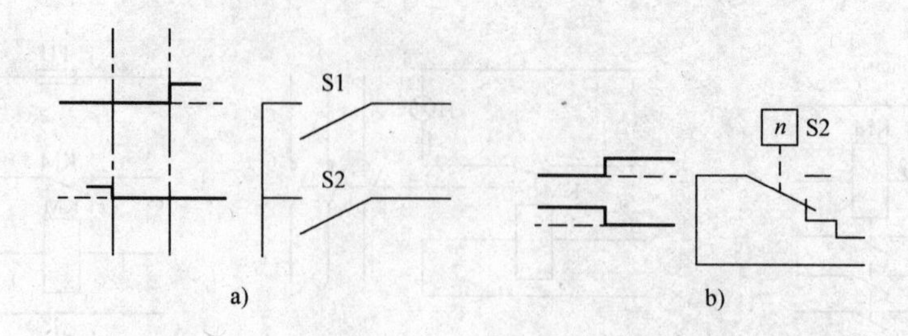

图 1-30　机械操作开关

a）行程开关　b）限速开关

5）事故、备用报警等开关应该表示在设备正常使用的位置。若在特定的位置，则图上应有说明。

（2）触点的表示方法　为了与设定的动作方向一致，触点符号的取向应该是：当元器件受激时，水平连接线的触点动作向上，垂直连接线的触点动作向右。当元器件的完整符号中含有机械锁定、阻塞装置、延迟装置等符号时尤为重要。在触点排列复杂而无机械锁定装置的电路中，采用分开表示法时，为使图面布局清晰、减少连接线的交叉，可以改变触点符号的取向。

3. 技术数据和有关注释的表示方法

（1）技术数据的表示方法　在电气图中，元器件的技术数据一般标注在图形符号旁；对方框符号或简化外形符号，也可标在符号内，如图 1-31 所示。

74LS04

图 1-31　技术数据标注在简化外形符号内

（2）注释的表示方法　在电气图中，当元器件的内容不便用图示形式表示时，可采用注释表示。注释一般放在说明对象的附近，或在其附近加注标记，而将注释置于图中其他位置。

二、电路图的识读与绘制

1. 图上位置的表示法

在电路图的绘制中，有些项目的某一部分连接到另一部分，也可能从一张图连接到另一张图，特别是较为复杂的电路有可能有多张图样，图样或部分的中断处都要表明相对另一端的位置，这样就出现了图上位置的表示方式问题。在识读电路图时，当继电器或断路器之类的驱动部分与被驱动部分机械联动的元器件使用分开表示法绘制时，为了能迅速找到元器件的各个组成部分，也需要借助于各部分在图上位置的说明或注释。在使用与维修文件中，有些文字注释或对某些元器件作说明时，同样涉及该元器件在图上的位置。因此，无论是识读还是绘制电路图，都必须采用一种方法来表示图上的位置。

图上位置的表示方法有坐标法、表格法和电路编号法三种。

（1）坐标法　坐标法也称为图幅分区法，是将整个图幅用纵横网格线划分为许多矩形区域，竖边用 A、B、C…表示编号，横边用 1、2、3…表示编号。

使用坐标法表示图样上的位置有以下几方面的含义：

1）表示导线的去向。例如图 1-32 中，三相电流线的三根相线 L1、L2 和 L3 应接至配电系统 E1 和 112 号图样 D 行。

2）表示符号在图上的位置。例如图 1-33 中，触点 43-44 的驱动线圈符号在第 3 张图样的第 2 列，而触点 83-84 的驱动线圈符号在第 2 张图样的第 6 列。

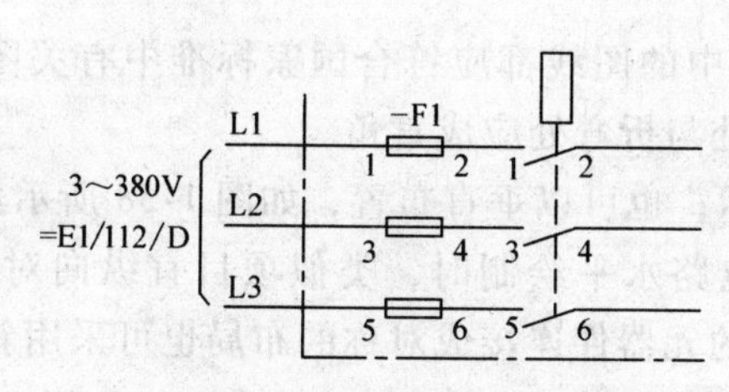

图 1-32　导线的去向

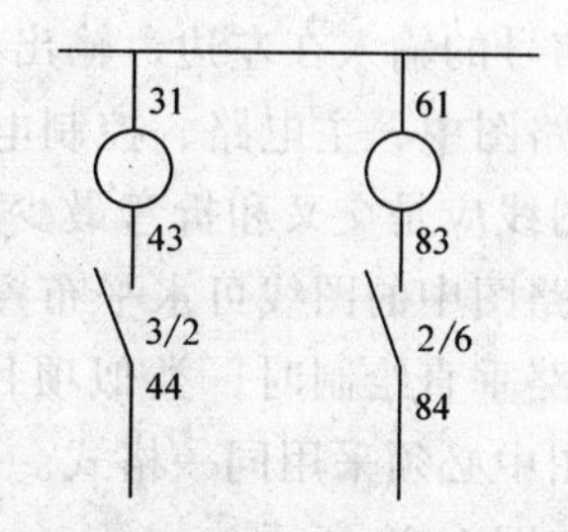

图 1-33　符号在图上的位置

3）表示注释对象在图上的位置。例如图样上有“R15（D4）的阻值在调整之后应予以锁定”的注释，该注释中的 D4 表示反馈电阻 R15 在图样 D4 图区。

（2）表格法　表格法是在图的边缘部分绘制一个以项目代号进行分类的表格。表格中的项目代号和图中相应的图形符号在垂直或水平方向对齐。图形符号旁仍需要标注项目代号，如图 1-34 所示。

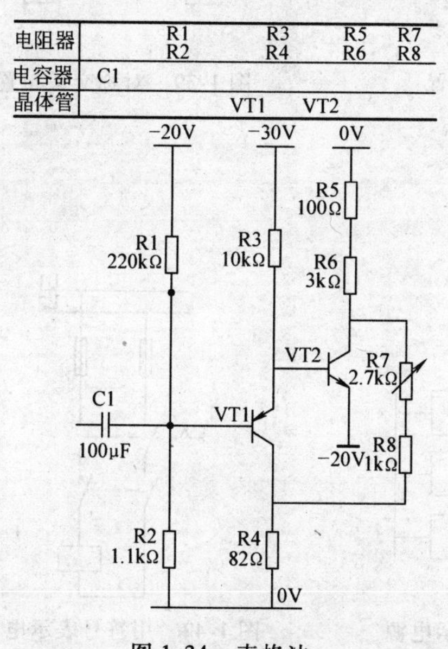

图 1-34　表格法

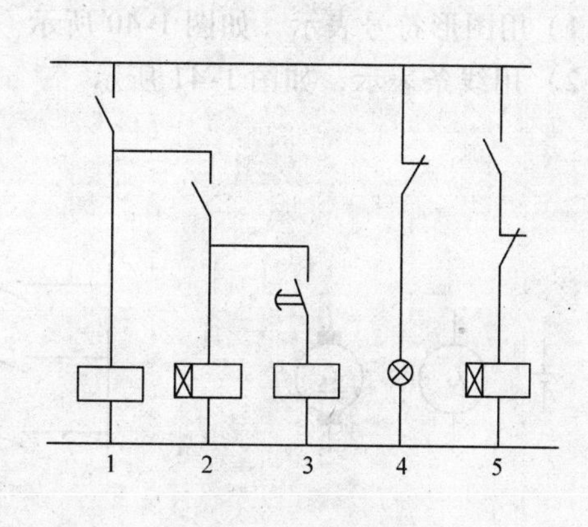

图 1-35　电路编号法

（3）电路编号法　电路编号法是对电路或分支路用数字编号来表示其位置的方法。编号的原则应是自左至右或自上而下的排列，如图 1-35 所示。

2. 电路图的布局

电路图中元器件图形符号的布局或单元电路的布局，应从电路图的整体出发，力求做到布局合理，排列均匀，图面清晰、紧凑，便于识图。

1）电路图应尽可能按其工作原理的顺序从左至右、自上而下排列。对个别不符合上述规定的信号流向，应在信息线上画开口箭头表示流向，反馈信号与规定方向相反，如图 1-36所示。

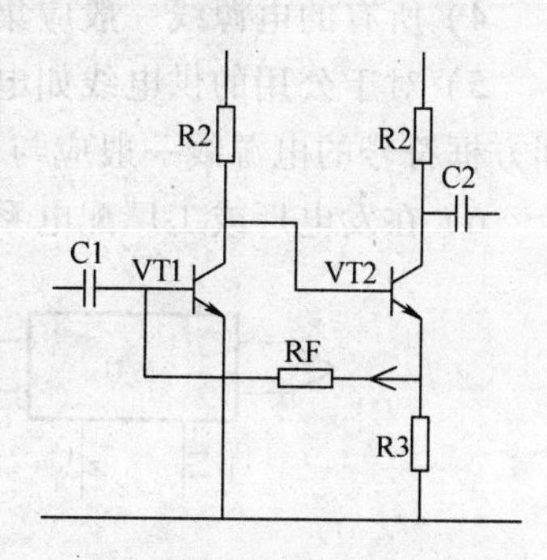

图 1-36　个别信号流向的表示

2）若图中有引出线或引入线，最好布置在图样的边框附近，一般信号的输入在左边，输出在右边。

3）电路图中，主电路、控制电路以及信号电路中的图线都应符合国家标准中有关图线的规定。图线应是交叉和折弯最少的直线，其相交处与折弯处应成直角。

4）电路图中的图线可水平布置，如图 1-37 所示；也可以垂直布置，如图 1-38 所示。

5）电路垂直绘制时，类似项目宜横向对齐；电路水平绘制时，类似项目宜纵向对齐；但同一简图中必须采用同一格式。有时为了把相应的元器件连接成对称的布局也可采用斜的交叉线，如图 1-39 所示。

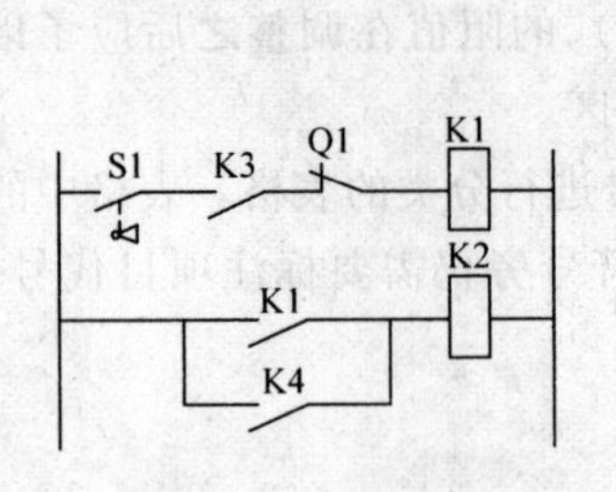

图 1-37　水平布置

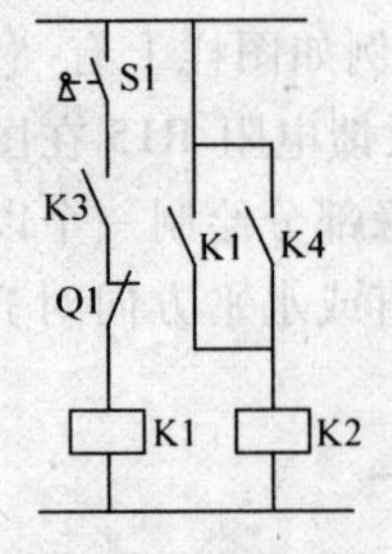

图 1-38　垂直布置

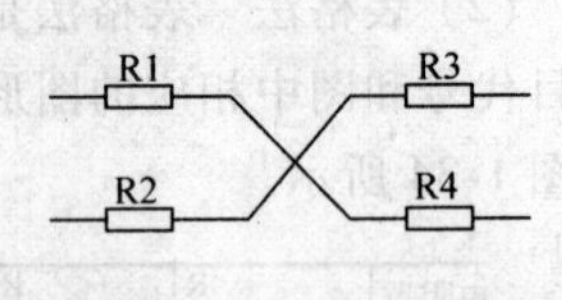

图 1-39　对称交叉布置

3. 电源的表示法

1）用图形符号表示，如图 1-40 所示。

2）用线条表示，如图 1-41 所示。

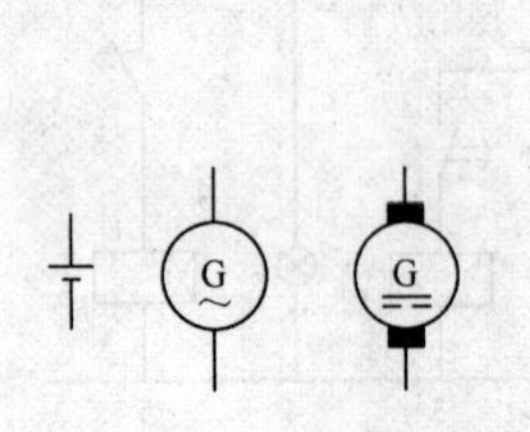

图 1-40　电源的图形符号

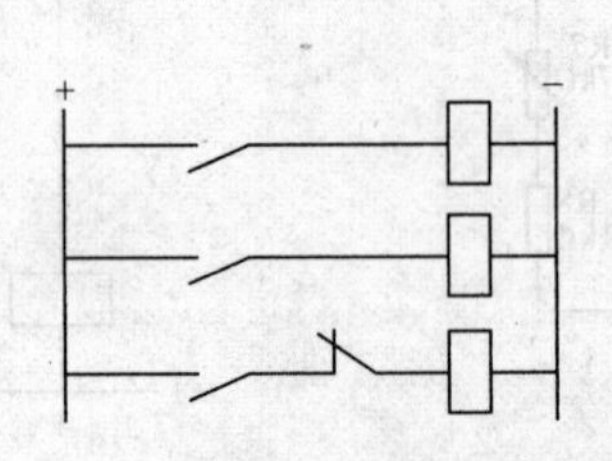

图 1-41　用线条表示电源

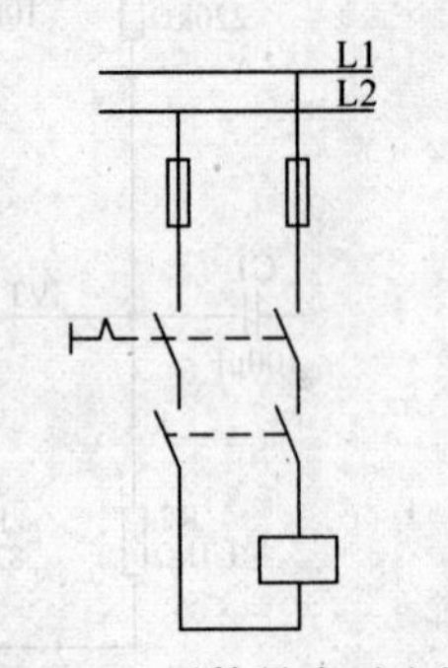

图 1-42　用符号表示电源

3）用 +、-、L1、L2、L3、N 等符号表示，或同时用符号和线条表示，如图 1-42 所示。

4）所有的电源线一般应集中绘制在电路图的一侧、上部和下部。

5）对于公用的供电线如电源线、汇流排，可用电源的电压值或它的标记来表示。连接到方框符号的电源线一般应与信号流向成直角绘制，如图 1-43 所示。

6）在发电厂或工厂配电系统的主电路图上，为了便于研究设备的功能，主电路或其中

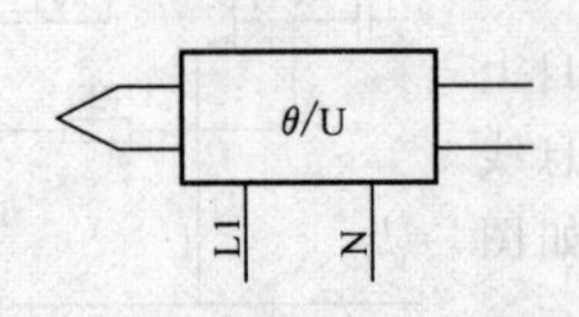

图 1-43　连接到方框符号上的电源线

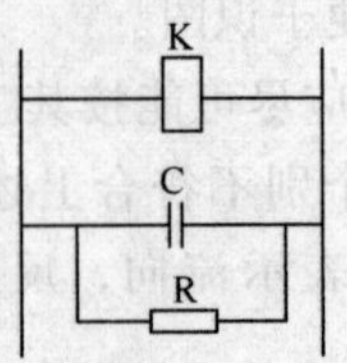

图 1-44　功能相关项目的绘制

一部分通常只需用单线表示。而在某些情况下，为了表示设备（如互感器之类）的连接方式，则必须用多线表示。

4. 功能相关项目的连接与连接线

功能上相关的项目应靠近绘制，以便使关系表达得清晰，如图 1-44 所示。同等重要的并联通路应依主电路对称布置，如图 1-45 所示。电路中过长的连接线可采用中断线的表示法表示。成组的外接线可采用表格的形式表示外接线的端子代号、电路特性及去向。当机械功能与电气功能关系密切时，则应表示符号之间的联系，如图 1-46 所示。

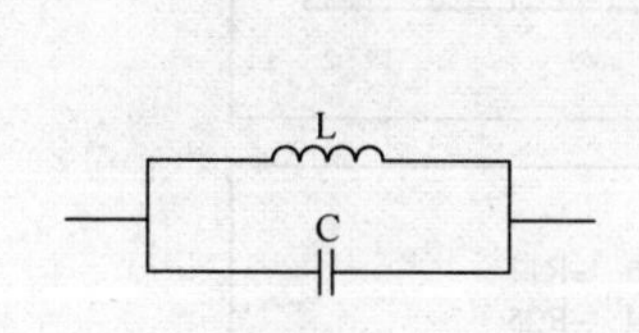

图 1-45　同等重要的并联通路

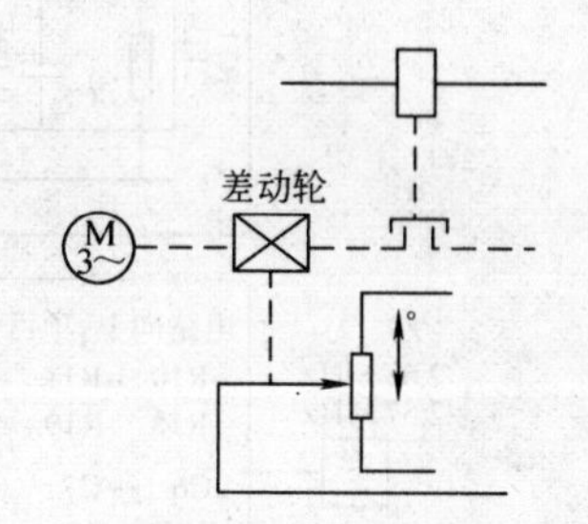

图 1-46　机械功能与电气功能符号之间的联系

5. 电路的简化画法

在电路图中，为了使图面更简洁，使识图与绘图简单、方便，对一些常用的电路形式进行了处理。

（1）并联电路　在许多个相同支路并联时，只需画出其中的一条支路，而不必画出所有支路。但在画出的支路上必须标上公共连接符号、并联的支路数以及各支路的全部项目代号，如图 1-47 所示。

（2）相同的电路　在电路中相同电路重复出现时，仅需要详细地表示出其中一个，其余电路可采用简化方式表示。在采用简化画法的图内，应给出简化电路详细元器件项目代号的对应关系表，如图 1-48 所示。

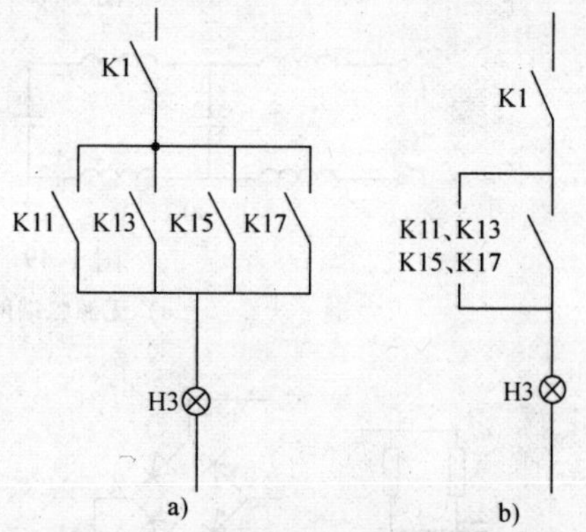

图 1-47　相同并联支路的简化画法
a）并联支路　b）简化画法

（3）功能单元　当需要在图中表示某一部分为功能单元、结构单元或项目组时，可用点画线围框表示，围框线不应与元器件符号相交。

6. 基本电路

某些常用基本电路的布局若按统一的形式出现在电路图上就容易识别，例如网络、电桥、阻容耦合放大器等。

（1）网络　无源二端网络的两个端子一般应绘制在同一侧，如图 1-49a 所示。如果是无源四端网络移相器等，则应将四个端子分别绘在假想矩形的四个角上，如图 1-49b 所示。

（2）桥式电路　桥式电路的几种表达方式同样使用于其他元器件及其组合，如图 1-50 所示。

（3）阻容耦合放大器　常见的阻容耦合放大器的形式有：共基极、共发射极、共集电极电路，如图 1-51 所示。

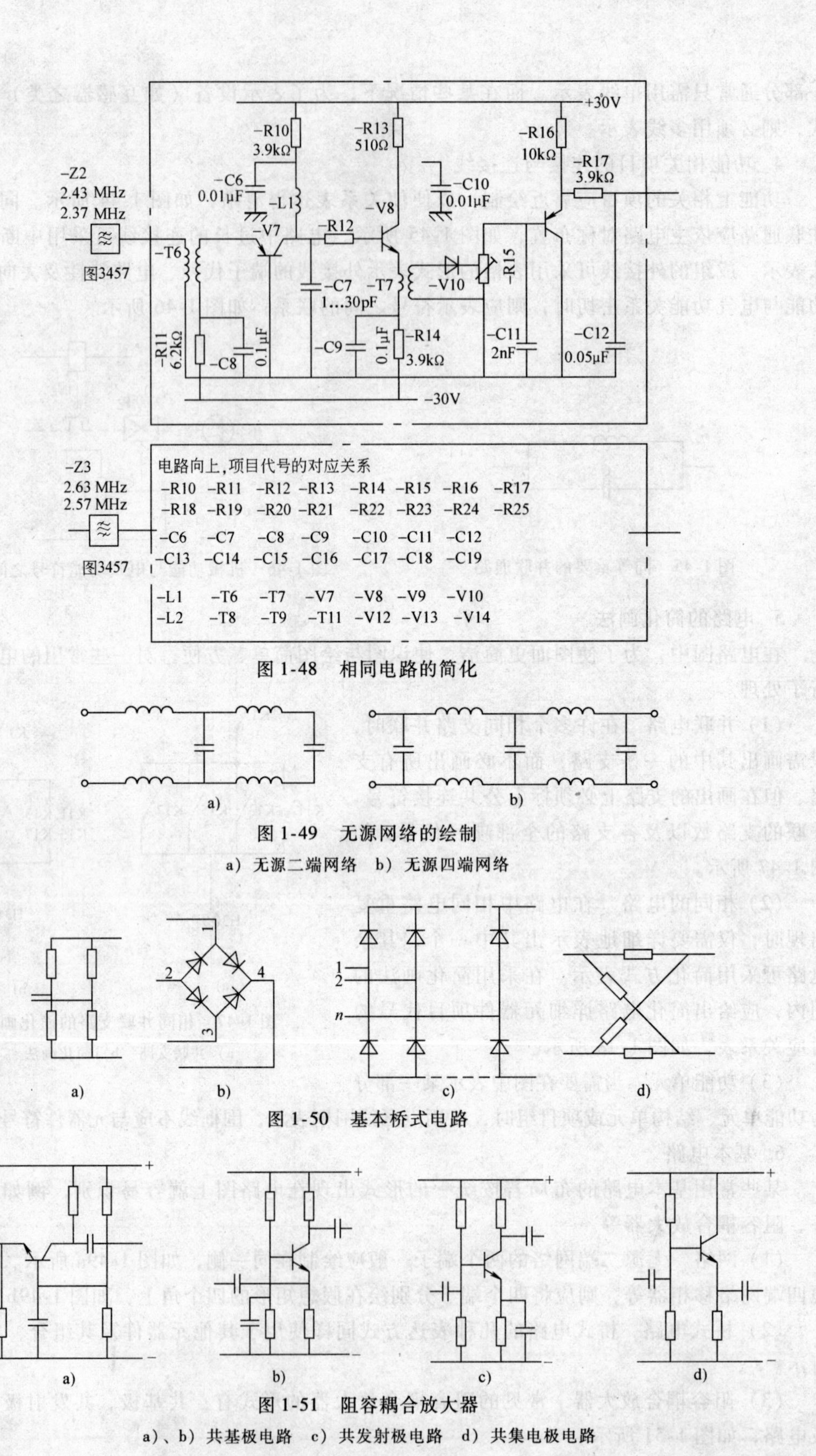

图 1-48 相同电路的简化

图 1-49 无源网络的绘制

a）无源二端网络 b）无源四端网络

图 1-50 基本桥式电路

图 1-51 阻容耦合放大器

a）、b）共基极电路 c）共发射极电路 d）共集电极电路

（4）星形-三角形起动电路　星形-三角形起动电路如图 1-55 所示。

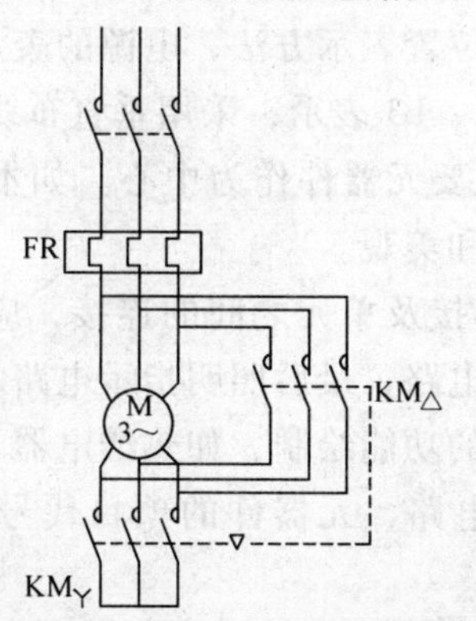

图 1-52　星形-三角形起动电路

三、电路图绘制举例

现以图 1-53 所示的龙门刨床主电路图为例，说明电路图的绘制方法与步骤。

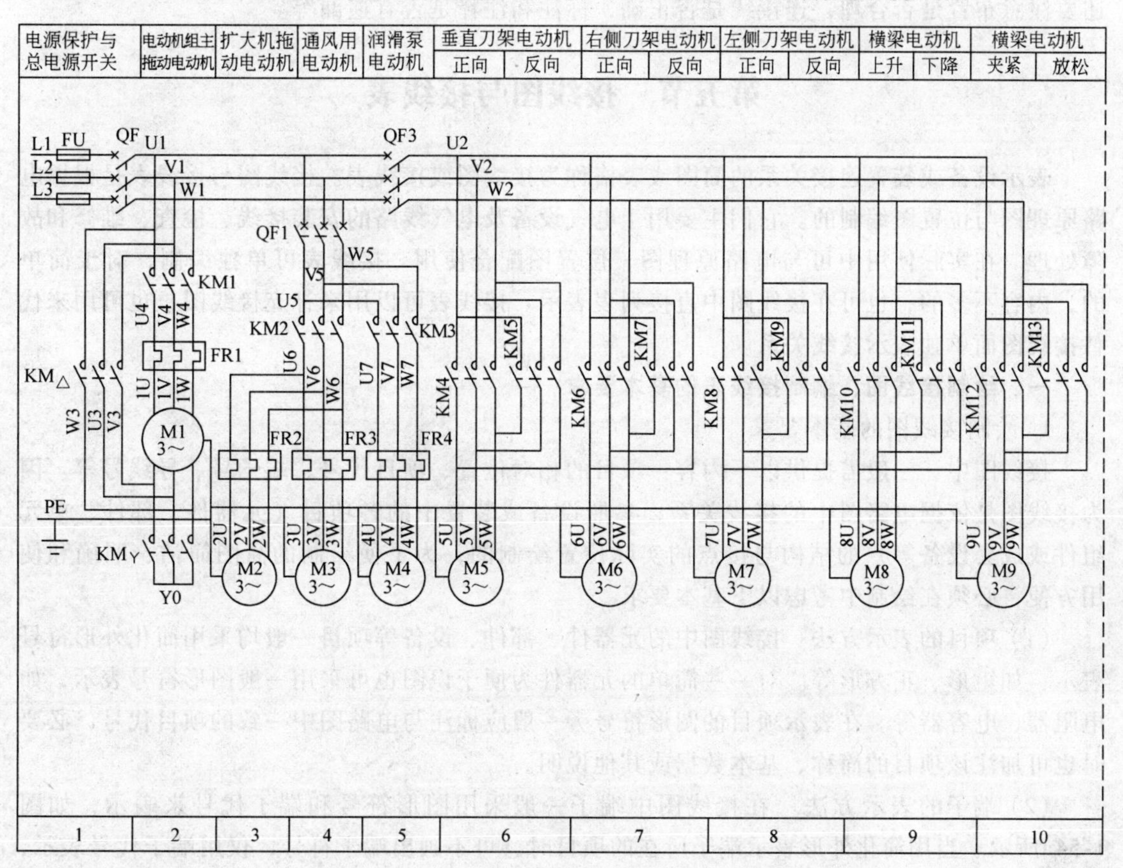

图 1-53　龙门刨床主电路

1）电路图一般由若干功能单元、结构单元或项目组成。如图 1-53 所示，将龙门刨床主电路分为电源保护与总电源开关、电动机组主拖动电动机、扩大机拖动电动机、通风用电动机、润滑泵电动机、垂直刀架电动机、右侧刀架电动机、左侧刀架电动机、横架电动机等

10 个单元。作图前应先考虑整体的布局，确定各功能单元所处的位置、布局方式等；其次选择元器件的图形符号在图上的位置表示方法，电源的表示方法及插图的运用等。如本图中采用电路编号法，电源用 L1、L2、L3 表示，采用垂直布线。

2）作图时可以单元电路的主要元器件作为中心。如本图是以 9 台电动机作为本图的中心，尽可能地使电路简洁、匀称和美观。

3）分别画出各元器件间的连接及单元之间的连接，应尽量使同类元器件纵横对齐，一般先主电路，后控制电路、信号电路，最后照明指示电路等。在电子电路中可按元器件的信号流向依次绘制，也可按元器件的功能绘制，如热继电器、中间继电器等。

4）对图的其他部分如附加电路，元器件的项目代号、标注、插图、表格等依次补充完整。

5）对绘制好的电路图进行检查。最常用的方法是按电路的工作原理或过程依次进行。如图 1-53 所示，可先查主电路，从负载开始，经控制元件顺次到电源端。再查辅助电路，从电源流进开始，电流依次流过各回路、元器件（部件）控制电路，形成回路。在检查中还要注意布置是否合理，连接线是否正确，标注和注释是否有遗漏等。

第五节　接线图与接线表

表示设备或装置连接关系的简图或表格称为接线图或接线表。接线图与接线表是根据电路原理图与位置图编制的。它们主要用于电气设备及电气线路的安装接线、检查、维修和故障处理。在实际使用中可与电路原理图、位置图配合使用。接线表可单独编制，对于简单的，内容不多的，也可在接线图中直接列表表示。接线表可以用来补充接线图，也可用来代替接线图而单独表示接线关系。

一、绘制接线图、编制接线表的基本要求

1. 绘制接线图的基本要求

接线图中，一般需提供以下内容：项目的相对位置、项目代号、端子号、导线号等。因为接线图是依据电路图中的接线关系，参照设备或装置中的各项目（元器件、部件、单元组件或成套设备等）的结构与接点的实际位置绘制的，为了使绘制的简图简洁、明确和使用方便，必须在绘制中考虑以下基本要求。

（1）项目的表示方法　接线图中的元器件、部件、设备等项目一般均采用简化外形符号表示，如矩形、正方形等。对一些简单的元器件为便于识图也可采用一般图形符号表示，如电阻器、电容器等。在表示项目的图形符号旁一般应标注与电路图中一致的项目代号，必要时也可加注该项目的简称、基本数据或其他说明。

（2）端子的表示方法　在接线图中端子一般采用图形符号和端子代号来表示，如图 1-54a所示。当用简化外形表示端子所在的项目时，可不画出端子符号，仅用端子代号表示，如图 1-54b 所示。

（3）导线的表示方法　在接线图中，两端子间的连接导线既可采用连续实线，也可采用中断线，如图 1-55a、b 所示。当采用中断线表示时，中断线的终端应分别标记与之相连接的项目代号和端子号，以表示中断线的连接关系。导线组、电缆、电缆束可采用单线表示，当实际结构单元中含有多个导线组、电缆、电缆束时，可用项目代号分别标注，以示区别，

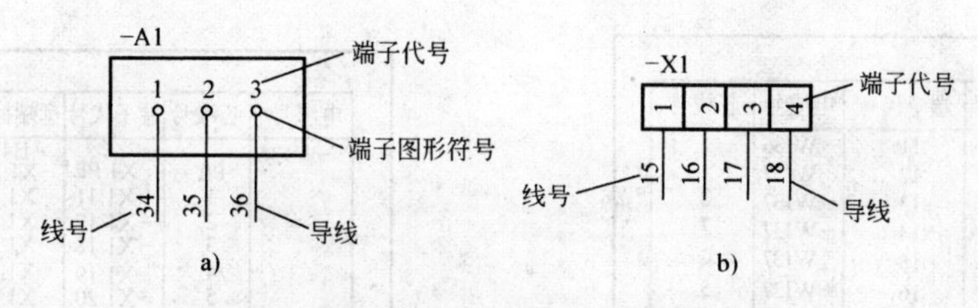

图 1-54　端子的表示方法

a）用图形符号和端子代号表示　b）仅用端子代号表示

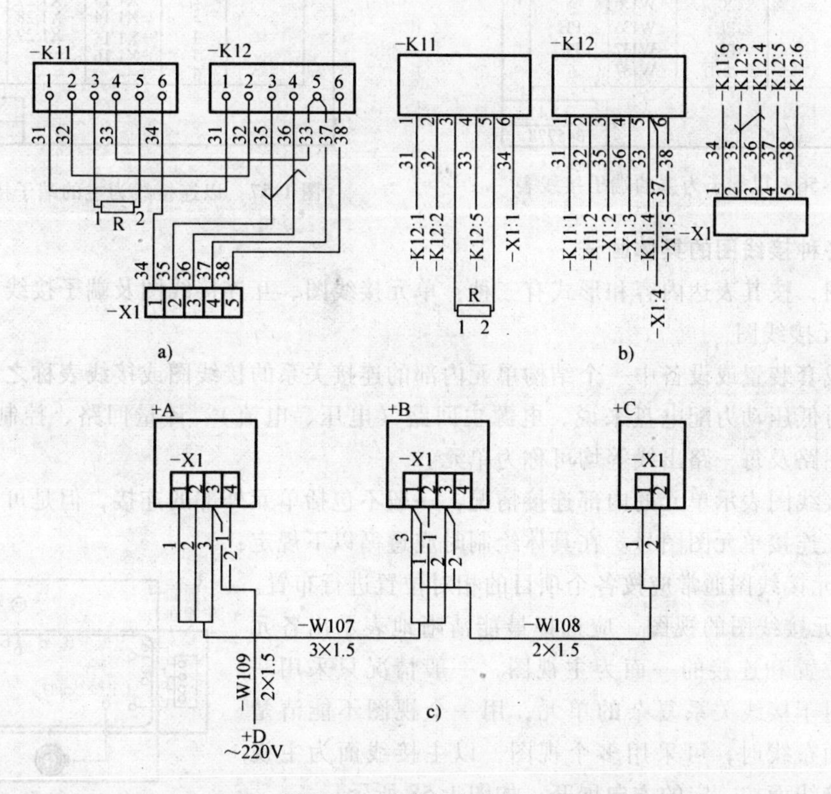

图 1-55　导线的表示方法

a）采用连续实线表示导线示例　b）采用中断线表示导线示例　c）采用单线表示导线、电缆和电缆束示例

如图 1-55c 所示。

接线图中的导线和电缆应该标注线号或电缆号作为区分标记，标记可用数字或字母，如图 1-55c 所示。有时可根据需要增加颜色标志，线号与颜色标志一般应填写在该导线的上方或中断处。

2. 编制接线表的要求

（1）编制格式　接线表的编制格式主要有以端子为主的格式和以连接线为主的格式两种。以端子为主的格式，要求将需要连接的元器件及其端子依次在表中一一列出，并对应列出与端子相连接的连接线，如图 1-56 所示。以连接线为主的格式，要求先将连接线线号依次列出，然后再列出对应于每条连接线所连接的端子或端子代号，如图 1-57 所示。

（2）项目、端子和导线的表示方法　在接线表中，项目用项目代号表示；端子用端子代号表示；导线可用项目代号表示，也可用实际连接线的标记和颜色表示。

项目代号	端子代号	电缆号	芯线号
−X1	:11	−W136	1
	:12	−W137	1
	:13	−W137	2
	:14	−W137	3
	:15	−W137	4
	:16	−W137	5
	:17	−W136	2
	:18	−W136	3
	:19	−W136	4
	:20	−W136	5
	:PE	−W136	PE
	:PE	−W137	PE
	备用	−W137	6

+A4
345778

图 1-56　以端子为主的端子接线表

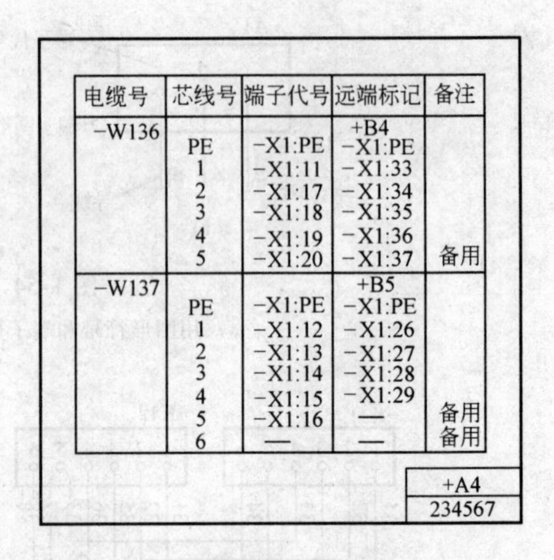

电缆号	芯线号	端子代号	远端标记	备注
−W136			+B4	
	PE	−X1:PE	−X1:PE	
	1	−X1:11	−X1:33	
	2	−X1:17	−X1:34	
	3	−X1:18	−X1:35	
	4	−X1:19	−X1:36	
	5	−X1:20	−X1:37	备用
−W137			+B5	
	PE	−X1:PE	−X1:PE	
	1	−X1:12	−X1:26	
	2	−X1:13	−X1:27	
	3	−X1:14	−X1:28	
	4	−X1:15	−X1:29	
	5	−X1:16	—	备用
	6	—	—	备用

+A4
234567

图 1-57　以连接线为主的端子接线表

二、各种接线图的具体画法

接线图，按其表达内容和形式有三种：单元接线图、互连接线图及端子接线图。

1. 单元接线图

表示成套装置或设备中一个结构单元内部的连接关系的接线图或接线表称之为单元接线图。例如对低压动力配电盘来说，电源主回路（电压、电流）、计量回路、控制保护回路、电容补偿回路及每一路出线等均可称为单元。

单元接线图表示单元的内部连接情况，一般不包括单元外部的连接，但是可以标出与之有关的相互连接单元图图号。在具体绘制时应遵循以下规定：

1）单元接线图通常应按各个项目的相对位置进行布置。

2）单元接线图的视图，应选择最能清晰地表示出各元器件端子位置和连接的一面为主视图，一般情况只采用一个视图。对于接线关系复杂的单元，用一个视图不能清楚地表示多面布线时，可采用多个视图，以主接线面为主视图，其他接线面按一定的方向展开，如图 1-58 所示。

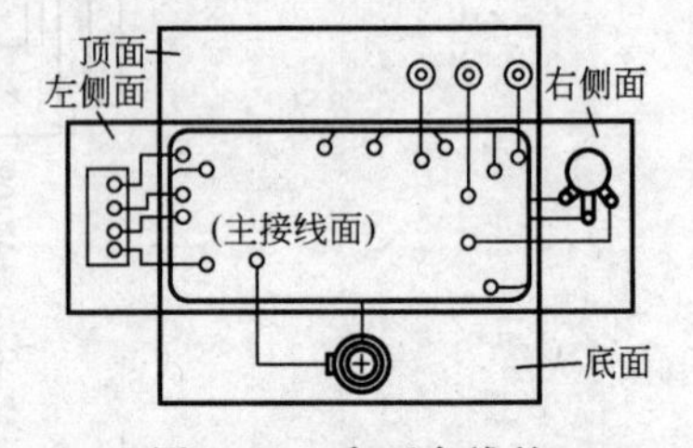

图 1-58　多面布线的展开视图示例

3）为便于识图，视图中重叠元器件的接线图部分可采用翻转或移动的方法在同一视图中表示出来，并加注释进行说明，如图 1-59a、b 所示。当项目具有多层端子时，可适当延长或移动被遮盖的接点或端子，使其在图中能明显地表示出各层次的连接关系，如图 1-59c 所示。

2. 互连接线图

表示成套装置或设备不同单元之间连接关系的图称之为互连接线图，如图 1-55c 所示。

互连接线图表示单元之间的连接情况，通常不包括单元内部的连接关系。但可提供与之有关的图号，以示其去向。在具体绘制时，应遵循以下规定：

1）在互连接线图中，表示各单元对外关系的各个视图，应该画在同一平面上，表示单元与单元之间的连接关系。各单元的视图围框用点画线表示，各单元视图只需绘出直接与外部有关联的项目。

2）若单元内部的个别项目需要用外线缆的芯线连接时，在图上应画出完整的接线

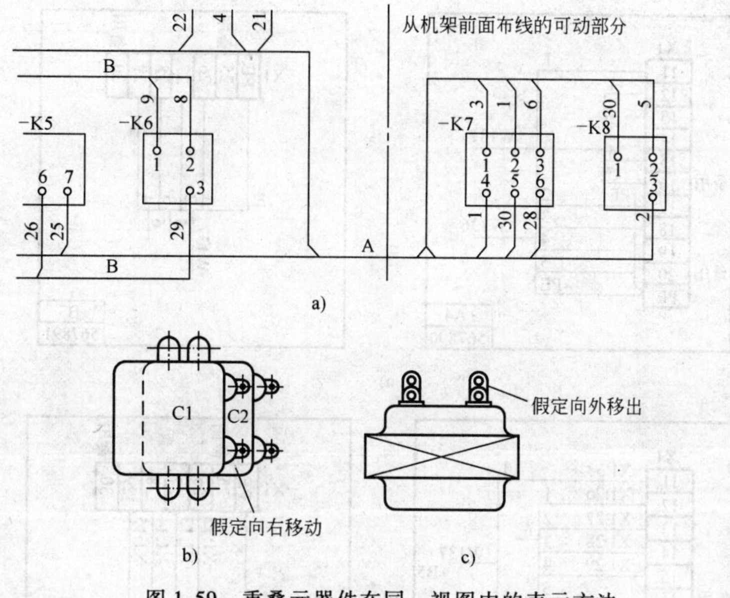

图 1-59　重叠元器件在同一视图中的表示方法

a）翻转画法　b）项目移动画法　c）端子局部延长画法

关系。

3. 端子接线图

表示单元或设备的端子及其与外部导线的连接关系的接线图称之为端子接线图，如图 1-60 所示。在具体绘制端子接线图时，通常不包括单元或设备内部的连接，但可以给出有关的图号，以便于需要时查找。一般端子接线图应遵循下列规定：

1）端子接线图的视图应与单元接线图的视图一致。各端子应基本按其相互位置表示，不得随意布置。

2）端子的接线标记既可采用本端标记也可采用远端标记。

三、接线图与接线表的识读

接线图与接线表的识读，应先识读主电路再看辅助电路。识读的具体方法是：看主电路时，要从电源引入端开始，顺次经控制元件和线路到用电设备；看辅助电路时，则要从一相电源到另一相电源，按照控制元件顺序依次对每个回路进行研究。看接线图与接线表时，应注意以下几点：

1）看接线图时可对照框图或原理图，搞清楚接线图、接线表内部的连接关系。

2）单元是一个不十分严格的概念，在一定的条件下会有变化，故单元接线、互连接线、端子接线等是为了表述方便和施工便利而人为地划分的。如配电盘主电路、控制电路、信号电路等单元之间连接线对配电盘而言是单元互连。而当配电盘放在供电系统中时，配电盘则只是一个单元。因此在识读时应根据具体情况来区别各类接线图。

3）识读接线图时，要注意各类视图都是按各个项目的实际位置来画的。特别要注意在电力系统中的布线，情况较复杂，往往存在三维空间的连接，应注意区分。

4）要搞清回路标号。在识读时，可根据回路标号从电源端顺次查下去，搞清线路走向和电路的连接方法，搞清每个回路是怎样通过各个元器件构成闭合回路的。

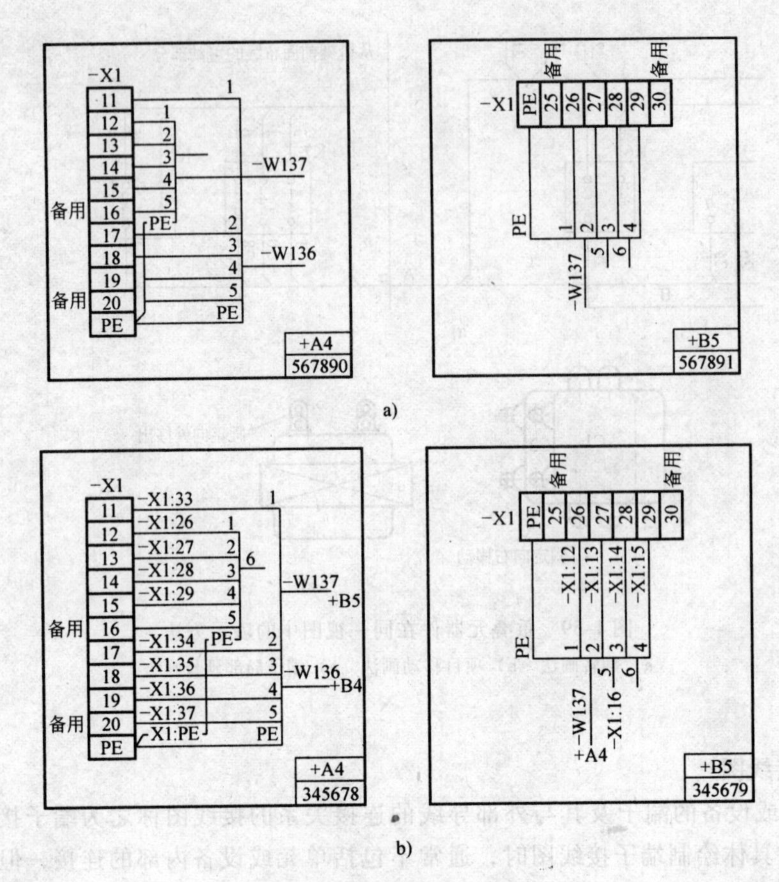

图 1-60　端子接线图

a）带有本端标记的端子接线图　b）带有远端标记的端子接线图

第六节　印制电路板图

印制电路板主要用于插接各种电子元器件，同时还起着电气连接和结构支撑的作用。按照用途的不同，印制电路板图可分为两种：即印制板零件图和印制板装配图。

一、印制板零件图

印制板零件图是表示印制板结构要素、导电图形、标记符号、技术要求和有关说明的图样。一般由结构要素图、导电图形图和标记符号图三种形式的图组成，这些图可分别绘制在不同的图样上，但应标注同一项目符号。对简单的印制板零件图，其结构要素图和导电图形图可合并绘制。

1. 印制板结构要素图

印制板结构要素图是用于表示印制板外形、安装孔和槽等要素的尺寸、公差及有关技术要求的图样，实际上是机械加工图，如图 1-61 所示。

印制板结构要素是根据印制板在整机或部件中的安装情况、导电图形的设计情况及整机或部件的结构布局来确定的。印制板结构要素图主要包括：外形视图、尺寸标注和有关的技术要求及说明等内容。

印制板的外形、孔或孔距、槽等要素的尺寸及其公差，采用技术制图规定的尺寸注法进行标注。在印制板中，若孔的数量较多，则可按直径分别涂色标记，并用列表的方法来表示。

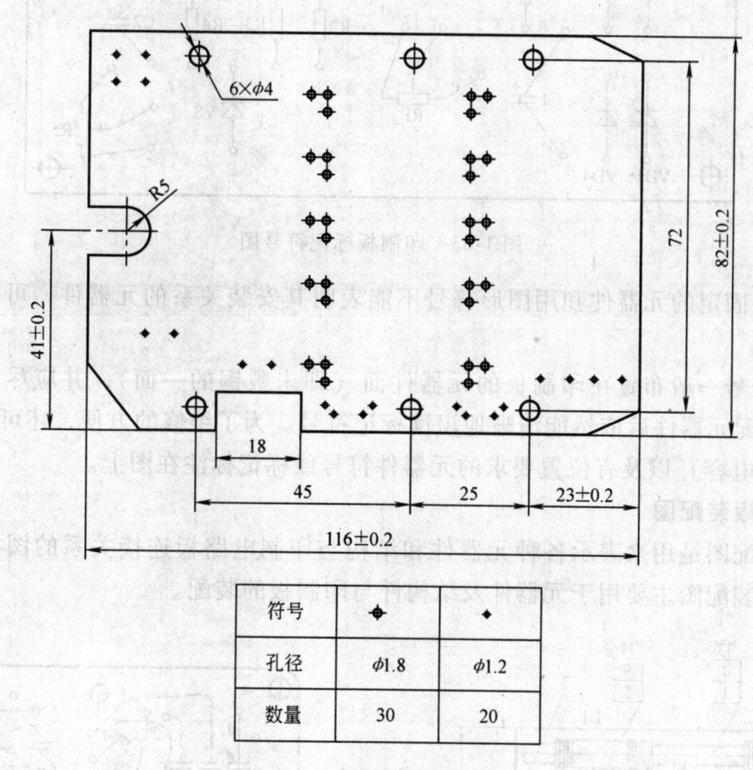

符号	⌖	◆
孔径	ϕ1.8	ϕ1.2
数量	30	20

图 1-61　印制板结构要素图

2. 印制板导电图形图

印制板导电图形图是用来表示印制导线、连接盘的形状及相互之间的位置关系的图样，如图 1-62 所示。

3. 印制板标记符号图

印制板标记符号图是按元器件在印制板上的实际位置，采用元器件的图形符号、简化外形及项目代号等绘制的图样，如图 1-63 所示。印制板标记符号图主要用来表示元器件在印制板上的实际位置，从而为元器件的装配以及设备检查、维修等提供方便。

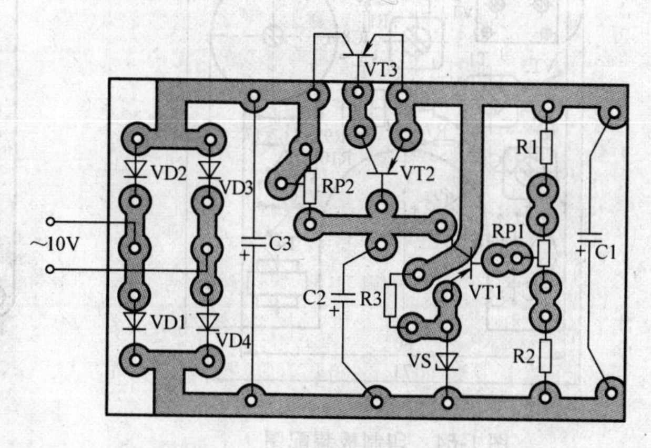

图 1-62　印制板导电图形图

印制板标记符号图的绘制应遵循以下基本原则：

1）印制板标记符号图中的元器件图形符号和项目代号应符合 GB/T 4728 和 GB/T 5094 系列标准中的有关规定。

2）标记符号图中标注的项目代号应与电路图中的项目代号完全一致。

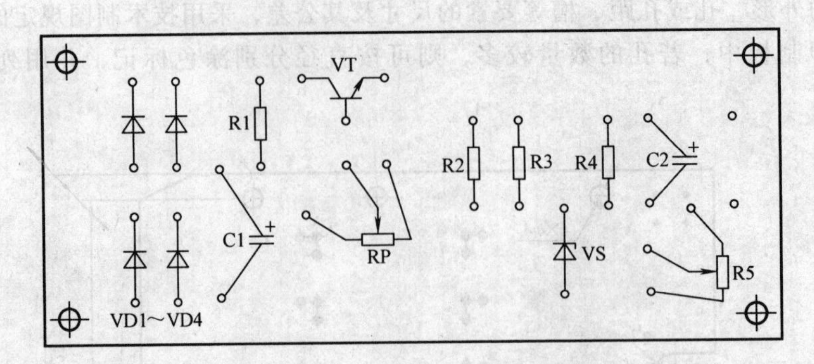

图 1-63　印制板标记符号图

3）非焊接固定的元器件和用图形符号不能表明其安装关系的元器件，可采用实物简化外形轮廓绘制。

4）标记符号一般布置在印制板的元器件面（即未敷铜的一面），并应尽量避开接线盘和孔，以便装配元器件后依然能清晰地识读标记符号。为了维修的方便，还可将有极性的元器件（如电解电容）以及有位置要求的元器件符号或标记标注在图上。

二、印制板装配图

印制板装配图是用来表示各种元器件和结构与印制电路板连接关系的图样，如图 1-64 所示。印制板装配图主要用于元器件及结构件与印制板的装配。

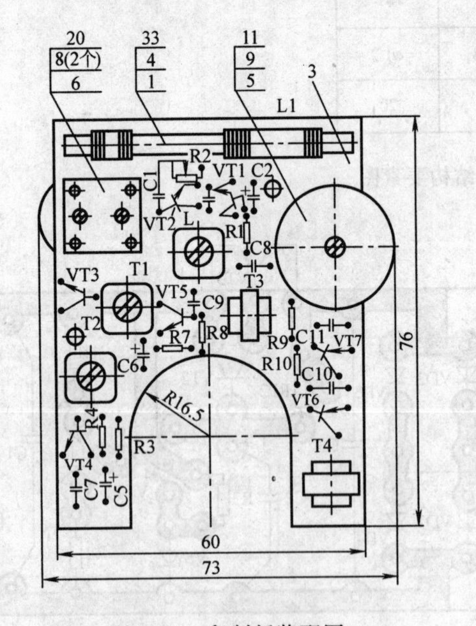

图 1-64　印制板装配图

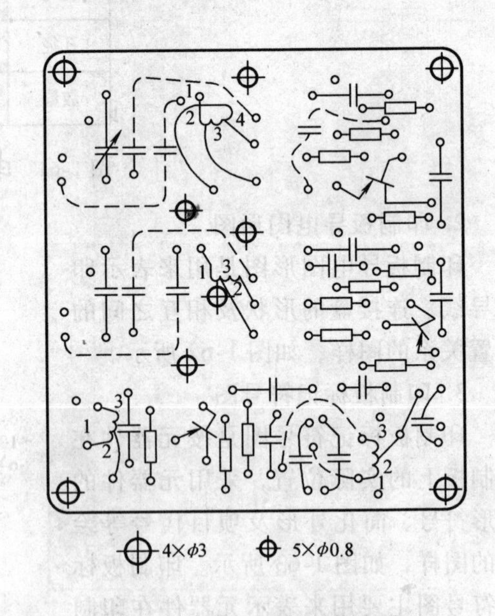

图 1-65　双面印制板装配图

1. 绘制印制板装配图的原则

印制板装配图的内容和绘制方法与机械装配图基本一致，但在绘图时还应遵守以下规则：

1）视图的选择应根据具体装接情况来定。若需要装配的元器件和结构均在一面，一般只画一个视图；若两面都有元器件或结构，则可采用主视图和后视图两个视图。主视图为装配元器件或结构较多的一面，后视图为装配元器件或结构相对较少的一面。当反面装配的元器件或结构较少时，也可采用一个视图，但反面的元器件或结构件用虚线表示。当反面元器件用图形符号表示时，图形符号用实线表示，引接线用虚线表示，如图1-65所示。

2）对极性元器件，应在图样中标出极性符号。对有方向要求的元器件应标出定位特征标记，如图1-66所示。图中“·”和数字均为定位标记。

3）在装配关系清楚，不致产生误解的情况下，元器件和结构件可采用图形符号或简化外形表示。当需要完整、详细地表示元器件和结构件的装配关系时，可按机械图的表示方法和规定绘制，并在指引线上标注序号，如图1-64所示。

4）在印制板装配图中，元器件和结构件可采用项目代号、序号和装配位置号的形式标注。装配位置号是指元器件在装配图中的位置代号，常用于集成电路的标注，一般按从左至右、自上而下的顺序标注，如图1-67所示。

5）在印制板装配图中，一般不画出导电图形。若需要表示反面的导电图形，可用虚线或色线画出，如图1-68所示。

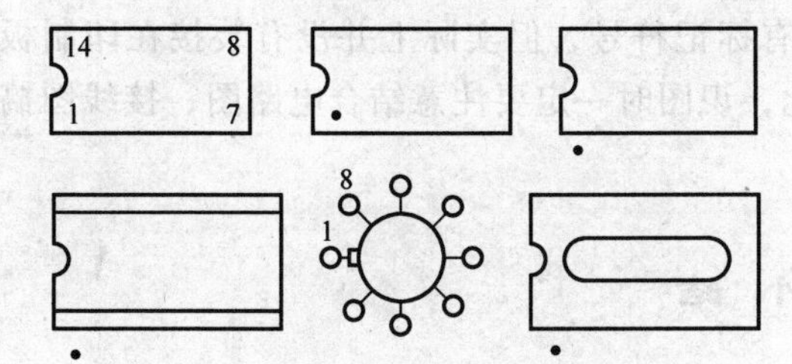

图1-66　定位特征标记

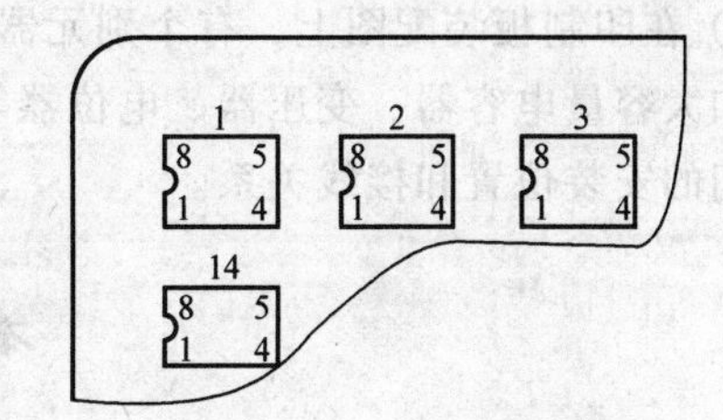

图1-67　标注位置号的集成电路

6）在印制板装配图中，对重复出现的单元图形，可只画出其中的一个单元，而其余单元采用简化的方式绘制，如图1-69所示。在绘制时，应注意必须用细实线画出各单元的区域范围，并标出单元的顺序号。简化图形一般只画出引线孔，省略元器件的图形符号或简化外形。

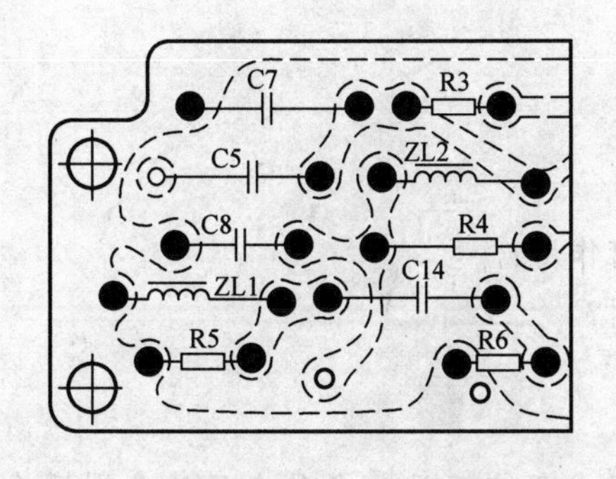

图1-68　用虚线或色线表示出的导电图形

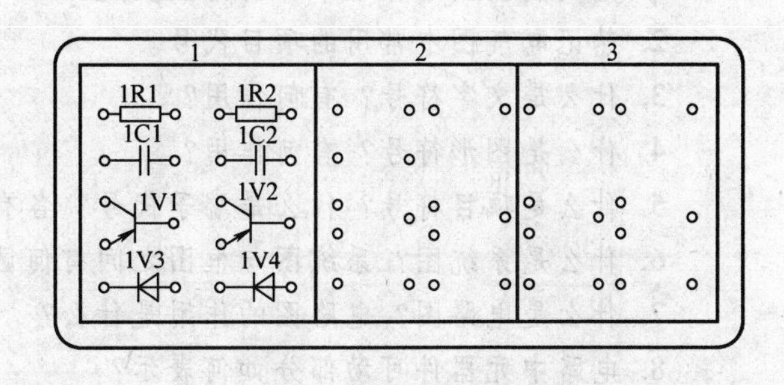

图1-69　简化画法

此外，在印制板装配图中还应有必要的外形尺寸、安装尺寸以及与其他零部件的连接尺寸等；也要有必要的技术要求和说明，用以指导元器件和结构件的装配和连接。

2. 印制板装配图的识读

印制板装配图中的大部分内容反映的是元器件或结构件与印制板之间的装接关系。在对印制板装配图进行分析时，应结合电路图、接线图等有关技术文件，将反映电气原理的简图与表达实际装接关系的印制板图联系起来。在识读印制板装配图时应注意以下几点：

1）首先要熟悉对应电路图的内容，搞清各级电路本身的连接情况和各级之间的连接关系，然后根据电路图中各主要元器件的图形符号及项目代号，对照印制板装配图上的标记符号，在印制板上找出它们的位置。

2）根据电路图中各元器件的连接关系，结合各元器件在印制板上的实际位置，对照印制板装配图上用虚线或色线表示的导电图形，搞清各元器件在印制板上的实际连接情况。

3）元器件在电路图中是从左到右、自上而下整齐排列的，而在印制板上，则是根据整个设备的结构情况，同时又考虑到电磁场、散热、寄生耦合等因素影响进行布置的，在读图时应注意两者之间的差别。

4）为将电路图上各元器件的连接关系转移到印制板的导电图形上，识图时，最好先搞清在导电图形上表示电源干线的印制导线和焊盘的布置。在印制板上，表示电源的印制导线一般比普通信号线粗，而且电源的一极一般布置在印制板的周围边缘，另一极则贯穿印制板各处，各部分的元器件都是沿着电源干线布置的。

5）在印制板装配图上，有个别元器件虽印有标记符号，但实际上并没有装接在印制板上，如大容量电容器、变压器、电位器等。因此，识图时一定要注意结合电路图、接线图搞清它们的安装位置和接线关系。

本章小结

本章主要介绍了电气制图的基础知识，电气图的一般规则，文字符号，图形符号及项目代号，电路图、系统图与框图、接线图与接线表以及印制电路板图的识读与绘制。

通过本章的学习，应使学生能够识读和绘制电气技术文件中常见的图形。

复习思考题

1. 电气制图国家标准中都有哪些规定？

2. 熟记电气图中常用的项目代号。

3. 什么是文字符号？有何作用？

4. 什么是图形符号？有何作用？

5. 什么是项目符号？什么是端子代号？各有何作用？

6. 什么是系统图？系统图与框图之间有何区别？

7. 什么是电路图？电路图的作用是什么？

8. 电路中元器件可动部分如何表示？

9. 什么是电路的集中表示法、半集中表示法及分开表示法？各种表示法分别适合于什么电路？各有何优缺点？

10. 电路图中的插图和表格各有何特点？在使用时应注意什么？

11. 下列项目代号各表示什么意思？

=1-T1；=1-Q1；=1-M1；=S5=P2-A4-K3；+5-T1；+5-C1；-A2R2；=A2S2。

第二章 Protel 99 SE 概述

教学目标：

1. 了解 Protel 99 SE 软件的组成、特点及运行环境。
2. 熟悉 Protel 99 SE 的主窗口、菜单栏。
3. 掌握启动 Protel 99 SE 各种编辑器的方法。
4. 能够创建新的或打开已有的设计数据库文件。

教学重点：

1. 掌握启动 Protel 99 SE 各种编辑器的方法。
2. 能够创建新的或打开已有的设计数据库文件。

教学难点：

设置新建设计数据库文件的路径。

第一节 Protel 99 SE 简介

Protel 软件是由 Protel Technology 公司推出的计算机辅助设计软件之一。Protel 99 SE 是由早期的 Protel 版本发展而来，是基于 Windows95/98/2000/XP 环境下的新一代电路原理图辅助设计与绘制软件。由于其功能强大、操作简便，在现代电子工业中得到了广泛的应用，成为电子电路设计的首选软件。

一、Protel 99 SE 的组成

Protel 99 SE 主要由两大部分组成，即原理图设计系统（Advanced Schematic）和印制电路板设计系统（Advanced PCB）。

1. 原理图设计系统

原理图设计系统主要用于电路原理图的设计。图 2-1 所示就是一个用 Protel 99 SE 设计的原理图的实例。

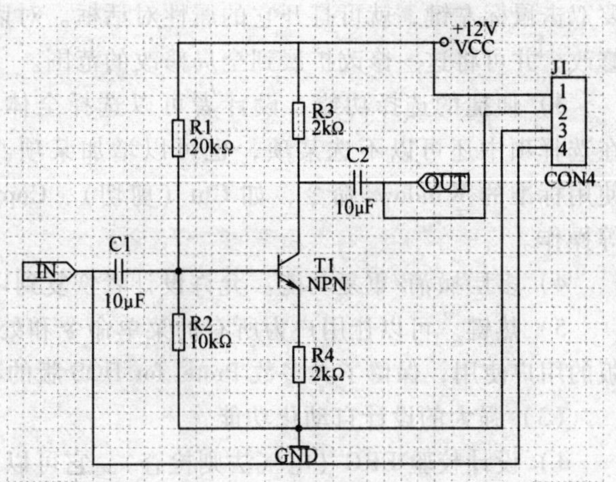

图 2-1 原理图设计实例

2. 印制电路板设计系统

印制电路板设计系统主要用于印制电路板的设计，产生最终的 PCB 文件，直接联系印制电路板的生产。图 2-2 所示的 PCB 图就是用 Protel 99 SE 设计完成的。

二、Protel 99 SE 的特点

1. 原理图设计系统 Schematic 的特点

（1）支持层次化设计　随着电路的日益复杂，电路设计的方法也日趋层次化（Hierarchy）。用户可以将待设计的系统划分为若干子系统，子系统再划分为若干功能模块，功能模

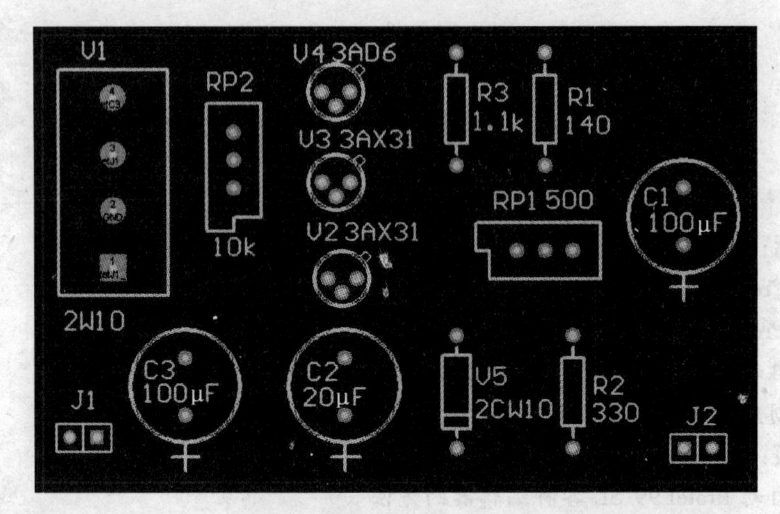

图 2-2　印制电路板设计实例

块再细分为若干基本模块，然后分层逐级实现。当然也可以倒过来，从最基本的功能模块开始逐级向上完成设计。Schematic 完全提供了层次化设计所需的功能。

（2）丰富而灵活的编辑功能

1）电气栅格特性提供了所有电气件（包括端口、原理图入口、总线、总线端口、网络标号、连线和元器件等）的真正“自动连接”。当它被激活时，一旦光标进入电气栅格的范围内，它就自动跳到最近的电气“热点”上，接着光标形状发生改变，指示出连接点。当这一特性和自动加入连接点特性配合使用时，连接工作就变得非常轻松。

2）交互式全局编辑。在任何设计对象（如元器件、连线、图形符号、字符等）上，只要双击鼠标左键，就可打开它的属性对话框。对话框显示该对象的属性，用户可以立即进行修改，并可将这一修改扩展到全局修改的范围。

3）便捷的选择功能。设计者可以选择全体，也可以选择某个单项，或者一个区域。在选择项中还可以不选某项，也可以增加某项。已选中的对象可以移动、旋转，也可以使用标准的 Windows 命令，如 Cut（剪切）、Copy（复制）、Paste（粘贴）、Clear（清除）等操作。

4）多层撤消/重复功能。允许设计者恢复到以前的任一步状态。

5）热键。可以让用户为所有的菜单命令和处理定义热键，同时为了便于 Protel for DOS 版的用户使用，保留了大多数 Protel for DOS 版的功能热键。

（3）强大的设计自动化功能

1）设计校验 ERC（电气法则检查）。它可以对大型复杂设计进行快速检查。ERC 检查可以按照用户指定的物理/逻辑特性进行，而且可以得到各种物理/逻辑冲突报告，例如没有连接的网络标号、没有连接的电源、空的输入管脚等，同时还可以将 ERC 的结果直接标记在原理图中。

2）数据库连接。它提供了强大灵活的数据库连接，原理图中任何对象的任意属性值都可以输入和输出。用户可以指定输入/输出的范围是当前图纸、当前项目或者元件库，也可以是全部打开的图纸或者元件库。一旦所选择的属性值已经输出到数据库，就可以由 DBMS（数据库管理系统）来处理。支持的数据库包括 dBASE Ⅲ、dBASE Ⅳ等。

3）自动标注。在设计过程中随时可以使用“自动标注”功能（一般是在设计完成的时候使用），以保证无标号跳过或重复。

4）在线库编辑及完善的库管理。它不仅可以打开任意数目的库，而且不需要离开原来的编辑环境就可以访问元件库，通过计算机网络还可以访问多用户库。元器件可以在线浏览，也可以直接从库编辑器中放置到图纸上。元件库不但可以增加或修改，而且原理图和元件库之间还可以进行相互修改。

原理图设计系统提供了16000多个元件库（ANSI，DeMorgan，IEE三种模式），包括AMD、Intel、Motorola、Texas Instruments、National Instruments、ZILOG、Maxim、Xilinx、Eesof、PSPICE及SPICE仿真库等。

（4）满足国际化需求

1）在中文Windows平台上，可直接标注任意字体、任意大小的汉字。

2）提供了一系列的原理图图框，每个图框对应一种原理图尺寸。图框由预定义的边框类型、标题栏和编辑原理图时放上的任何其他元素组成。用户可以自定义图框（包括大小、格式等），并将它存到一个图框文件中备用。该功能为国际化制图和归档提供了极大的方便。

2. 印制电路板设计系统的特点

（1）32位的EDA设计系统

1）可支持设计层数为32层、板图大小为2540mm×2540mm或100inch×100inch的多层大型电路板。

2）PCB图可作任意角度的旋转，分辨率为0.001°。

3）支持水滴焊盘和异型焊盘。

（2）丰富而灵活的编辑功能

1）交互式全局编辑、便捷的选择功能、多层撤消或重做功能。

2）支持飞线编辑和网络编辑功能。用户无需生成新的网络表即可完成对设计的修改。

3）手工重布线可自动去除回路。

4）PCB图能同时显示元器件管角上的网络标号。

5）集成的ECO（工程修改单）系统将会记录下每一步修改，并将其写入ECO文件，可依次修改原理图。

6）在线工具栏。

（3）强大的设计自动化功能

1）具有超强的自动布局能力，它采用了基于人工智能的全局布局方法，可以实现印制电路板图面的优化设计。

2）高级自动布线器采用拆线重试的多层迷宫布线算法，可同时处理所有信号层的自动布线，并可以对布线进行优化。可选的优化目标有使过孔数目最少、使网络按指定的优先顺序布线等。

3）支持Shape-based（无网络）的布线算法，可完成高难度、高精度印制电路板（如486以上的微机主板、笔记本微机的主板等）的自动布线。

4）具有高精度、智能化覆铜功能，并可直接进行编辑，例如，移动、删除、接地、修改参数后重新覆铜等。

5）在线式 DRC（设计规则检查），在编辑时系统可自动地指出违反设计规则的错误。

（4）在线式库编辑及完善的库管理

1）设计者不仅可以打开任意数目的库，而且不需要离开原来的编辑环境就可访问、浏览元件封装库。

2）通过计算机网络还可以访问多用户库。

（5）完备的输出系统

1）支持 Windows 平台上所有输出外设，并能预览设计文件。

2）可输出高分辨率的光绘（Gerber）文件，并可对其进行显示、编辑等。

3）还能输出 NC Drill 和 Pick&place 文件等。

三、Protel 99 SE 的运行环境

运行 Protel 99 SE 的推荐配置为：

（1）CPU　Pentium Ⅱ 300MHz 以上。

（2）RAM　128MB 以上。

（3）硬盘　1GB 以上。

（4）显示器　分辨率 1024×768 以上。

（5）操作系统　Windows2000 或 XP 版本。

第二节　Protel 99 SE 的基本操作

一、启动 Protel 99 SE

启动 Protel 99 SE 应用程序，通常有 3 种方法：

1）直接用鼠标左键双击 Windows 桌面上的“Protel 99 SE”图标。

2）选择“开始/程序/Protel 99 SE”中的“Protel 99 SE”选项。

3）直接打开一个 Protel 99 SE 的设计数据库文件。

启动 Protel 99 SE 应用程序后，会出现如图 2-3 所示的启动画面和图 2-4 所示的主窗口。

图 2-3　Protel 99 SE 启动画面

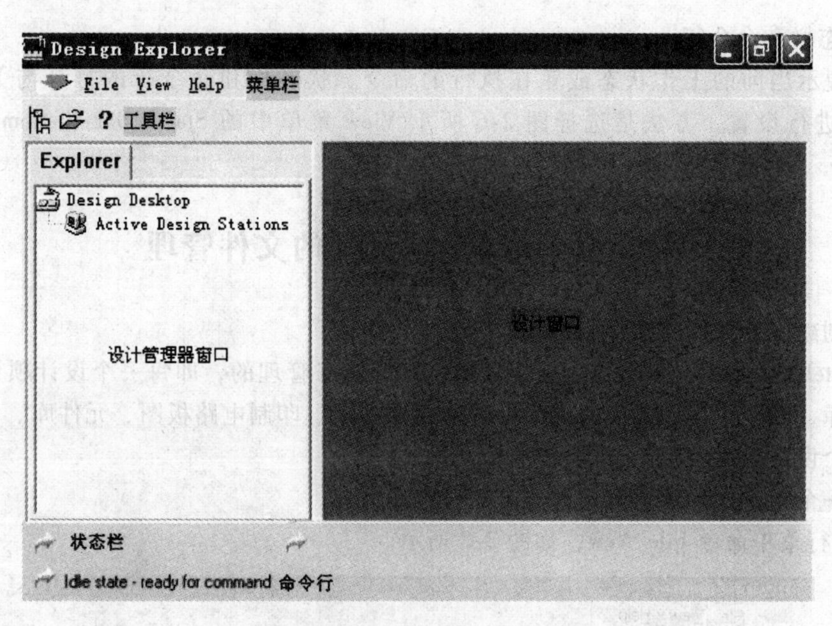

图 2-4　Protel 99 SE 的主窗口

二、Protel 99 SE 的主窗口

在图 2-4 所示的主窗口中各部分的名称和功能如下：

1. 菜单栏

（1）File 菜单　主要用于文件的管理，包括文件的新建、打开和退出，如图 2-5 所示。

（2）View 菜单　用于设计管理器、状态栏、命令行的打开与关闭，如图 2-6 所示。

（3）Help 菜单　用于打开帮助文件，如图 2-7 所示。

图 2-5　File 菜单　　图 2-6　View 菜单　　图 2-7　Help 菜单

2. 工具栏

工具栏的功能其实是各菜单功能中的一部分，具体如下：

：用于打开或关闭文件管理器。

：用于打开一个设计文件。

?：用于打开帮助文件。

3. 设计管理器窗口

在窗口中显示设计文件的目录结构，可通过工具栏上的按钮打开或关闭。

4. 设计窗口

显示被编辑的各种文件，初始状态下没有被编辑的内容。

5. 状态栏和命令行

用于提示当前的工作状态或正在执行的命令。状态栏和命令行的打开与关闭可利用 View 菜单进行设置。方法是选择图 2-6 所示 View 菜单中的 Status Bar 和 Command Status 选项。

第三节　Protel 99 SE 的文件管理

一、创建设计数据库文件

在 Protel 99 SE 中，文件是以设计数据库的形式来管理的，即每一个设计项目都应建立一个数据库，与该数据库有关的文件如：电路原理图、印制电路板图、元件库、网络表等都存放在这个设计数据库中。

创建一个新的设计数据库文件的具体步骤如下：

1）执行菜单命令 File/New，如图 2-8 所示。

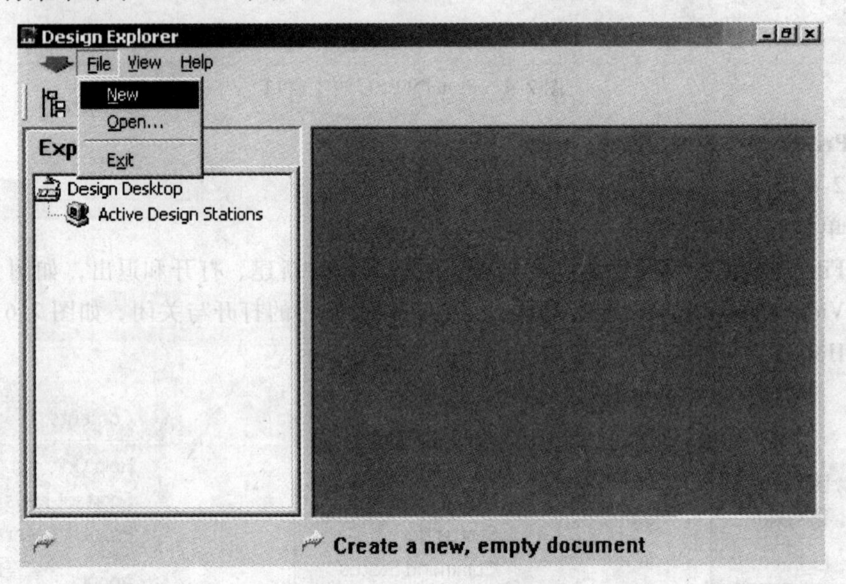

图 2-8　执行 File/New 菜单命令

执行 File/New 命令后，出现如图 2-9 所示的建立新设计数据库文件对话框。

2）单击 Browse... 按钮选择文件的存储位置。Protel 99 SE 默认的文件名为“MyDesign. ddb”，也可以在相应位置改变文件名。

3）单击 OK 按钮后，Protel 99 SE 的主窗口改变，如图 2-10 所示。

这样我们就建立了一个名为“MyDesign. ddb”的设计数据库文件。从图 2-10 所示的设计数据库文件主窗口中可以看到，该设计数据库包括三个组成部分：Design Team（设计工作组）、Recycle Bin（回收站）和 Documents（设计文件夹）。其中设计工作组用于定义参加设计成员的特点和权限；回收站用于存放被删除的文件；设计文件夹用于存放设计文件或相关文件，也就是与该设计相关的各种文件及信息都将包含在这个数据库中。

二、在设计数据库中创建各种设计文件

创建了设计数据库后，我们就可以在该数据库的文件夹中创建其他各种设计文件。

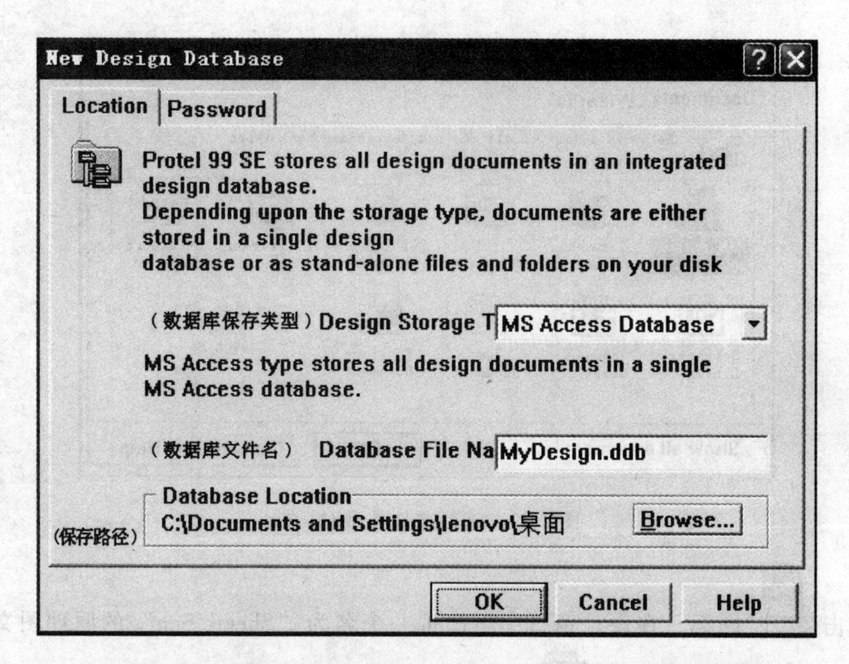

图 2-9 建立新设计数据库文件对话框

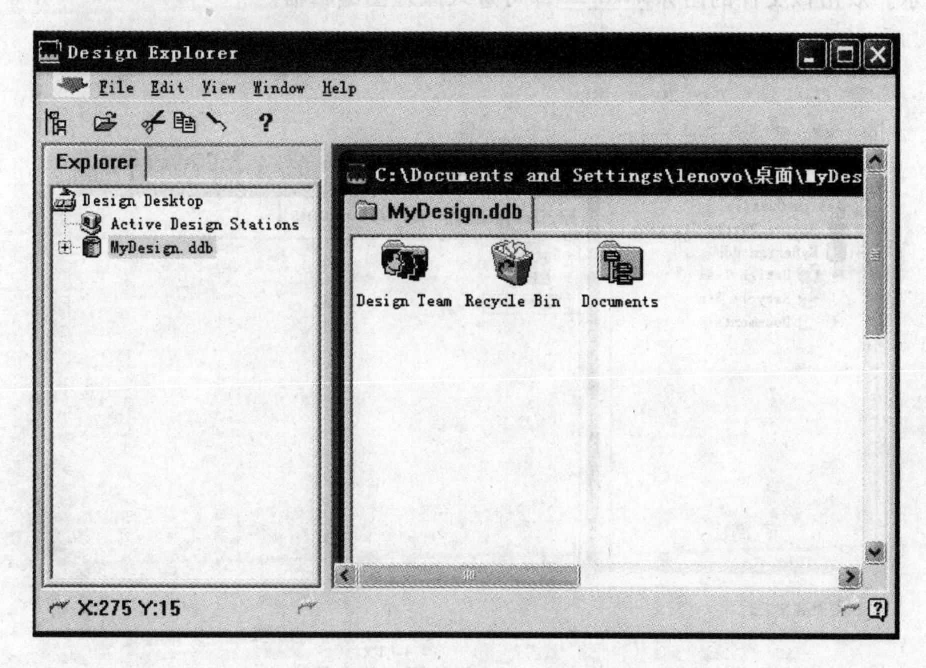

图 2-10 设计数据库文件主窗口

1. 创建原理图文件

创建原理图文件并启动原理图编辑器，步骤如下：

1）执行菜单命令 File/New，创建一个设计数据库文件，如图 2-10 所示。

2）双击“Documents”图标，打开数据库文件夹，再执行“File/New”命令，出现如图 2-11 所示的选择文件类型对话框。

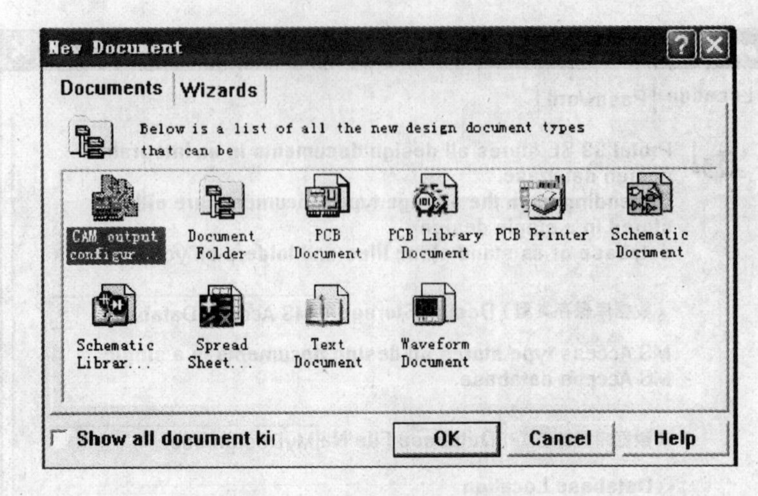

图 2-11　选择文件类型对话框

3）双击  图标，在设计窗口中将出现一个名为“Sheetl. Sch”的原理图文件，如图 2-12 所示。双击该文件的图标即可进入原理图编辑器。

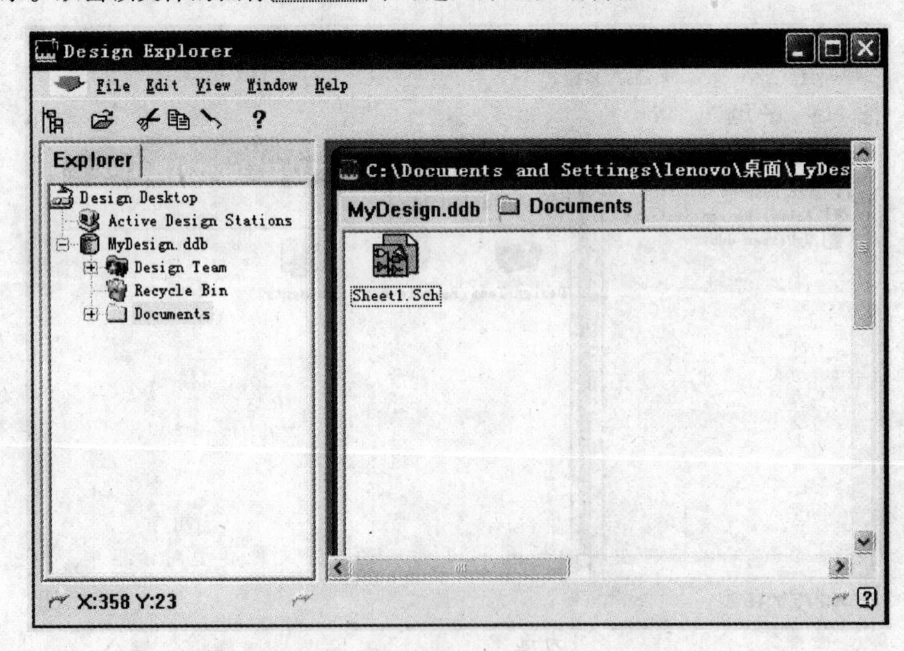

图 2-12　创建新的原理图文件

2. 创建印制电路板文件

创建印制电路板文件并启动 PCB 编辑器，步骤如下：

1）创建一个新的或打开一个已有的设计数据库文件。

2）打开数据库文件夹，执行 File/New 命令，出现如图 2-11 所示的选择文件类型对话框。

3）双击 PCB Document 图标，在设计窗口中将出现一个名为“PCB1. PCB”的印制电路板文件，如图 2-13 所示，双击该文件的图标即可进入 PCB 编辑器。

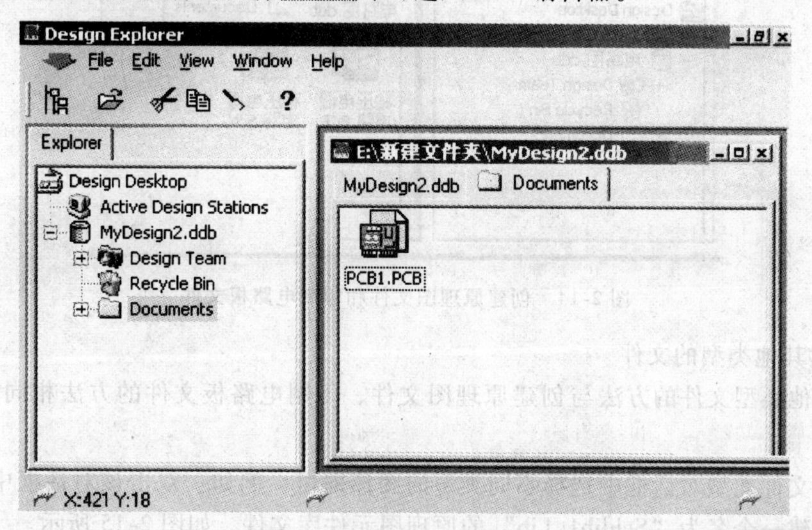

图 2-13　创建新的印制电路板文件

例　在 D 盘根目录下创建一个名为“电路图 . ddb”的设计数据库文件，并在其中创建一个名为“稳压电源电路 . Sch”的原理图文件和一个名为“稳压电源电路 . PCB”的印制电路板文件。

具体操作步骤如下：

1）进入 Protel 99 SE 主窗口后执行菜单命令 File/New，系统将弹出如图 2-9 所示的建立新设计数据库文件对话框。在该对话框的“Database File Name”文本框中键入“电路图 . ddb”。

2）单击 Browse... 按钮，将存储路径选择为 D 盘后单击 OK 按钮确认。

3）在出现的如图 2-10 所示的设计数据库文件主窗口中，双击“Documents”图标，打开数据库文件夹。

4）执行 File/New 命令，在出现的如图 2-11 所示的选择文件类型对话框中，双击 Schematic Document 图标，即创建了一个名为“Sheetl. Sch”的原理图文件。

5）此时，文件名“Sheet1. Sch”为选中状态。将“Sheet1”删除，键入“稳压电源电路”，便建立了一个名为“稳压电源电路 . Sch”的原理图文件，如图 2-14 所示。

6）同样的方法，再次执行 File/New 命令，在出现的选择文件类型对话框中，双击 PCB Document 图标，建立一个名为“PCB1. PCB”的印制电路板文件。之后将文件名“PCB1”改为“稳压电源电路”，便建立了一个名为“稳压电源电路 . PCB”的印制电路板文件，如图 2-14 所示。

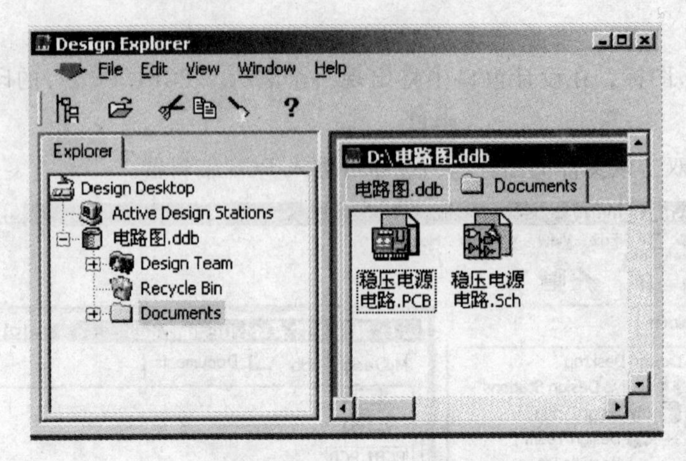

图 2-14　创建原理图文件和印制电路板文件

3. 创建其他类型的文件

创建其他类型文件的方法与创建原理图文件、印制电路板文件的方法相同，在图 2-11 所示的选择文件类型对话框中选择不同类型的图标即可。例如：双击该对话框中的 Schematic Librar... 图标，便可创建一个名为“Schlib1. Lib”的原理图元件库文件，如图 2-15 所示。

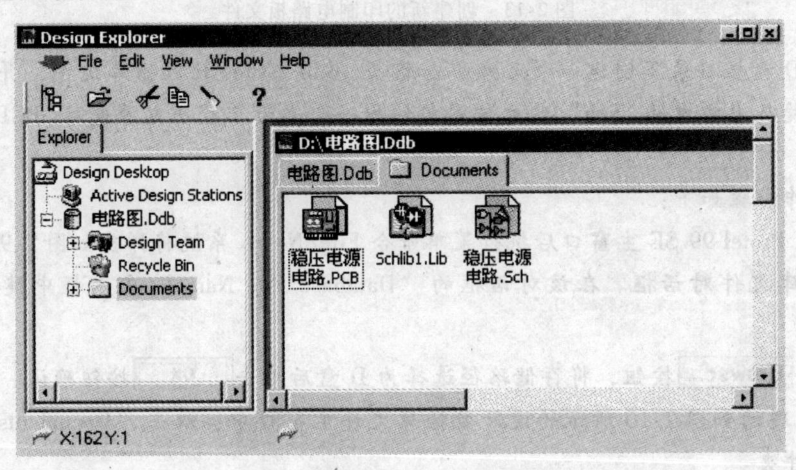

图 2-15　创建原理图元件库文件

选择文件类型对话框中共有十个图标，每一个图标代表一个编辑器，不同的编辑器可以生成不同类型的文件。各图标代表的文件类型见表 2-1。

三、文件的打开、关闭、删除及更名

1. 打开数据库文件

在图 2-10 所示的设计数据库文件主窗口下，单击工具栏上的按钮或执行菜单命令 File/Open，系统将弹出如图 2-16 所示的打开设计数据库文件对话框。在该对话框中的文件类型下拉列表框中选择（*. Ddb）文件类型，在文件列表窗口中双击需要打开的文件。如：双击“Examples”文件夹下的 4 Port Serial Interface，即可打开一个已经存在的数据库文件。

表 2-1　设计文件类型及其功能

图　标	功　能	图　标	功　能
CAM output configur...	建立计算机辅助制造的输出文件	Schematic Document	新建原理图文件
Document Folder	新建文件夹	Schematic Librar...	新建原理图元件库文件
PCB Document	新建印制电路板设计文件	Spread Sheet...	新建表格处理文件
PCB Library Document	新建印制电路板元件封装文件	Text Document	新建文字处理文件
PCB Printer	新建印制电路板打印文件	Waveform Document	新建波形处理文件

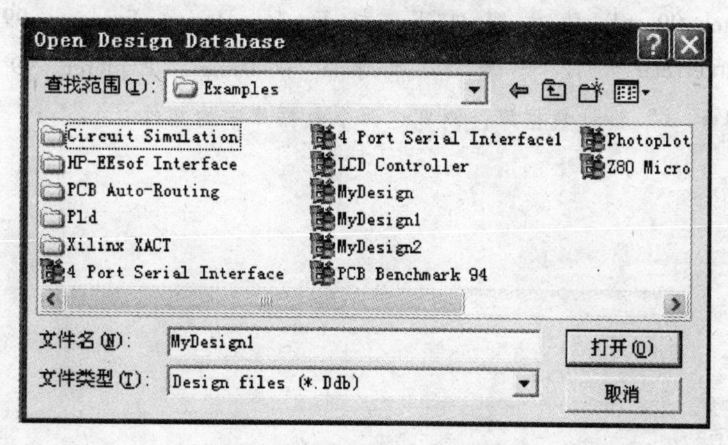

图 2-16　打开设计数据库文件对话框

2. 关闭文件或文件夹

执行菜单命令 File/Close，即可关闭当前编辑的文件。也可以在任一个文件（或文件夹）的标签上单击右键，在弹出的快捷菜单中选择“Close”，即可关闭该文件。

3. 删除文件或文件夹

当删除文件夹时，需先逐一关闭文件夹内的文件。在文件处于关闭状态下，选中要删除的文件，直接将文件移到“Recycle Bin”（回收站）内即可迅速删除该文件。

双击回收站图标，打开回收站窗口，可以看到被删除的文件。选中该文件，执行 File/

Delete 命令可将目标文件永久删除；执行 File/Restore 命令将恢复目标文件；执行 File/Empty Recycle Bin（清空回收站）命令将删除回收站内的所有文件。

4. 文件或文件夹更名

当文件或文件夹处于关闭状态时，选中要更名的文件或文件夹，单击右键，执行 Rename 命令即可改名。

本章小结

本章简单地介绍了 Protel 99 SE 的组成、特点及运行环境，主要讲解了 Protel 99 SE 的一些基本操作：Protel 99 SE 的启动、创建设计数据库文件、创建各种设计文件及文件的管理等。

通过本章的学习，学生应对 Protel 99 SE 有一个基本的认识，能够完成一些基本操作，如 Protel 99 SE 的启动、新建文件、打开文件、关闭或删除文件及文件的更名等。

复习思考题

1. 试用三种不同的方法启动 Protel 99 SE。

2. 在 Protel 99 SE 默认的路径下，创建一个名为"电路图.ddb"的设计数据库文件，然后打开数据库的"Documents"文件夹，在其中创建一个名为"单结晶体管触发电路.Sch"的原理图文件和一个名为"单结晶体管触发电路.PCB"的印制电路板文件，并进入原理图编辑器和 PCB 编辑器。

3. 在 Protel 99 SE 的主窗口下，打开"…Design Explorer 99 SE/Examples/4 Port Serial Interface"设计数据库和"…Design Explorer 99 SE/Examples/LCD Controller"设计数据库，浏览这两个数据库中的文件。

第三章　原理图设计系统

教学目标：

1. 熟悉绘制电路原理图的具体步骤、各种窗口间的切换、各种工具栏的打开和关闭以及绘图过程中工作区域的显示状态等操作。

2. 能够根据具体情况设置电路图纸的各种参数和相关信息。

3. 掌握装入元件库、放置元器件并对已放置的元器件进行删除、编辑、移动等具体操作步骤，能够熟练地绘制电路原理图。

4. 能够利用绘图形工具栏中的工具绘制简单的系统图和框图。

教学重点：

1. 电路图纸各种参数和相关信息的设置。

2. 装入元件库、放置元器件并对元器件进行编辑、移动、旋转、删除等具体操作。

3. 绘制电路原理图。

教学难点：

装入元件库、在工作平面上放置元器件以及如何对元器件进行编辑、移动、旋转、删除等操作。

第一节　电路原理图的设计步骤

电路原理图设计的正确与否将直接影响到印制电路板的设计，因此，原理图正确是最基本的要求；其次，原理图应该布局合理，这样不仅可以尽量避免出错，也便于读图，查找和纠正错误；最后，在满足正确性和布局合理性的前提下力求原理图美观。

电路原理图的设计过程可按照图 3-1 所示的流程图分为以下几个步骤：

1. 设置图纸参数

根据实际电路的复杂程度设置所用图纸的格式、尺寸、方向等参数以及与设计有关的信息，为以后的设计工作建立一个合适的工作平面。

2. 装入所需的元件库

将包含所需元器件的元件库装入设计系统中，以便用户从中查找和选定所需的元器件。

3. 放置元器件

将用户选定的元器件放置到已建立好的工作平面上，并对元器件的序号、封装形式、显示状态等进行定义和设置，为下一步布线打好基础。

4. 电路图布线

该过程实际上就是一个画图的过程。即对各个部件进行合理的连接，

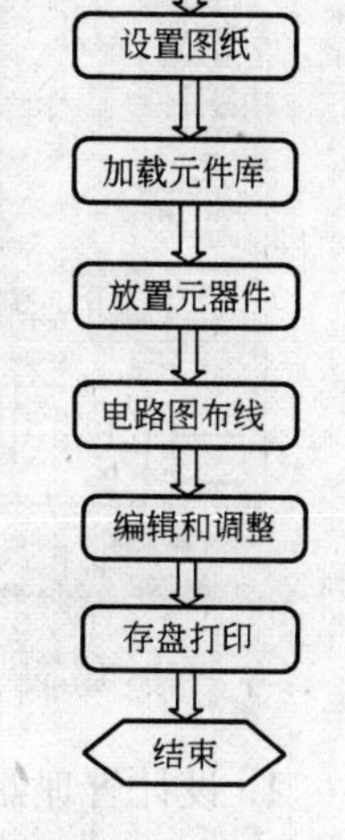

图 3-1　原理图设计流程图

利用 Protel 99 SE 提供的各种工具、指令进行布线，将工作平面上的元器件用具有电气意义的导线、符号连接起来，从而构成一张完整的原理图。

5. 编辑和调整

这是进一步完善的过程，可以利用 Protel 99 SE 提供的各种工具对前面所绘制的原理图做进一步的调整和修改，以保证原理图正确和美观。

6. 其他操作

该过程主要是对原理图做进一步的补充和完善。如，加入一些文字说明、标注和修饰等。

7. 保存和打印输出

这部分工作主要是对设计完成的原理图进行保存，包括存盘、打印、输出等，以供在以后的工作中使用。

第二节　设置原理图编辑器的工作环境

一、电路原理图设计的工作窗口

启动原理图编辑器，进入原理图设计系统的界面，如图 3-2 所示。

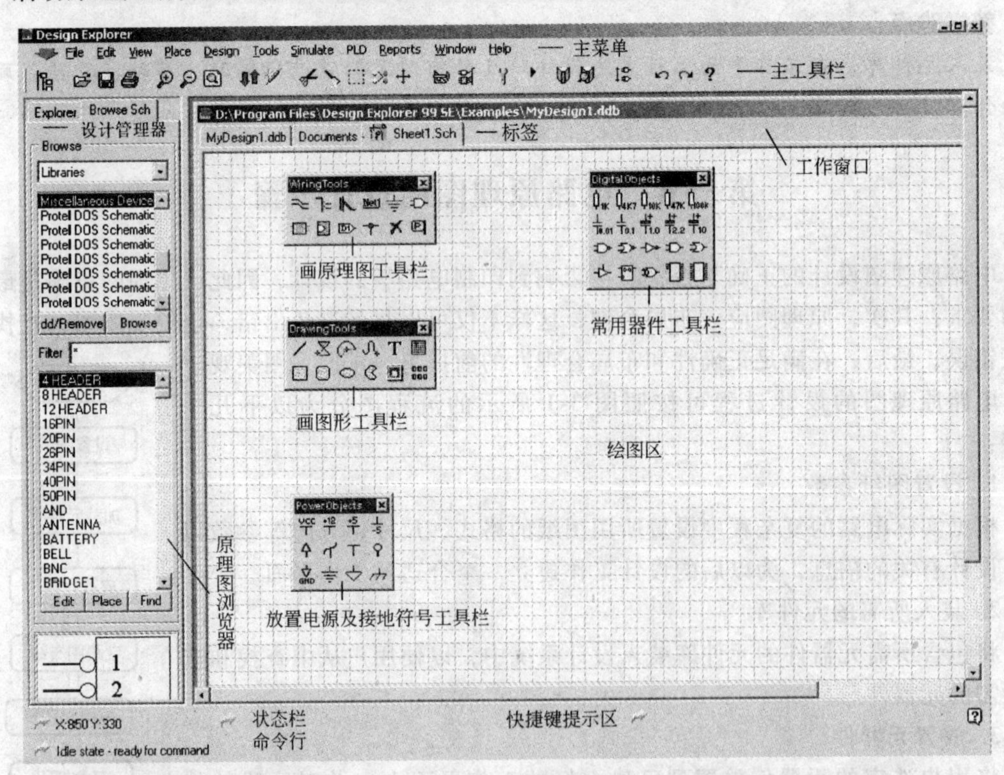

图 3-2　各种窗口、工具栏、命令行和状态栏均处于打开状态时的屏幕

1. 设计管理器的打开与关闭

打开或关闭设计管理器可单击主工具栏中的按钮或执行菜单命令 View/Design Manager。打开或关闭设计管理器的命令具有开关特性，即每执行一次，命令对象的状态就会改

变一次。

2. 浏览器间的切换

可通过单击设计管理器窗口上部相应的标签来实现。如图 3-3 所示是由项目浏览器（Explorer）切换到原理图浏览器（Browse Sch）。

3. 工作窗口间的切换

各个工作窗口之间的切换可通过单击工作窗口上部相应的标签来实现。如图 3-4 所示，是由原理图编辑器工作窗口切换到 PCB 编辑器工作窗口。

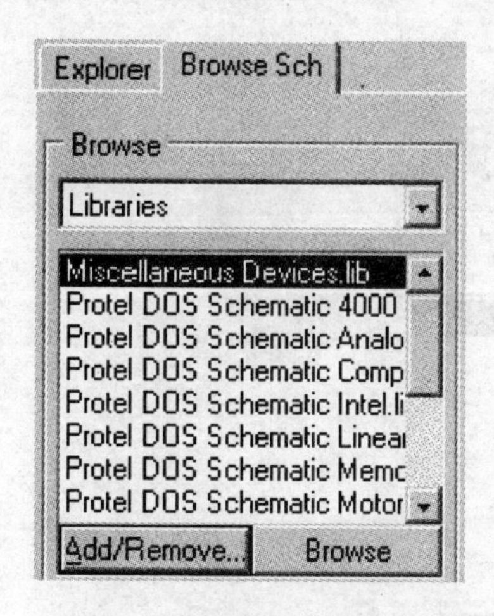

图 3-3　浏览器间的切换

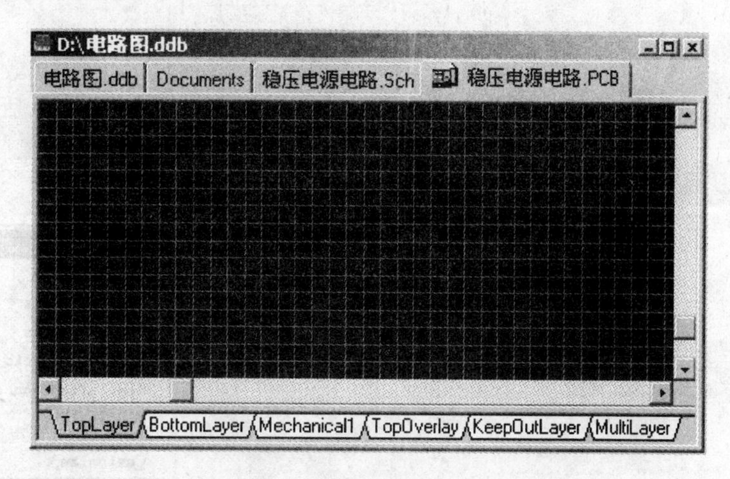

图 3-4　工作窗口间的切换

二、工具栏的打开与关闭

1. 主工具栏（Main Tools）的打开或关闭

打开或关闭主工具栏可执行菜单命令 View/Toolbars/Main Tools，如图 3-5 所示。打开主工具栏后屏幕显示如图 3-2 所示。

2. 画原理图工具栏（Wiring Tools）的打开或关闭

打开或关闭该工具栏可单击主工具栏中的 按钮或执行菜单命令 View/Toolbars/Wiring Tools，该工具栏打开后屏幕显示如图 3-2 所示。

3. 画图形工具栏（Drawing Tools）的打开或关闭

打开或关闭该工具栏可单击主工具栏中的 按钮或执行菜单命令 View/Toolbars/Drawing Tools，该工具栏打开后屏幕显示如图 3-2 所示。

4. 放置电源及接地符号工具栏（Power Objects）的打开或关闭

打开或关闭该工具栏可执行菜单命令 View/Toolbars/Power Objects，该工具栏打开后屏幕显示如图 3-2 所示。

5. 常用器件工具栏（Digital Objects）的打开或关闭

打开或关闭该工具栏可执行菜单命令 View/Toolbars/Digital Objects，该工具栏打开后屏幕显示如图 3-2 所示。

6. 命令行及状态栏的打开或关闭

打开或关闭命令行可执行菜单命令 View/Command Status。打开或关闭状态栏可执行菜单命令 View/Status Bar。命令行及状态栏打开后屏幕显示如图 3-2 所示。

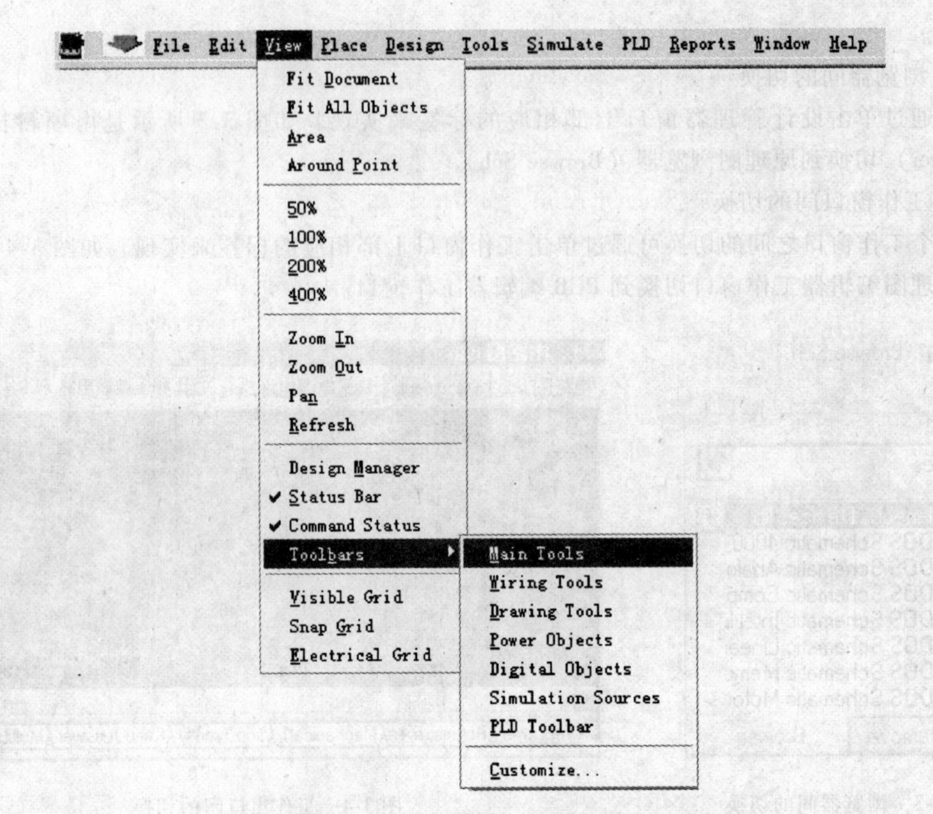

图 3-5　打开或关闭主工具栏

三、绘图区域的放大与缩小

1. 非命令状态下的放大与缩小

在没有执行任何命令的状态下，可采用下列方法进行放大和缩小。

（1）放大　单击主工具栏中的按钮或执行菜单命令 View/Zoom In，参考图 3-5。每进行一次操作，工作区相应放大一次。

（2）缩小　单击主工具栏中的按钮或执行菜单命令 View/Zoom Out，参考图 3-5。每进行一次操作，工作区相应缩小一次。

（3）不同比例显示　View 菜单命令提供了 50%、100%、200%、400% 四种不同的显示比例，参考图 3-5。同一命令不能重复执行多次。

（4）绘图区填满工作区　当需要查看整张电路原理图时，可单击主工具栏中的按钮，或执行菜单命令 View/Fit Document，参考图 3-5。

（5）所有对象显示在工作区　当需要在工作区中查看电路图上所有对象时（不是整张图纸），可执行菜单命令 View/Fit All Objects，参考图 3-5。

（6）利用菜单命令 View/Area 放大显示用户选定区域　该方式是通过一个矩形框来确定用户选定的区域，并对该区域进行放大。具体操作步骤如下：

1）执行菜单命令 View/Area，参考图 3-5，之后光标变成十字形状。

2）移动十字光标到目标区域，单击鼠标左键确定矩形框的一个顶点，接着拖动鼠标，将光标移到矩形框的对角点位置，单击鼠标左键确认，即可将选定区域放大显示在整个工作区中。

(7) 利用菜单命令 View/Around Point 放大显示用户选定区域　该方式是通过确定用户选定区域的中心位置和某一角的位置，来确定所要进行放大的区域。具体操作步骤如下：

1) 执行菜单命令 View/Around Point，参考图 3-5，之后光标变成十字形状。

2) 移动十字光标到目标区域的中心，单击鼠标左键，接着将光标移到选定区域的某一角，单击鼠标左键确认，即可将选定区域放大显示在整个工作区中。

(8) 移动显示位置　当需要移动显示位置时，可执行菜单命令 View/Pan。在执行该命令之前，要将光标移动到目标点，然后执行 Pan 命令，目标点位置就会移动到工作区的中心位置显示，也就是以该目标点为屏幕中心，显示整个屏幕。

(9) 刷新画面　在滚动画面、移动元器件等操作后，有时会出现画面显示残留的斑点、线段或图形变形等问题，这虽不影响电路的正确性，但不美观。这时，可通过执行菜单命令 View/Refresh 来刷新画面。

2. 命令状态下的放大与缩小

当处于命令状态下时，无法用鼠标去执行一般的菜单命令，此时，要进行放大和缩小，必须采用功能键来完成。具体操作步骤如下：

(1) 放大　按 Page Up 键，绘图区域会以光标当前位置为中心进行放大，该操作可连续进行多次。

(2) 缩小　按 Page Down 键，绘图区域会以光标当前位置为中心进行缩小，该操作可连续进行多次。

(3) 位移　按 Home 键后，原来光标下的显示位置会移动到工作区的中心位置显示。

(4) 刷新　按 End 键，会对显示画面进行刷新从而消除残留斑点或线条变形，恢复正确的画面。

四、设置图纸

1. 设置图纸参数

(1) 设置图纸大小　执行菜单命令 Design/Options，出现如图 3-6 所示的设置图纸属性对话框。系统默认的是标准 B 号图纸。单击该对话框中“Standard styles”下拉框中的 ▼ 按钮，可选择其他型号的图纸。

Protel 99 SE 提供的标准图纸有下列几种：

公制：A0、A1、A2、A3、A4。

英制：A、B、C、D、E。

Orcad 图纸：OrCADA、OrCADB、OrCADC、OrCADD、OrCADE。

其他：Letter、Legal、Tabloid。

(2) 设置图纸方向　可单击图 3-6 所示设置图纸属性对话框中“Orientation”选项旁的 ▼ 按钮进行设置。Protel 99 SE 的图纸方向有两种：

Landscape：图纸水平放置。

Portrait：图纸垂直放置。

(3) 设置图纸标题栏　选中图 3-6 所示设置图纸属性对话框中的“Title Block”选项前

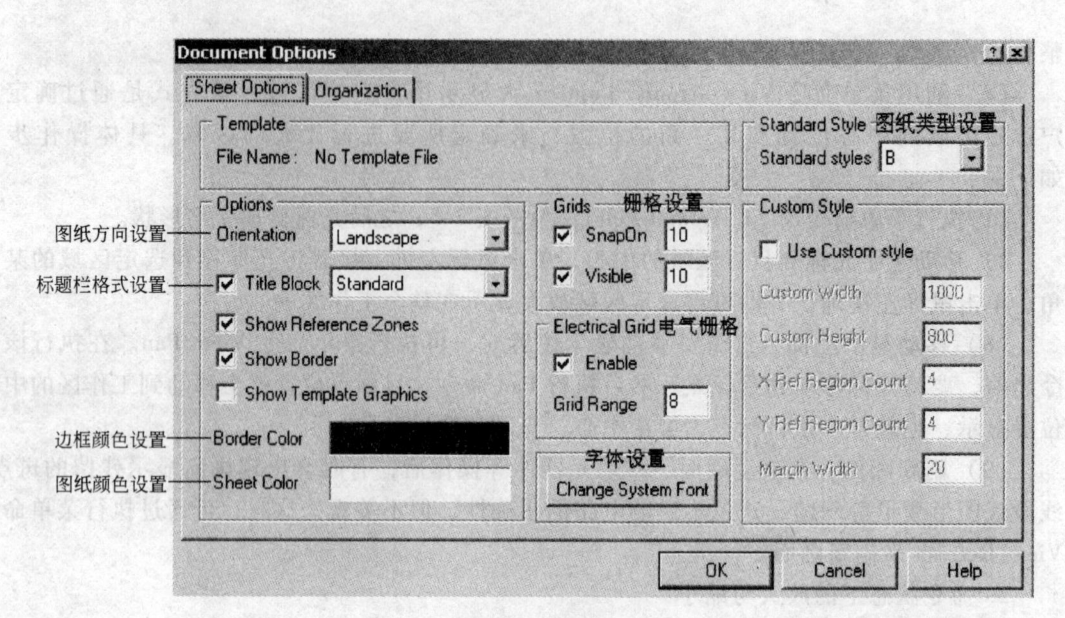

图 3-6 设置图纸属性对话框

的复选框，即可设置标题栏。同样，选中“Show Reference Zones”和“Show Border”选项前的复选框可设置参考边框和图纸边框，选中“Show Template Graphics”选项前的复选框，可显示图纸模板图形。

（4）设置图纸边框和工作区的颜色　单击图 3-6 所示设置图纸属性对话框中“Border Color”选项旁的色块，可设置图纸边框的颜色，系统默认颜色为黑色。单击“Sheet Color”选项旁的色块，可设置图纸工作区的颜色，系统默认颜色为淡黄色。

（5）设置图纸栅格　此项设置包括两部分：捕捉（SnapOn）栅格的设置和可视（Visible）栅格的设置。如图 3-7 所示，设置的方法是：首先选中相应的复选框，然后在复选框后面的文本框中输入所要设定的值。

1）SnapOn 选项。选中此项设置后，光标在移动过程中将以设定值为移动的基本单位。设定值的单位为 mil，1mil = 1/1000in。例如，“SnapOn”的值设定为“10”，则十字光标在移动过程中将以 10mil 为基本单位。

2）Visible 选项。选中此项设置后，图纸上将显示可见栅格。如图 3-7 所示，显示栅格距离为 10mil。

（6）设置电气栅格　选中该项后，则在画导线后，系统会以 Grid Range 中设置的值为半径，以光标所在位置为中心，向四周搜索电气节点，如果找到了此范围内最近的节点，就会把光标移至该节点上，并在该节点上显示一个小原点；如果取消该功能，则无自动寻找节点的功能，如图 3-8 所示。

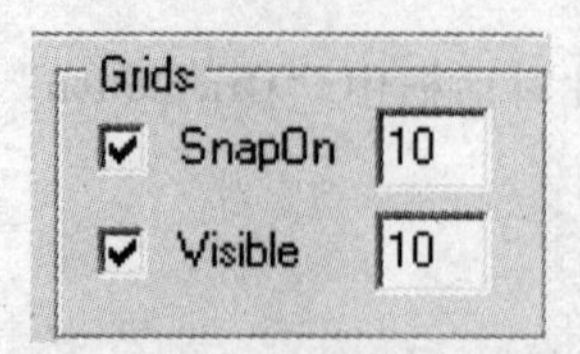

图 3-7　图纸栅格的设定

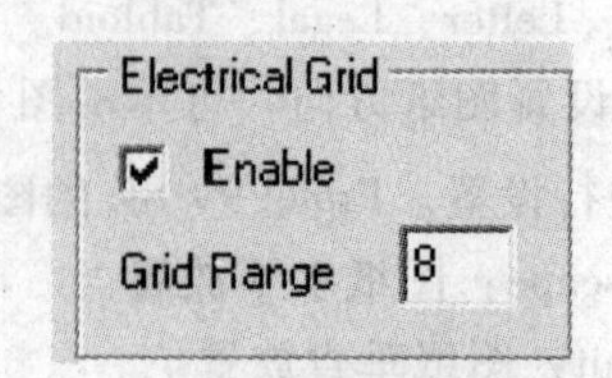

图 3-8　电气栅格的设定

（7）更改系统字体　单击图 3-6 所示设置图纸属性对话框中的 Change System Font 按钮，在出现的如图 3-9 所示的对话框中即可更改系统字体。

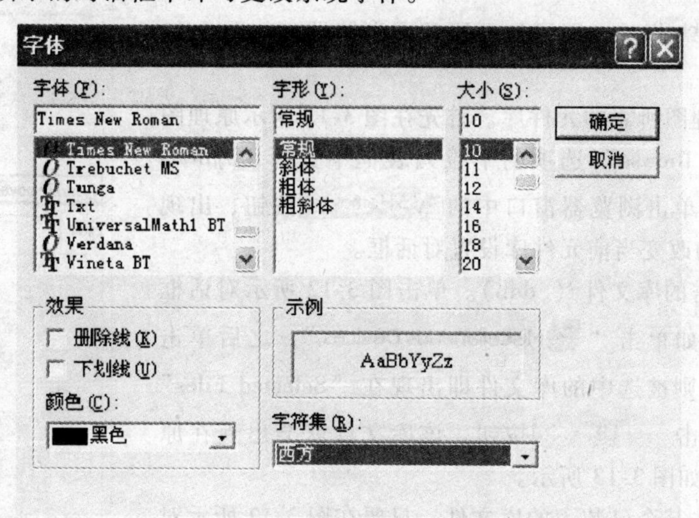

图 3-9　更改系统字体对话框

2. 设置文件信息

在图 3-6 所示设置图纸属性对话框中，单击 Organization 标签，可打开设置文件信息对话框，如图 3-10 所示。在其中可设置相关文件信息，这些信息将会在标题栏中显示出来。

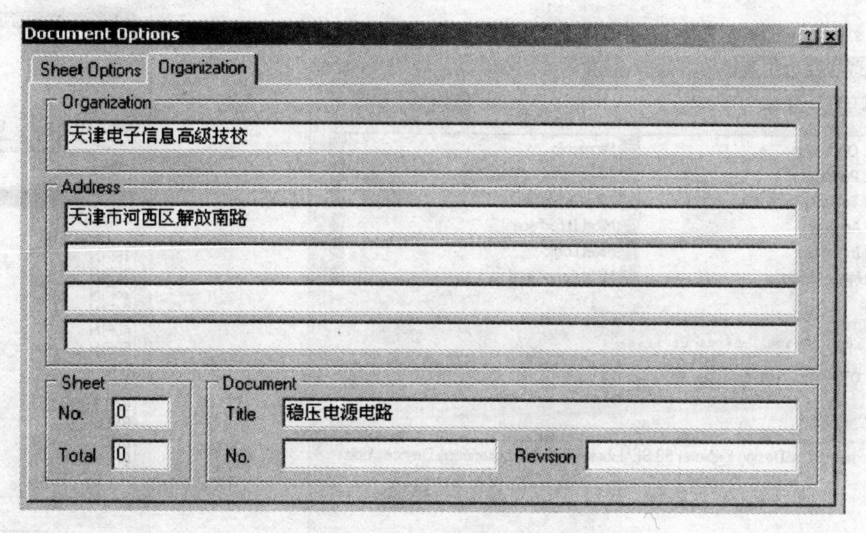

图 3-10　设置文件信息对话框

第三节　装载元件库

绘制一张原理图首先是把有关的元器件放置到工作平面上。在放置元器件之前，我们必须知道各个元器件所在的元件库，并把相应的元件库装入到原理图浏览器中。装入元件库的具体操作步骤如下：

1）打开原理图浏览器。在工作窗口为原理图编辑的状态下，单击 Browse Sch 标签，即可打开原理图浏览器，如图 3-11 所示。

2）装入原理图所需的元件库。首先在图 3-11 所示原理图浏览器窗口中“Browse”选项的下拉列表框中选择“Libraries”选项，然后单击浏览器窗口中的 Add/Remove... 按钮，出现如图 3-12 所示的改变当前元件库设置对话框。

3）单击所需的库文件（.ddb）。单击图 3-12 所示对话框中的库文件，例如单击“Miscellaneous Devices”，之后单击 Add 按钮，则被选中的库文件即出现在“Selected Files”列表框中，再单击 OK 按钮，该库文件就会出现在原理图浏览器中，如图 3-13 所示。

4）若想移去某个已装入的库文件，只要在图 3-12 所示对话框中的“Selected Files”列表框中选中该文件，然后单击 Remove 按钮即可。

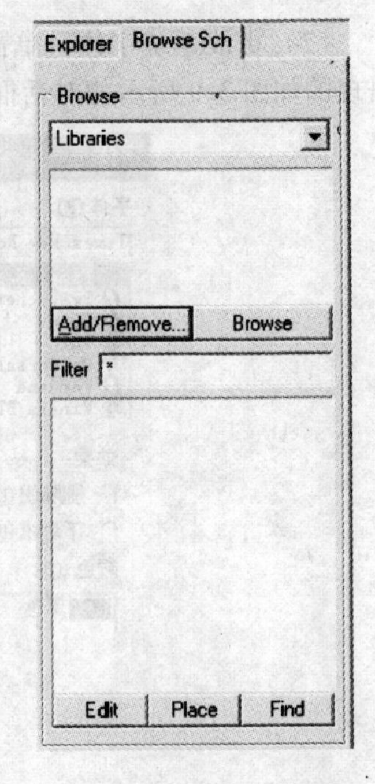

图 3-11　原理图浏览器窗口

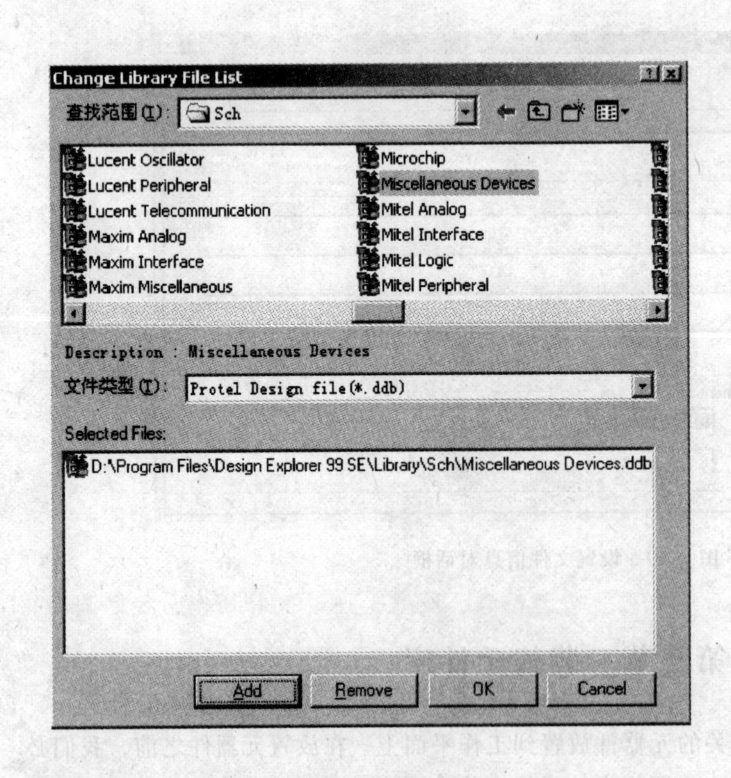

图 3-12　改变当前元件库设置对话框

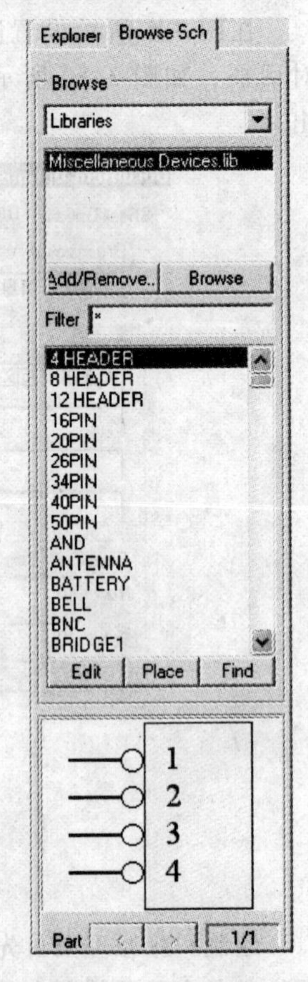

图 3-13　装入元件库

第四节　放置元器件

下面我们将图 3-14 中的元器件依次放到工作平面上。

具体操作步骤如下：

1）打开原理图浏览器。

2）装入原理图所需的元件库。本例中共有 4 种元器件，都属于“Miscellaneous Devices. ddb”库文件中的“Miscellaneous Devices. lib”库。按照前面讲的方法装入“Miscellaneous Devices. ddb”库文件。

3）选择所需的元器件。移动元件列表框右侧的滚动条，选中“RES2”，单击“Place”按钮，或直接双击“RES2”。之后将光标移到工作平面上，此时就会发现“RES2”随光标的移动而移动。将光标移动到工作平面的适当位置后，单击鼠标左键，即可将“RES2”放置在当前位置，如图 3-15 所示。

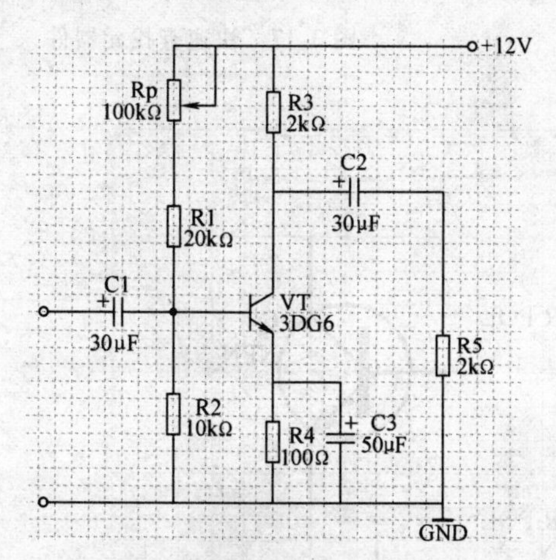

图 3-14　单管放大器原理图

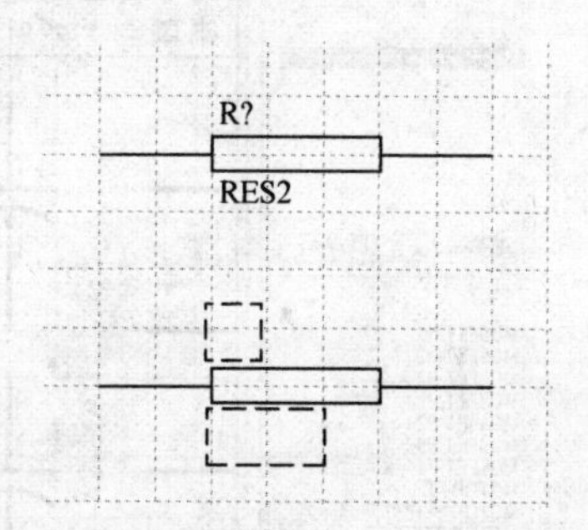

图 3-15　放置“RES2”到工作平面上

此时系统仍处于放置状态，连续单击鼠标左键，就会将若干个“RES2”放置在当前平面上。按 Esc 键或单击鼠标右键，即可退出该命令状态。

4）放置其他元器件。采用同样的方法可将图 3-14 中的 10 个元器件依次放置到工作平面上，如图 3-16 所示。

在放置元器件的过程中，如果想快速找到某个元器件，可在元件过滤器“Filter”后的文本框中直接键入该元器件的名称。如键入“RES＊”后按回车键，这样元件列表框中仅显示名称前含“RES”字符串的元器件，如图 3-17 所示。

5）修改图 3-16 中所示的晶体管和极性电容符号。从图 3-16 中可以看出，我们调用的“Miscellaneous Devices. lib”库中的晶体管和极性电容的符号不符合现行国家标准的要求，下面我们对这两个元器件做适当的修改：

① 选中晶体管。单击图 3-16 中所示的晶体管，之后其周围出现虚线框，同时浏览器的窗口中也显示出其名称，如图 3-18 所示。

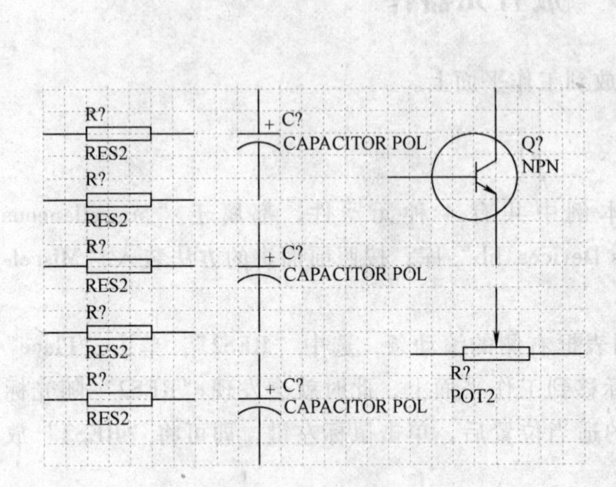

图 3-16　放置 10 个元器件后的界面

Filter RES*
RES1
RES2
RES3
RES4
RESISTOR BRIDGE
RESISTOR TAPPED
RESPACK1
RESPACK2
RESPACK3
RESPACK4
Edit Place Find

图 3-17　快速查找元器件

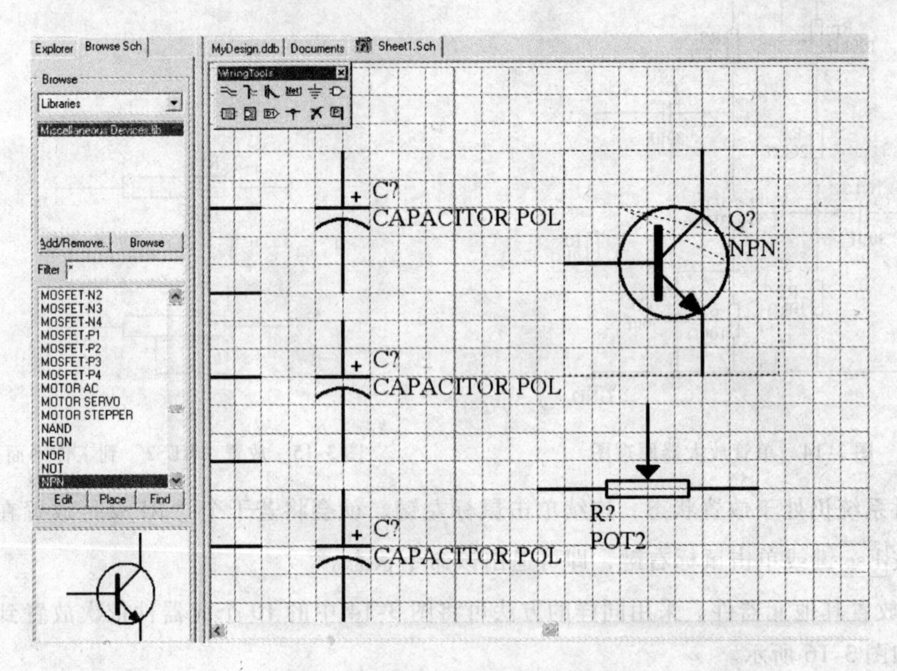

图 3-18　选中晶体管时的状态

② 删除晶体管符号中的圆圈。单击浏览器窗口中的 Edit 按钮，进入图 3-19 所示的原理图元件库编辑界面。将光标移到晶体管符号的圆圈上单击左键，选中该圆圈后按下键盘上的 Delete 键，将该圆圈删除；再单击浏览器窗口中的 Update Schematics 按钮，此时原理图中的晶体管已被改成标准的符号了。

③ 编辑晶体管的管脚。“Miscellaneous Devices. lib”库中的晶体管的引脚标号分别为：3（E）（发射极）、2（B）（基极）、1（C）（集电极），与“PCB Footprints. lib”元件封装库中的小功率晶体管封装（如 TO-92A）的引脚标号不一致（在“PCB Footprints. lib”库中引

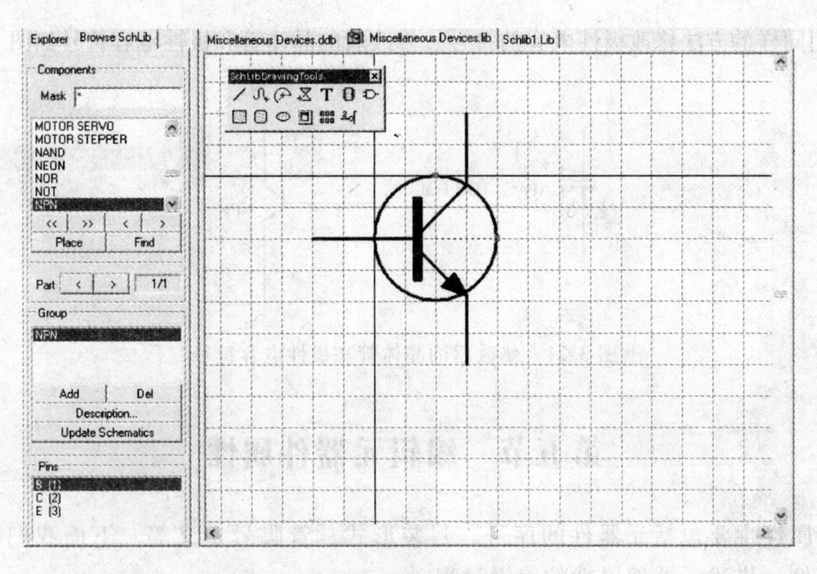

图 3-19　原理图元件库编辑界面

脚标号分别为 1（E）、2（B）、3（C），这样会造成在 PCB 编辑器中装入从原理图生成的网络表文件时，晶体管引脚不能连接。为便于以后创建 PCB 图，在这里我们对其引脚一起进行修改，具体操作步骤如下：在图 3-19 所示的原理图元件库编辑界面中，双击晶体管发射极引脚，弹出元器件引脚属性设置对话框，在该对话框中将引脚编号改为 1，如图 3-20 所示。重复以上操作，修改基极和集电极的引脚标号，将其分别改为 2 和 3。

Pin

Properties

Name	E
Number	1
X-Location	70
Y-Location	-30
Orientation	270 Degrees
Color	
Dot Symbol	☐
Clk Symbol	☐
Electrical Type	Passive
Hidden	☐
Show Name	☐
Show Number	☐
Pin Length	20
Selection	☐

OK　Help
Cancel　Global >>

图 3-20　元器件引脚属性设置对话框

④ 采用同样的方法修改极性电容的符号。修改后的晶体管和极性电容符号如图 3-21 所示。

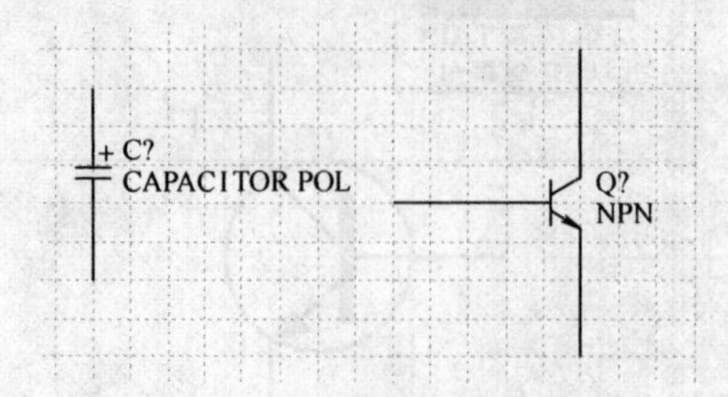

图 3-21　修改后的晶体管和极性电容符号

第五节　编辑元器件属性

元器件属性主要包括元器件的序号、封装形式、管脚号定义等。下面我们就以图 3-16 中的电阻为例，讲述元器件属性的编辑过程。

1）用鼠标左键双击任意一个元件“RES2”，弹出如图 3-22 所示的元器件属性编辑对话框。

Part

Attributes | Graphical Attrs | Part Fields | Read-Only Fields

Lib Ref　RES2
Footprint　AXIAL0.3
Designator　R1
Part Type　20kΩ
Sheet Path　*
Part　1
Selection
Hidden Pins
Hidden Fields
Field Names

OK　Help
Cancel　Global >>

图 3-22　元器件属性编辑对话框

2）根据要求，在该对话框中设置元器件的各种属性：

Lib Ref 文本框：元件库中的型号（默认）。

Footprint 下拉框：元器件的封装形式；此处键入 AXIAL0.3（元器件的封装形式将在印制电路板图中详细讲解）。

Designator 文本框：元器件在电路图中的流水序号。此处键入 R1。

Part Type 文本框：元器件类别或参数。此处键入“20kΩ”。

Sheet Path 文本框：成为图纸元件时，定义下层图纸的路径（默认）。

Part 下拉框：功能模块序号，此项属性用于含有多个相同功能模块的元件，例如门电路，而对于其他元器件无效。

3）设置结束后，单击 OK 按钮确认。编辑后的电阻 R1 如图 3-23 所示。

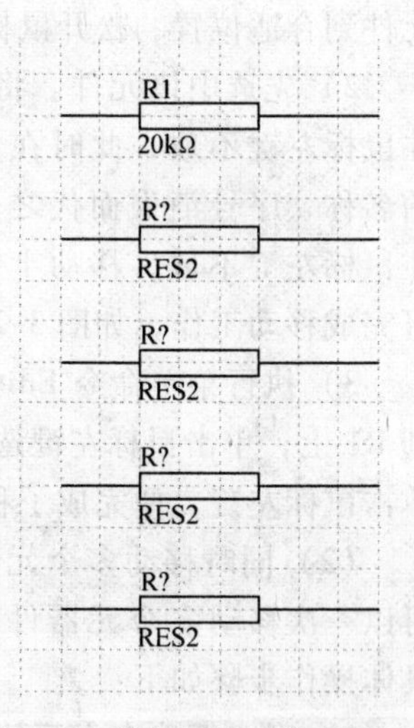

图 3-23　编辑属性后的电阻 R1

4）采用同样的方法设置其他元器件的属性。如图 3-24 所示，我们将各个元器件的序号、型号、封装形式设定如下：

电阻：R1、20kΩ、AXIAL0.3；R2、10kΩ、AXIAL0.3；R3、2kΩ、AXIAL0.3；R4、100Ω、AXIAL0.3；R5、2kΩ、AXIAL0.3。

极性电容：C1、30μF、RB.2/.4；C2、30μF、RB.2/.4；C3、50μF、RB.2/.4；

电位器：Rp、100kΩ、VR5。

晶体管：VT、3DG6、TO-92A。

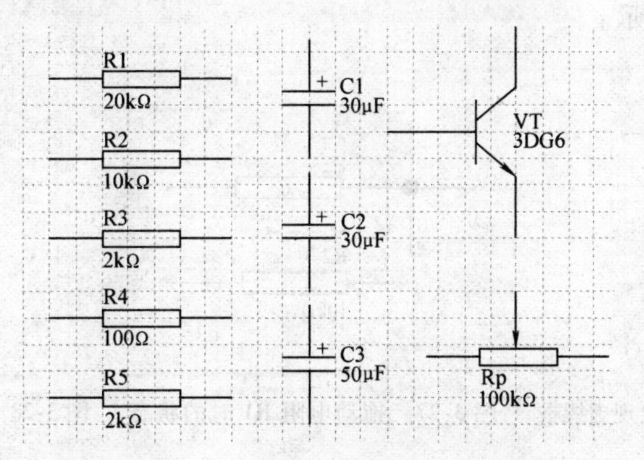

图 3-24　设置元器件属性后的图形

第六节　元器件位置的调整

1. 元器件的选取

（1）直接选取元器件　直接在图纸上拖出一个矩形框，框内的元器件全部被选中。具体操作方法是：在图纸的合适位置按住鼠标左键，当光标变成十字状时，拖动光标至适当位置，拖出一个矩形区域。松开鼠标，即可将矩形区域内的所有元器件都选中。被选中的对象一般呈黄色。

（2）利用工具栏中的选取工具　单击主工具栏中的按钮，当光标变成十字形状后，拖动鼠标形成一个矩形框，矩形框内的元器件全部被选中，如图 3-25 所示。

2. 元器件的移动

（1）单个元器件的移动　这里我们以移动图 3-24 中的电阻 R1 为例进行介绍，有以下三种操作方法：

1）直接单击该元件，使元件周围出现虚线框，如图 3-26 所示。然后按住鼠标左键拖动元件到合适位置，松开鼠标左键即可完成该元件的移动。

2）先选中该元件。将鼠标箭头移到电阻 R1 上，然后按住鼠标左键不放，此时在元件上方出现十字光标，同时元件的名称、序号消失而代之以虚线框，表明选中了该元件。按住鼠标左键不放，移动十字光标至适当位置后松开鼠标，即可完成移动工作，如图 3-27 所示。

3）执行菜单命令 Edit/Move/Move，之后将十字光标移动到 R1 上，单击鼠标左键选中该元件，然后移动到适当位置再单击鼠标左键，便完成了移动工作。

（2）同时移动多个元器件　除了移动单个元器件外，还可以一次移动多个元器件。以移动图 3-24 中三个电阻为例，具体操作步骤如下：

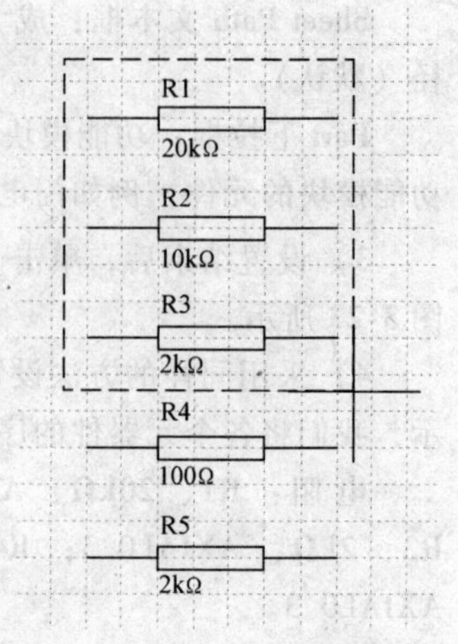

图 3-25　鼠标框选多个元件

1）同时选取多个元件。

2）移动选取的元件。将光标移到元件组中的任意一个元件上，按住鼠标左键不放，当出现十字光标后，移动被选取的元件组到适当位置，然后松开鼠标左键，即可完成多个元件的移动，如图 3-28 所示。

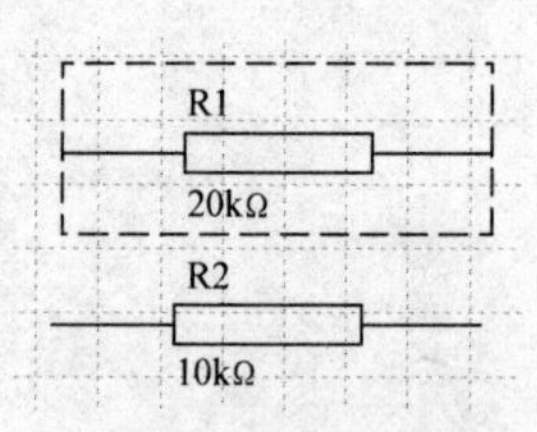

图 3-26　单击元件后周围出现虚线框

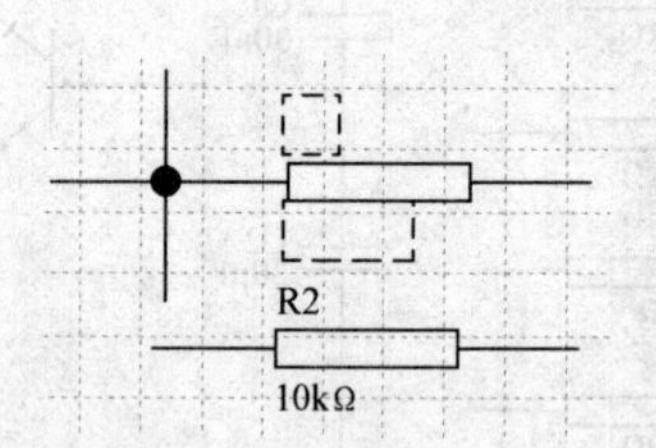

图 3-27　拖动电阻 R1 时的状态

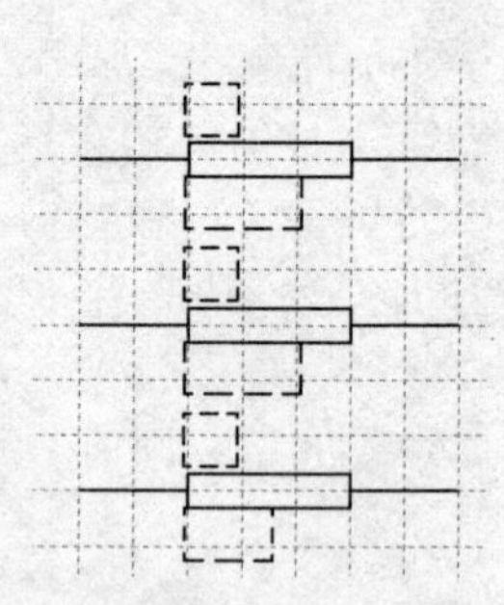
图 3-28　同时移动三个电阻时的状态

3. 元器件的旋转

为了方便直观地布线，有时需要对元器件进行旋转，也就是改变元器件的放置方向。对元器件进行旋转主要利用以下快捷键：

（1）空格键（Space键）每按一下被选中的元器件逆时针旋转 90°。

（2）X键　使元器件左右对调，即以十字光标为轴水平对调。

（3）Y键　使元器件上下对调，即以十字光标为轴垂直对调（注意：使用快捷键时，系统的工作状态应为英文状态）。

例如：将图 3-24 中的电容 C1 进行旋转，具体操作如下：

1）单击电容 C1 并按住鼠标左键不放，选中该元件。

2）按空格键即可将电容 C1 逆时针旋转 90°，旋转过程中应按住鼠标左键不放。

3）将 C1 方向调整到位后松开鼠标左键即可，旋转后的结果如图 3-29 所示。

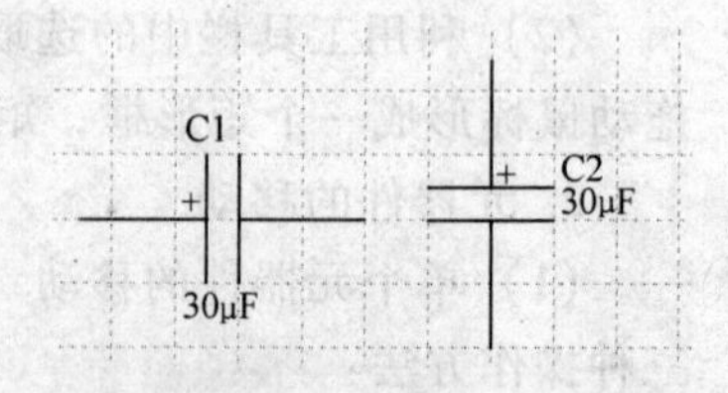

图 3-29　电容 C1 旋转后的结果

4. 元器件选择的取消

被选取的元器件会一直处于选中状态，且一般用黄色图框显示。单击主工具栏上的 按钮，或执行菜单命令 Edit/Deselect，即可取消对该元器件的选择。取消选择后，元器件恢复原来的颜色。

5. 元器件的删除

（1）删除单个元器件

1）执行菜单命令 Edit/Delete。

2）当光标变为十字形状后，将光标移到要删除的元器件上，单击鼠标左键即可将该元器件从工作平面上删除。

3）此后，程序仍处于删除命令状态，可以继续删除其他需要删除的元器件。单击右键即可退出该命令状态。

删除一个元器件时，也可以先单击鼠标左键选中该元器件，此时元器件的周围出现虚线框，然后按 Delete 键即可将其删除。

（2）一次删除多个元器件

1）选取要删除的多个元器件。按住鼠标左键不放，然后拖动鼠标，用拖出的选框，框住所要删除的多个元器件。

2）删除选取的元器件。执行菜单命令 Edit/Clear，或按快捷键 Ctrl + Del，即可将选取的多个元器件删除。

6. 元器件的剪切和复制

（1）剪切　选取待剪切的元器件后执行菜单命令 Edit/Cut，待光标变成十字形状后，将十字的中心移到所选图形的基准点位置，单击鼠标左键即可完成剪切，同时被剪切的元器件将在原理图中消失。

（2）复制　选取待复制的元器件后执行菜单命令 Edit/Copy，或按快捷键 Ctrl + C，待光标变成十字形状后，将十字的中心移到所选图形的基准点位置，单击鼠标左键即可完成复制。

7. 元器件的粘贴

执行完复制命令后，再执行菜单命令 Edit/Paste，或按快捷键 Ctrl + V，之后十字光标将带着剪贴板中的元器件出现在工作区。将其移至适当位置，单击鼠标左键，即可将剪贴板中的元器件粘贴到当前位置上。

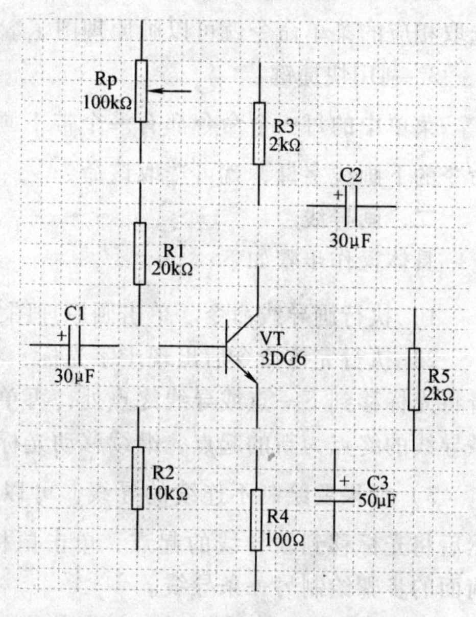

图 3-30　元器件位置调整后的结果

将图 3-24 中的各元器件调整后的位置如图 3-30 所示。

第七节　绘制电路原理图

一、绘制电路原理图的工具和方法

绘制电路原理图的方法主要有以下三种：

1. 利用画原理图工具栏（Wiring Tools）

直接用鼠标左键单击画原理图工具栏上的各个按钮即可选择相应的工具进行绘制工作。画原理图工具栏中的各按钮及其功能见表 3-1。

表 3-1　画原理图工具栏的按钮及其功能

按　钮	功　能	按　钮	功　能
	画导线		放置方块电路图
	画总线		放置方块电路输入/输出端口
	画总线分支线		放置电路输入/输出端口
	设置网络标号		放置电路节点
	取用电源及接地符号		放置忽视 ERC 测试
	放置元器件		放置 PCB 布线指示

2. 利用菜单命令

执行 Place 菜单下的各选项，这些选项与画原理图工具栏上的各个按钮相互对应。只要选取相应的菜单命令就可以画原理图了。

3. 利用快捷键

菜单中的每一个命令都有一个带下画线的字母，可按住 Alt + P 键，再按住对应每一个命令的下画线字母，就可选取该命令。

二、画导线

具体操作步骤如下：

1）执行画导线命令。单击画原理图工具栏中的 按钮，或执行菜单命令 Place/Wire。

2）执行完该命令后出现十字光标，将光标移至所画导线的起点处，单击鼠标左键，接着将光标移到下一点或导线终点处，再单击鼠标左键，即可绘制出第一条导线。之后以第一条导线的终点为新的起点，继续移动光标，可绘制第二条导线。

3）如果要绘制不连续的导线，可以在画完前一条导线后，单击鼠标右键或按 Esc 键，然后将光标移到新导线的起点，单击鼠标左键，再按前面的步骤绘制另一条导线。

4）画完所有的导线后，双击某段导线，可在弹出的图 3-31 所示的设置导线属性对话框中设置该段导线的有关参数，如线宽、颜色等。这里选用默认的设置。绘制好的电路图如图 3-14 所示。

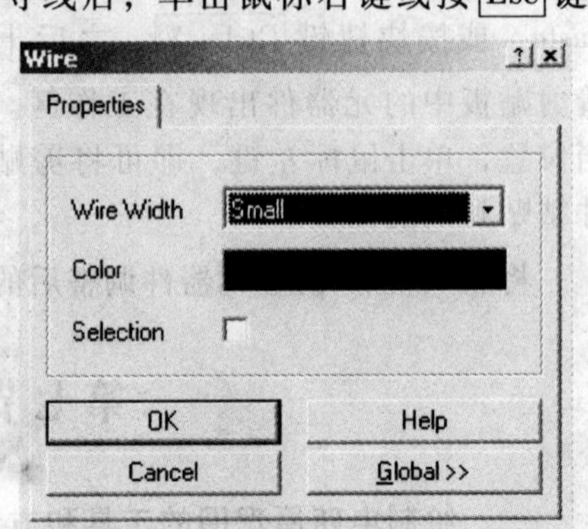

图 3-31　设置导线属性对话框

三、放置电源及接地符号

具体操作步骤如下：

1）执行放置电源及接地符号的命令。单击画原理图工具栏中的 按钮，或执行菜单命令 Place/Power Port。

2）放置电源或接地符号。执行该命令后，电源或接地符号会出现在光标处，移动鼠标至适当位置后，单击鼠标左键确认即可。放置的接地符号如图 3-32 所示。

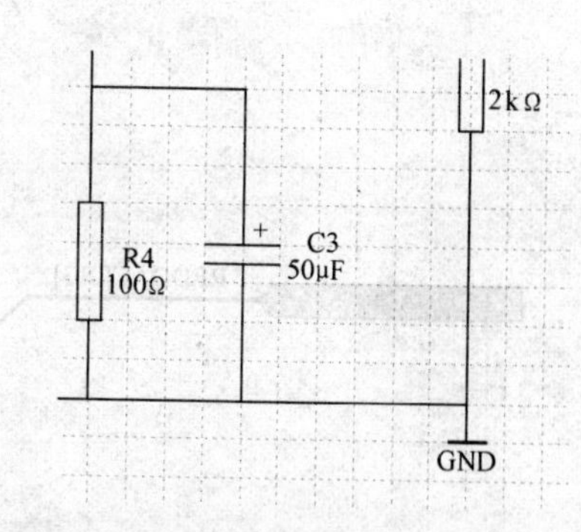

图 3-32　放置电源或接地符号

3）设置电源及接地符号的属性。双击图 3-32 中的接地符号，之后会弹出设置电源及接地符号属性对话框，如图 3-33 所示。该对话框中各选项的功能如下：

Net 文本框：设定该符号所属的网络。此图中键入"GND"。

Style 下拉框：设定符号的外形。系统提供了 7 种不同类型的电源及接地符号。此图中选择"Bar"。

X-Location、Y-Location 文本框：确定符号插入点的位置坐标。此处可选用默认设置。

Oriention 下拉框：设置电源及接地符号的放置方向。

Color 文本框：设置电源及接地符号的颜色。

4）设置完该对话框后，点击 OK 按钮，即可完成放置电源及接地符号的工作。

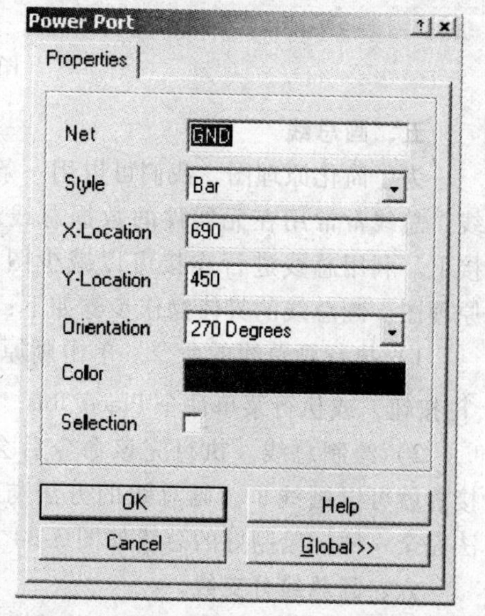

图 3-33　设置电源及接地符号属性对话框

四、设置网络标号

网络标号的实际意义就是一个电气节点，具有相同网络标号的元器件引脚、导线、电源及接地符号等具有电气意义的图件在电气关系上是连接在一起的。

下面我们放置图 3-34 中的网络标号。具体操作步骤如下：

1）执行放置网络标号的命令。单击画原理图工具栏中的 Net1 按钮或执行菜单命令 Place/NetLable。

2）放置网络标号。执行该命令后，光标变为十字形状，并出现一个随光标移动的虚线框，此时按下 Tab 键，将弹出如图 3-35 所示的设置网络标号属性对话框。该对话框中各选项的功能如下：

Net 下拉框：设置网络名称。此处键入"REDDAC0"。

X-Location、Y-Location 文本框：确定网络标号的位置坐标，此处可默认。

Orientation 下拉框：设置网络标号的放置方向，此处可默认。

Color 文本框：设置网络标号的颜色。

Font 选项：设置网络标号的字体。

Selection 复选框：设置网络标号的选取状态。

3）设置好以上选项后，单击该对话框中的 OK 按钮确认。之后移动鼠标至图中适当位置单击左键，即可将该网络标号放置在图中。

4）同样的方法可将网络标号"REDDAC1"、"REDDAC2"和"REDDAC3"放置在图中相应的位置，如图 3-34 所示。

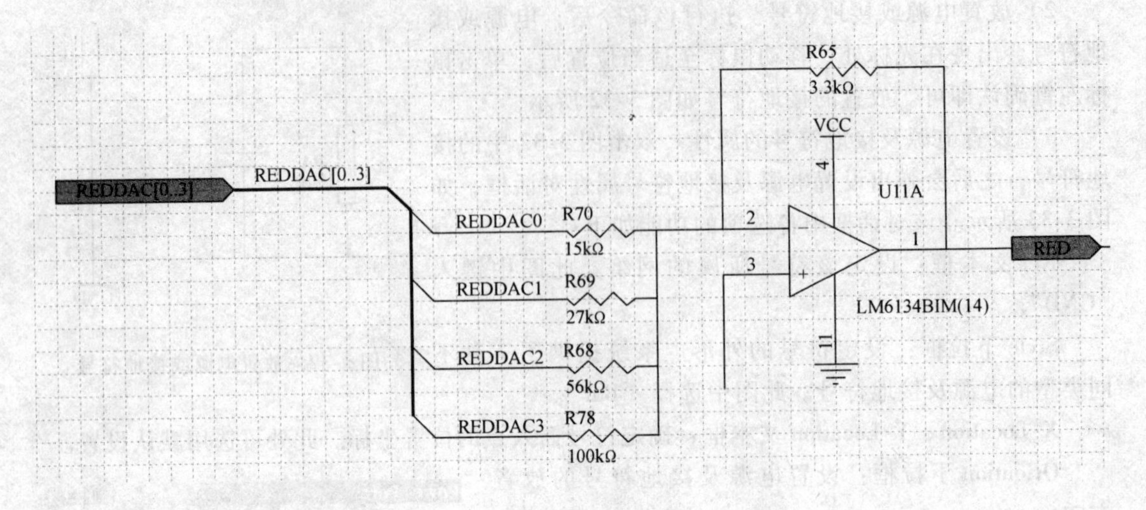

图 3-34　实例原理图

五、画总线

为了简化原理图，我们可以用一条导线来代表数条并行的导线，这条导线就是所谓的总线。总线常常用在元器件的数据总线或地址总线的连接上。利用总线进行连接可以减少图中的导线，简化原理图。画总线的具体操作步骤如下：

1）执行画总线的命令。单击画原理图工具栏中的按钮，或执行菜单命令 Place/Bus。

2）绘制总线。执行完该命令后会出现十字光标，接着就可以画线了。画总线的方法与画导线的操作方法完全一样。绘制好的总线如图 3-34 所示。

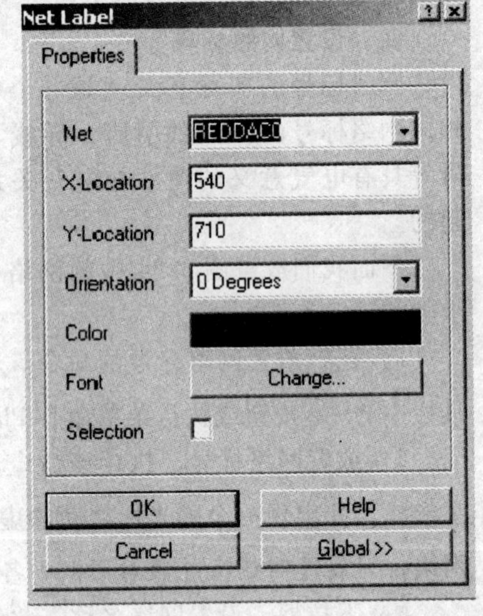

图 3-35　设置网络标号属性对话框

六、画总线分支线

总线与导线相连必须使用总线分支线。画总线分支线的具体操作步骤如下：

1）执行画总线分支线命令。单击画原理图工具栏中的按钮，或执行菜单命令 Place/Bus Entry。

2）放置并调整总线分支线的方向。执行上一步的操作后，会出现带着总线分支线“/”或“\”的十字光标，如图 3-36 所示。要想改变总线分支线的方向，可在此时按下空格键，接着只要将十字光标移到所要放置的位置，单击鼠标左键即可。绘制好的总线分支线如图 3-34 所示。

七、制作电路的输入/输出端口

在设计电路图时，一个网络与另一个网络的连接，可以通过实际导线连接，也可以通过放置网络标号使两个网络具有相互连接的电气意义。放置输入/输出端口（I/O 端口），同样能实现两个网络的连接。相同名称的输入/输出端口可以认为在电气意义上是连接在一起的。

制作电路输入/输出端口的具体步骤如下：

1）单击画原理图工具栏中的按钮，或执行菜单命令 Place/Port。

2）放置I/O端口。执行完该命令后，十字光标会带着一个I/O端口出现在工作区内，如图3-37所示。将I/O端口移到需要连接的引脚上单击左键，确定I/O端口一端的位置，接着拖动鼠标至适当长度后再单击左键，确定I/O端口的另一端位置，即可完成一个I/O端口的放置，单击右键可退出该命令状态。

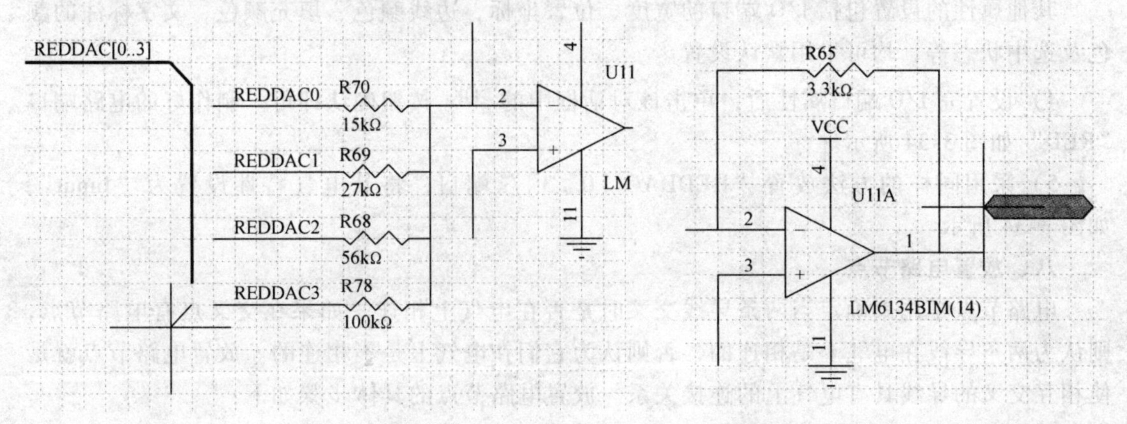

图3-36　执行画总线分支线的命令　　　图3-37　执行放置I/O端口的命令

3）设置I/O端口的属性。双击已放置好的I/O端口，在弹出的如图3-38所示的设置I/O端口属性对话框中可对端口的属性进行设置，其中各选项的意义如下：

Name下拉框：设置I/O端口的名称。此图中键入“RED”。

Stytle下拉框：设置I/O端口的外形。I/O端口的外形种类共有8种，如图3-39所示。此图中选用“Right”。

I/O Type下拉框：设置I/O端口的电气特性。端口的电气特性有以下四种：Unspecified为未指明或不确定；Output为输出端口型；Input为输入端口型；Bidirectional为双向型。此图中选用“Output”。

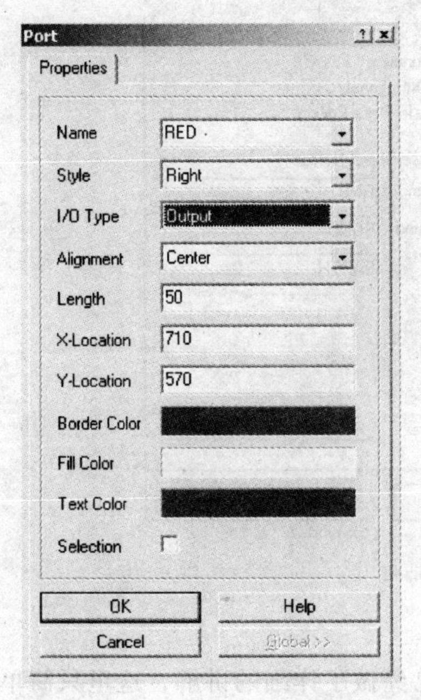

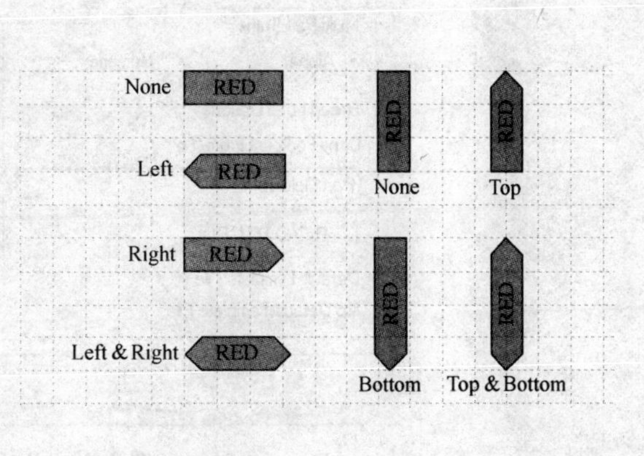

图3-38　设置I/O端口属性对话框　　　图3-39　I/O端口外形

Alignment 下拉框：设置 I/O 端口形式，用来确定 I/O 端口的名称在端口符号中的位置。端口形式有 3 种：Center 为名称居中，Left 为名称左对齐，Right 为名称右对齐。此图中选用“Center”。

其他属性的设置包括 I/O 端口的宽度、位置坐标、边线颜色、填充颜色、文字标注的颜色及选中状态等，均可采用默认设置。

4）设置完 I/O 端口属性后，单击该对话框中的 OK 按钮确认即可。制作好的电路端口“RED”如图 3-34 所示。

5）采用同样的方法放置“REDDAC [0..3]”端口，将其电气特性设置为“Input”。如图 3-34 所示。

八、放置电路节点

电路节点是用来确定当两条导线交叉时是否在电气上相连。如果在交叉点有电路节点，则认为两条导线在电气上是相连的，否则认为它们在电气上是不相连的。放置电路节点就是使相互交叉的导线具有电气上的连接关系。放置电路节点的具体步骤如下：

1）单击画原理图工具栏中的 按钮，或执行菜单命令 Place/Junction。

2）执行上述命令后，会在工作区出现带着电路节点的十字光标。移动光标至导线的交叉点处，单击鼠标左键，即可将节点放置在该交叉点上。

双击该节点，在弹出的电路节点属性对话框中可对节点的大小、颜色等属性进行设置。

如果执行菜单命令 Tools/Preferences...，在弹出的 Preferences 对话框中选中“Auto-Junction”选项，如图 3-40 所示。这样，在绘制导线时，当连接完导线后，程序会在 T 形导线的交叉点处自动放置一个节点。

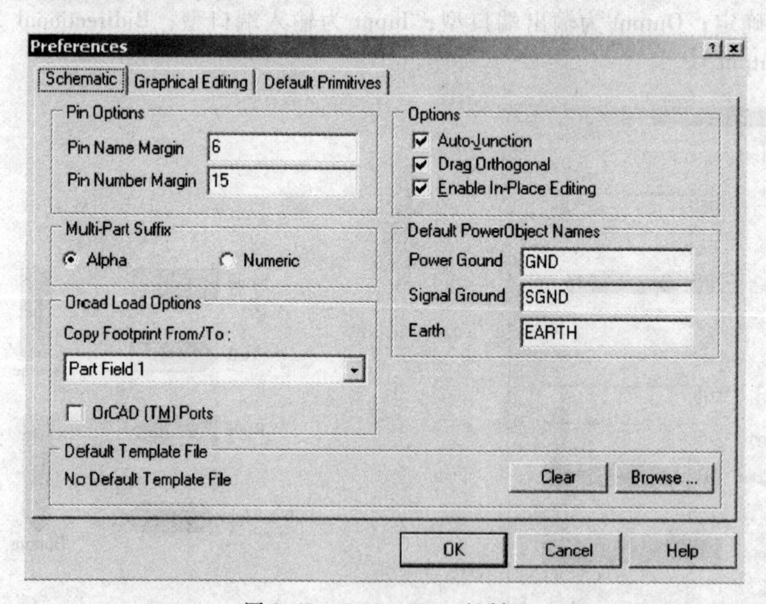

图 3-40 Preferences 对话框

九、放置元器件

将元器件放置到工作平面上的方法，我们在前面已经做了详细的讲解，这里只简单归纳如下：

1）装入所需的元件库。

2）利用原理图浏览器找到所需的元器件并将其拖放到工作平面上。

3）编辑元器件属性、调整元器件位置。

十、绘制电路原理图实例

前面已经讲述了如何放置元器件、连接导线以及编辑元器件属性等操作，下面以图3-41所示的晶闸管交流调光电路为例，讲解一个完整的电路原理图的绘制过程。具体操作步骤如下：

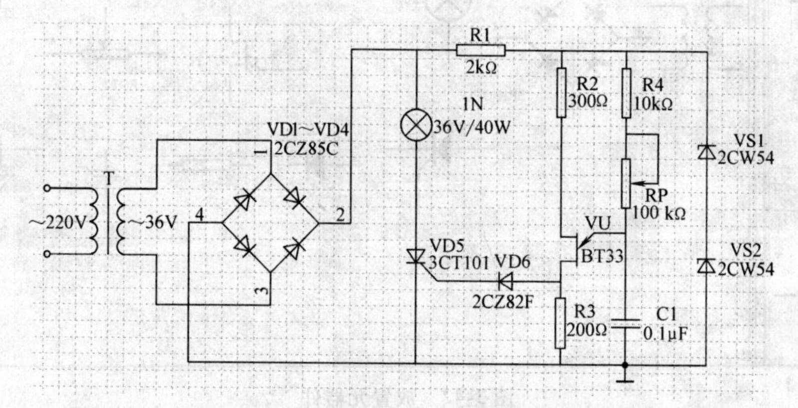

图 3-41　晶闸管交流调光电路

1）新建一个名为“晶闸管交流调光 . Sch”的原理图文件，并进入原理图编辑器。

2）装入所需的元件库。本例装入的库文件是“Miscellaneous Devices. ddb”。

3）利用原理图浏览器，在元件列表框中依次找到整流桥（BRIDGE1）、电容（CAP）、二极管（DIODE）、灯泡（LAMP）、电位器（POT2）、电阻（RES2）、晶闸管（SCR）、变压器（TRANS3）、单结晶体管（UJTN）、稳压二极管（ZENER1），并将他们放置在工作平面上，如图 3-42 所示。

在放置元器件后，我们发现有些元器件的图形符号不符合现行国家标准，需要修改。

4）修改元器件图形符号

① 修改二极管的图形符号

a. 在图 3-42 所示的界面上单击二极管，使其周围出现虚线框，表明该器件被选中，同时在浏览器窗口中也显示出该器件。然后单击 Edit 按钮，进入图 3-43 所示的原理图元件库编辑界面。

b. 按 PageUp 键，将原理图元件库编辑界面适当放大。双击二极管图形符号中的实心三角形，弹出如图 3-44 所示的多边形属性对话框。将该对话框中的 Draw Solid 复选框旁的“√”去掉，然后单击 OK 按钮确认。此时，实心三角形变成了空心三角形，修改后的二极管图形符号如图 3-45 所示。

c. 将图形符号修改好后，单击原理图元件库编辑界面中的 Update Schematics 按钮，回到原理图界面。此时，二极管的图形符号已符合国家标准要求了。

② 采用同样的方法修改图 3-42 中的变压器、整流桥、稳压二极管、晶闸管及单结晶体管的图形符号，使其符合要求。修改后的元器件如图 3-46 所示。

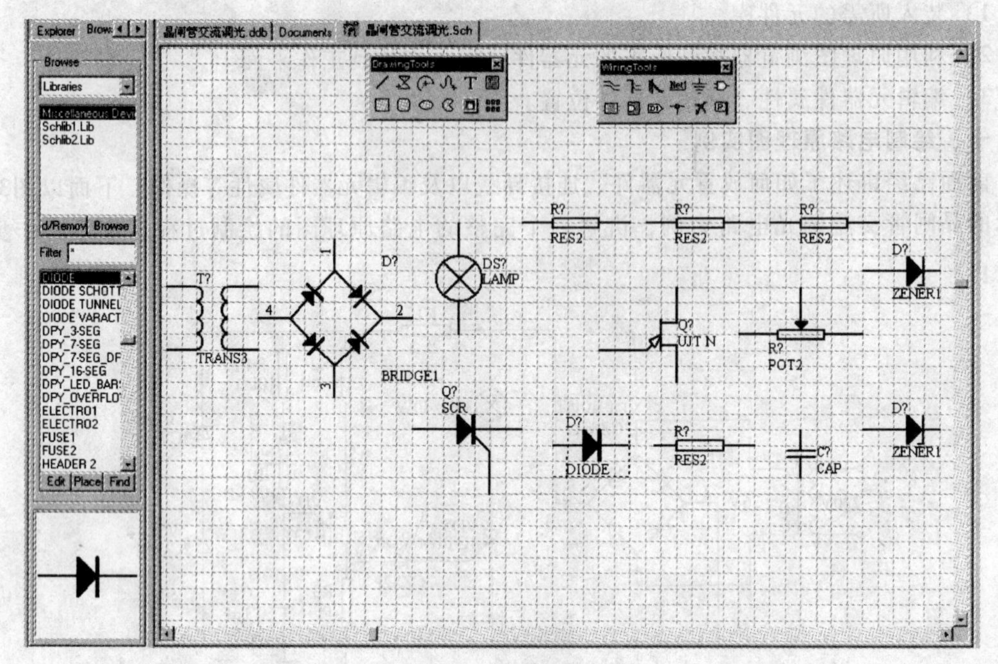

图 3-42　放置元器件

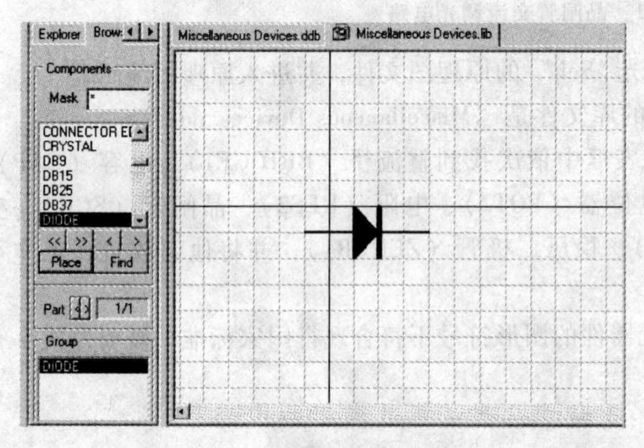

图 3-43　原理图元件库编辑界面

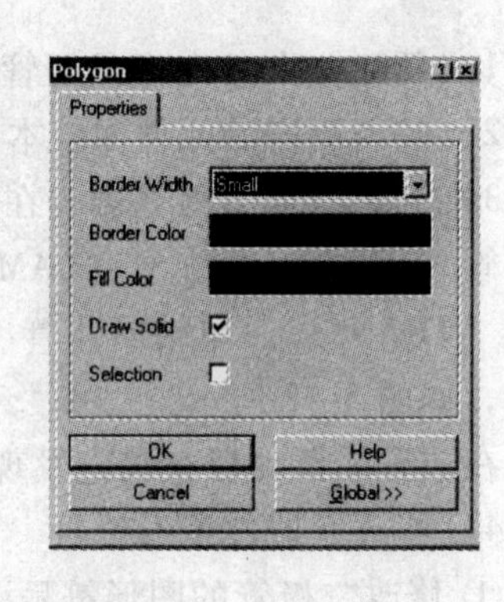

图 3-44　多边形属性对话框

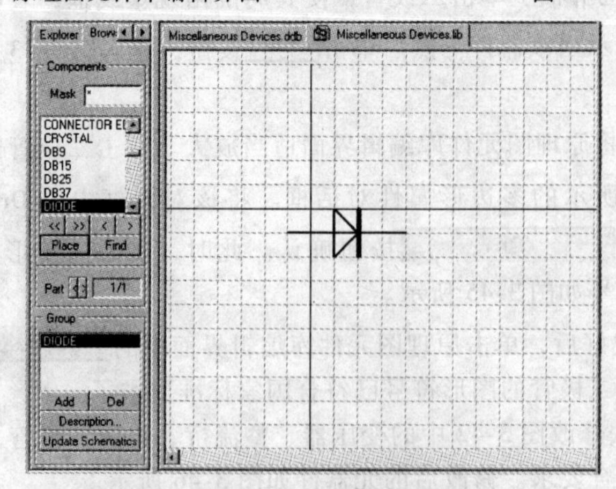

图 3-45　修改后的二极管图形符号

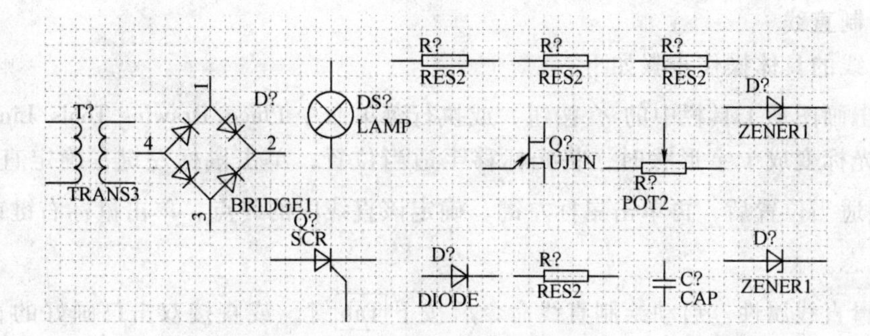

图 3-46　修改后的元器件

5）编辑各元器件。双击图 3-42 中的各元器件，在弹出的属性编辑对话框中，按图3-41所示，依次键入各元器件的序号、型号或参数（封装形式可暂不填写）。

6）调整元器件的位置。按图 3-41 所示，对各元器件进行移动、旋转的操作，调整好各元器件的位置。

7）连接导线。执行画导线命令，将各元器件连接起来。

8）放置电源、接地符号。单击画原理图工具栏中的按钮，执行放置电源、接地符号命令。执行该命令后，按 Tab 键，在弹出的设置电源及接地符号属性对话框中分别选择“Bar”和“Circle”两种符号的外形，将其放在图中相应的位置，如图 3-41 所示。

9）放置注释文字。单击画图形工具栏中的 T 按钮，执行添加文字命令。执行该命令后，按 Tab 键，在弹出的修改文字属性对话框中分别键入“~36V”和“~220V”，并将其放在图中相应的位置上，如图 3-41 所示。

第八节　绘制图形

一、画图形工具栏

用画图形工具栏“Drawing Tools”中的各命令绘制的图形只是一般的图形，没有任何的电气意义。该工具栏中的各按钮及其主要功能见表 3-2。

表 3-2　画图形工具栏的按钮及其功能

按　钮	功　能	按　钮	功　能
	绘制直线		绘制矩形
	绘制多边形		绘制圆角矩形
	绘制椭圆弧		绘制椭圆
	绘制贝塞尔曲线		绘制饼图
T	添加文字标注		粘贴图片
	添加文本框		粘贴复制图片

二、绘制直线

绘制直线的具体操作步骤如下：

1）单击画图形工具栏中的 ╱ 按钮，或执行菜单命令 Place/Drawing Tools/Line。

2）当光标变成十字形状时，将光标移至适当位置，单击鼠标左键，确定直线的起点，移动鼠标至适当位置后，再单击鼠标左键，确定该直线段的终点，单击鼠标右键或按 Esc 键退出绘图状态。

3）编辑直线属性。启动绘制直线命令后按下 Tab 键，或直接双击已画好的直线段，在弹出的如图 3-47 所示的设置直线参数对话框中可设置直线的一些属性。其中：

Line Width 文本框：用于设置线宽，有最细、细、中粗、粗四种。

Line Style 文本框：用于设置线型，有实线、虚线、点线三种。

Color 文本框：设置直线的颜色。

三、绘制多边形

绘制多边形的具体操作步骤如下：

1）单击画图形工具栏中的 按钮，或执行菜单命令 Place/Drawing Tools/Polygons。

2）执行上述命令后，绘图区会出现十字光标，这时如果按 Tab 键可弹出设置多边形参数的对话框，如图 3-48 所示。

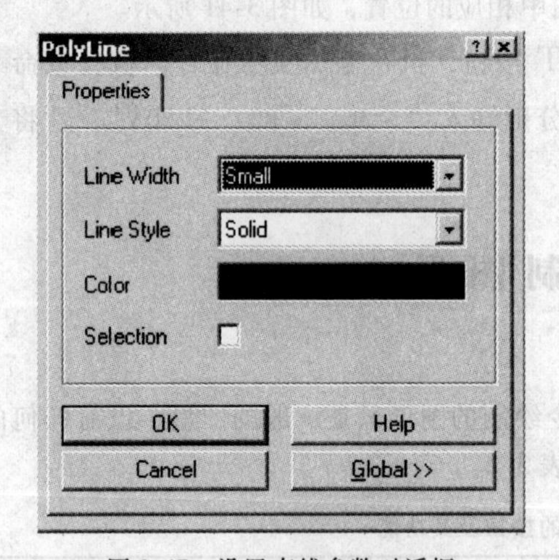

图 3-47　设置直线参数对话框

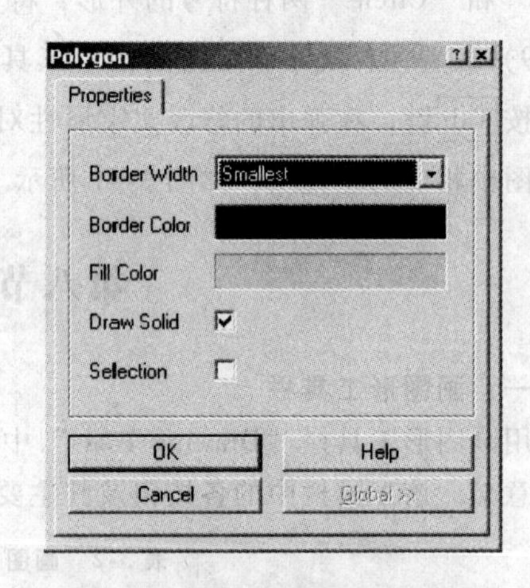

图 3-48　设置多边形参数对话框

其中各选项的用途说明如下：

Border Width 文本框：设置边框的宽度。

Border Color 文本框：设置边框的颜色。

Fill Corlor 文本框：设置多边形的填充颜色。

Draw Solid 复选框：实心选项。选择此项后，多边形将被选中的颜色填满。

完成以上设置后，单击 OK 按钮即可绘制多边形。移动光标，在绘图区依次单击鼠标左键，每单击一次，就有一个多边形的顶点被确定，最后单击鼠标右键或按 Esc 键即可完成一个多边形。再单击鼠标右键即可退出画多边形的命令状态。

图 3-49 给出了两个多边形的示例，顶点的数字表示了鼠标左键单击的顺序。

四、绘制椭圆弧

绘制椭圆弧的具体操作步骤如下：

1）单击画图形工具栏中的按钮，或执行菜单命令 Place/Drawing Tools/Elliptical Arcs。

2）执行上述命令后，移动光标至适当位置，先后单击鼠标左键五次，分别确定椭圆弧的中心位置、X 轴半径、Y 轴半径、起点位置和中点位置，则完成了一段椭圆弧。当椭圆的 X 轴半径与 Y 轴半径相等时，椭圆弧即变为圆弧，如图 3-50 所示。图中数字表示了鼠标左键单击的顺序和位置。

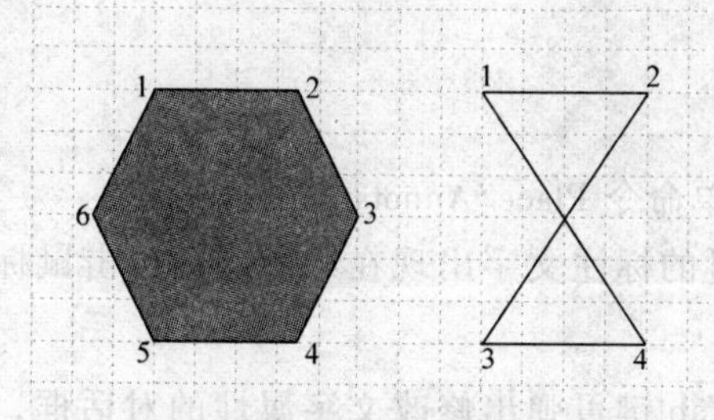

图 3-49　绘制多边形

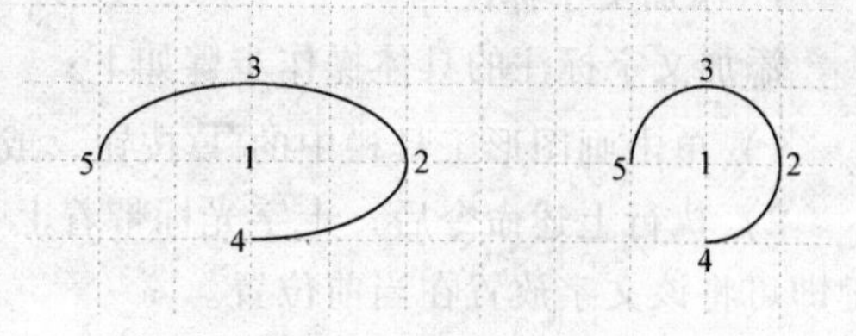

图 3-50　绘制椭圆弧

五、绘制矩形

绘制矩形的具体操作步骤如下：

1）单击画图形工具栏中的按钮，或执行菜单命令 Place/Drawing Tools/Rectangle。

2）执行上述命令后，移动光标至适当位置，单击鼠标左键确定长方形对角线上的一个角点，接着移动光标到适当大小后再单击鼠标左键，确定长方形对角线上的另一个角点，即可完成矩形的绘制。

六、绘制椭圆

绘制椭圆的具体操作步骤如下：

1）单击画图形工具栏中的按钮，或执行菜单命令 Place/Drawing Tools/Ellipses。

2）执行上述命令后，移动光标至适当位置，先后单击鼠标左键三次，分别确定椭圆的中心位置、X 轴半径、Y 轴半径，则完成了椭圆的绘制。当椭圆的 X 轴半径与 Y 轴半径相等时，椭圆即变为圆，如图 3-51 所示。图中数字表示了鼠标左键单击的顺序和位置。

七、绘制饼图

绘制饼图的具体操作步骤如下：

1）单击画图形工具栏中的按钮，或执行菜单命令 Place/Drawing Tools/PieCharts。

2）执行上述命令后，移动光标至适当位置，先后单击鼠标左键四次，分别确定饼图的中心位置、半径、开口的起点、开口的终点；则完成了饼图的绘制。如图 3-52 所示，图中数字表示了鼠标左键单击的顺序和位置。

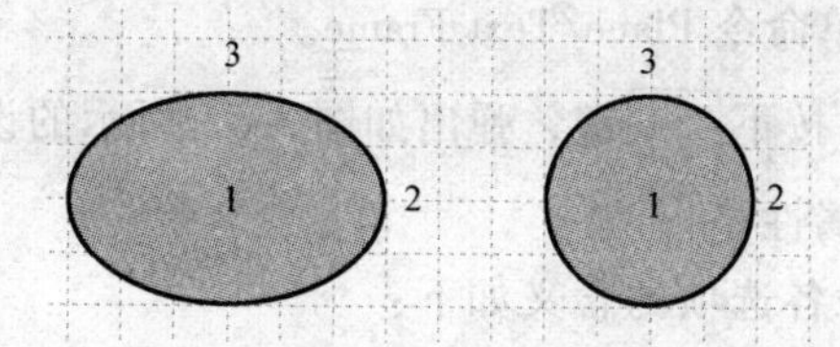

图 3-51　绘制椭圆

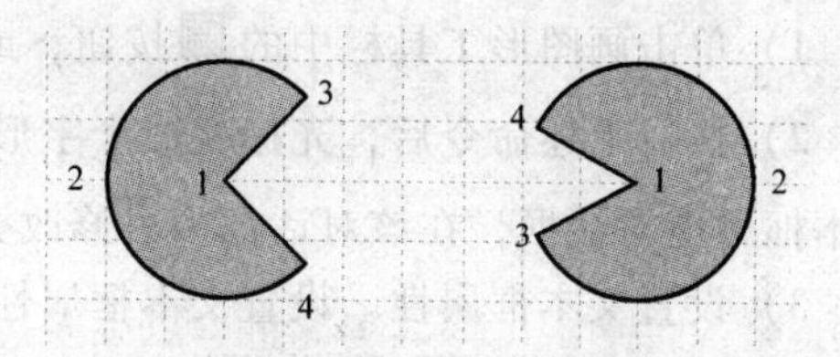

图 3-52　绘制饼图

八、绘制曲线

绘制曲线的具体操作步骤如下：

1）单击画图形工具栏中的按钮，或执行菜单命令 Place/Drawing Tools/Beziers。

2）执行上述命令后，移动光标至适当位置，先后连续单击鼠标左键，可以任意弯曲所绘的曲线。如图 3-53 所示正弦波形的绘制顺序如下：先后连续单击鼠标左键两次，依次确定图中的 1、2 两点，至 3 点处双击鼠标左键。之后再连续单击鼠标左键两次，依次确定图中的 4、5 两点，至 6 点处双击鼠标左键。图中数字表示了鼠标左键单击的顺序和位置。

九、在原理图中添加文字

1. 添加文字标注

添加文字标注的具体操作步骤如下：

1）单击画图形工具栏中的 **T** 按钮，或执行菜单命令 Place/Annotation。

2）执行上述命令后，十字光标带着上一次用过的标注文字出现在绘图区，单击鼠标左键即可将该文字放置在当前位置。

3）双击已放置的文字或在十字光标状态下按 Tab 键可弹出修改文字属性的对话框，如图 3-54 所示。其中，Text 文本框用于更改文字的内容，Font 选项用于设置文字的字体和字号。

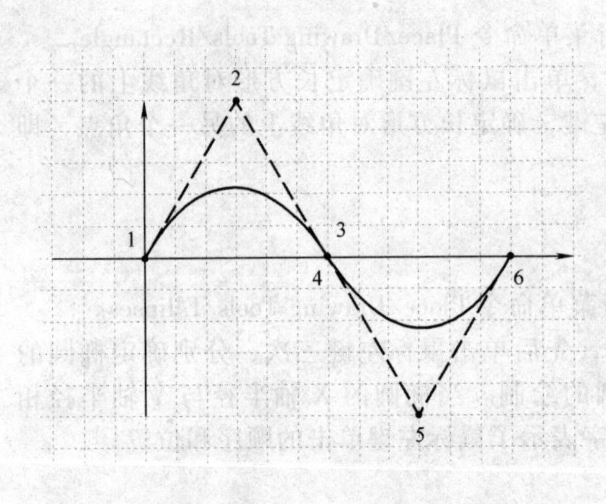

图 3-53　绘制正弦波形

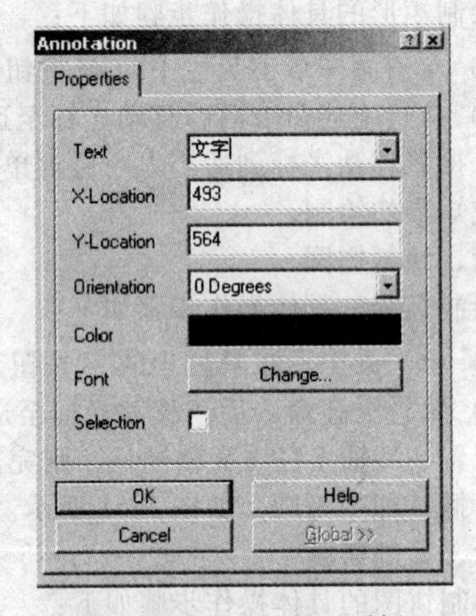

图 3-54　文字属性对话框

2. 添加文本框

在电路原理图中，有时需要添加大段的文字说明，这就需要用到文本框。放置文本框的具体操作步骤如下：

1）单击画图形工具栏中的按钮，或执行菜单命令 Place/Text Frame。

2）执行上述命令后，光标变成十字形状，此时按下 Tab 键，弹出如图 3-55 所示的设置文本框属性对话框，在该对话框中可修改文本框的属性。

3）设置文本框属性。设置文本框属性对话框中各选项的含义如下：

Text 选项：单击 Change... 按钮，可在弹出的文本编辑框中键入所需的文字内容。

X1-Location、Y1-Location 文本框：设置文本框左上角点的坐标位置。此处可不进行设置。

X2-Location、Y2-Location 文本框：设置文本框右下角点的坐标位置。

Border Width 下拉框：选择边框宽度。

Border Color 文本框：设置边框颜色。

Fill Color 文本框：设置填充颜色。

Text Color 文本框：设置字体颜色。

Font 选项：设置字体和字号。

Draw Solid 复选框：选中后使框内填充颜色。

Show Border 复选框：选中后显示边框。

Alignment 下拉框：选择字体对齐方式。这里选择“Left”，为左对齐。

Word Wrap 复选框：选中该选项后，当文字超出文本框边界时，文字会自动换行。

Clip To Area 复选框：选中该选项后，当文字长度超出文本框宽度时自动截去超出部分。

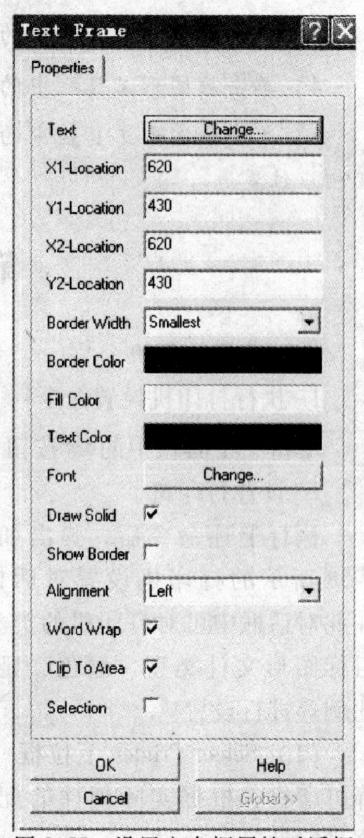

图 3-55　设置文本框属性对话框

4）设置完所有选项后，单击 OK 按钮确认。将光标移至适当位置后单击鼠标左键，确定文本框的左上角点，移动光标，再单击鼠标左键确定文本框的右下角点，文本框放置完毕，如图 3-56 所示。

注意事项：

1. 通电校验时，接触器应固定在控制板上，并有教师监护，以确保用电安全。

2. 通电校验过程中，要均匀、缓慢地改变调压变压器的输出电压，以使测量结果尽量准确。

图 3-56　放置文本框

十、绘制框图实例

例　利用画图形工具栏中的各命令，完成图 3-57 所示的闭环调速系统框图。

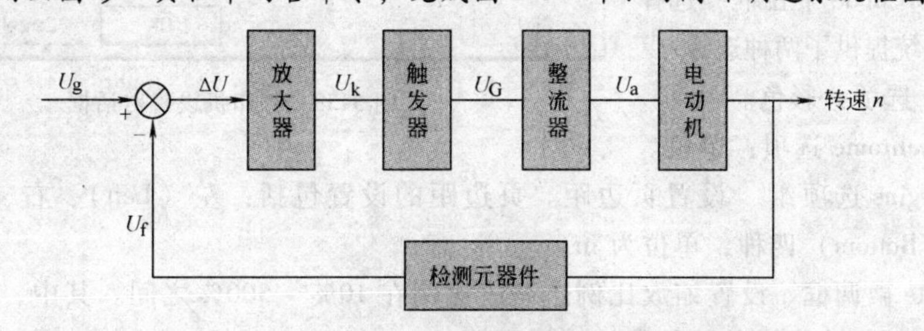

图 3-57　闭环调速系统框图

具体操作步骤如下：

1）单击画图形工具栏中的▢图标，执行画矩形命令，画出五个大小相同的长方形。

2）执行菜单命令 Design/Options...，在弹出的对话框中将“SnapOn”选项旁的栅格捕捉值设置为“1”。

3）单击画图形工具栏中的⬭图标，执行画椭圆命令，画出“比较环节”的图形符号。

4）单击画图形工具栏中的╱图标，执行画线命令，完成图线的连接及图中的箭头。

5）单击画图形工具栏中的T图标，执行添加文字命令，依次将图中的文字、符号放置在相应位置。

第九节　打印输出原理图

一、设置打印机

1. 执行打印机设置命令

单击主工具栏中的🖨按钮，或执行菜单命令 File/SetupPrinter...。

2. 设置打印机

执行上述命令后，弹出如图3-58所示的打印机设置对话框。在此对话框中可对打印机的类型、目标图形文件类型、颜色、显示比例等进行设置。

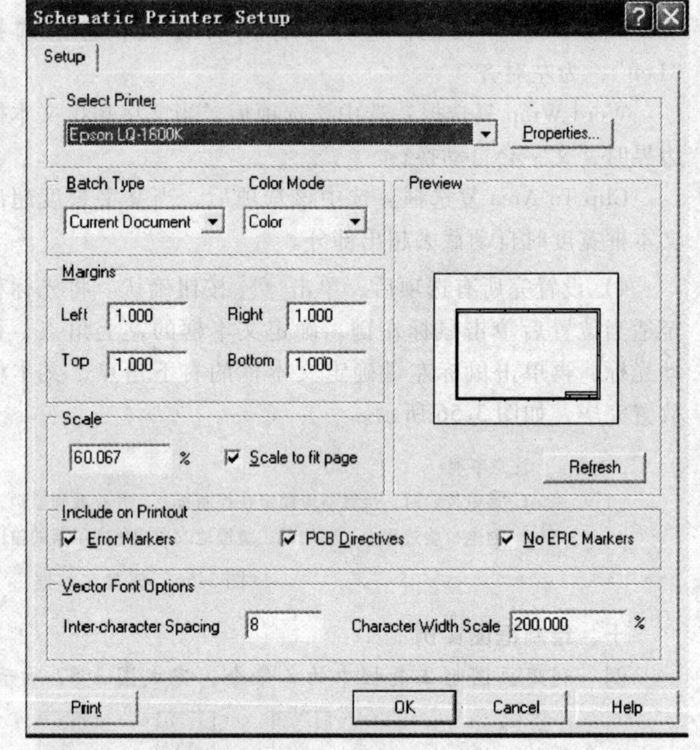

图3-58　打印机设置对话框

（1）Select Printer 下拉框　选择打印机，根据实际硬件的配置来进行设置。

（2）Batch Type 下拉框　选择输出的目标图形文件，在下拉列表框中有两种目标图形文件：

1）Current Document 选项：当前正编辑的图形文件。

2）All Documents 选项：整个项目中全部的图形文件。

（3）Color Mode 下拉框　选择输出颜色。系统提供了两种选择：

1）Color 选项：彩色。

2）Monochrome 选项：单色。

（4）Margins 选项组　设置页边距。页边距的设置包括：左（Left）、右（Right）、上（Top）、下（Bottom）四种，单位为 in。

（5）Scale 微调框　设置缩放比例。缩放比例在10%～500%之间。其中，选中“Scale to fit page”复选框为充满整页的缩放比例。

（6）Include On Printout 选项组　设置打印原理图时是否打印非原理图对象，其中：

1）Error Markers 复选框：打印错误标记。

2）PCB Directives 复选框：打印 PCB 测试点。

3）No ERC Markers 复选框：打印非 ERC 标记。

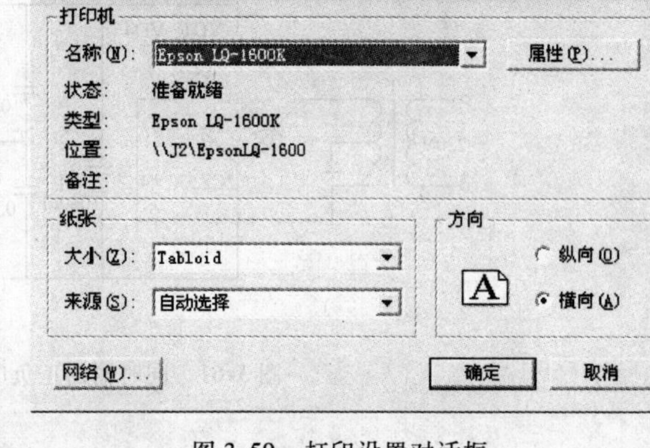

图 3-59　打印设置对话框

（7）Vector Font Options 选项组　设置向量字体的大小和宽度比例。

（8）Preview 窗格　预览打印效果。

3. 进一步设置

单击图 3-58 所示打印机设置对话框中的 Properties... 按钮，弹出如图 3-59 所示的打印设置对话框。在该对话框中可对打印机的分辨率、打印纸的类型、纸张方向等进行设置，设置完成后，单击 确定 按钮即可。

二、打印原理图

设置好打印机后，打开准备打印的原理图，单击图 3-58 所示对话框中的 Print 按钮，或执行菜单命令 File/Print。

本章小结

本章通过原理图设计的实例，详细地讲解了绘制一张电路原理图的一般过程，包括：设置电路图纸、装载元件库、放置元器件、编辑元器件属性、调整元器件位置、布线、打印输出等步骤以及绘制没有电气意义的各种图形，如绘制系统图和框图时使用的绘图形工具栏中的命令。

通过本章的学习，应使学生熟练掌握绘制一张完整的电路原理图的全过程。

复习思考题

1. 绘制如下电路原理图：

1）串联型直流稳压电源电路（见图 3-60）。

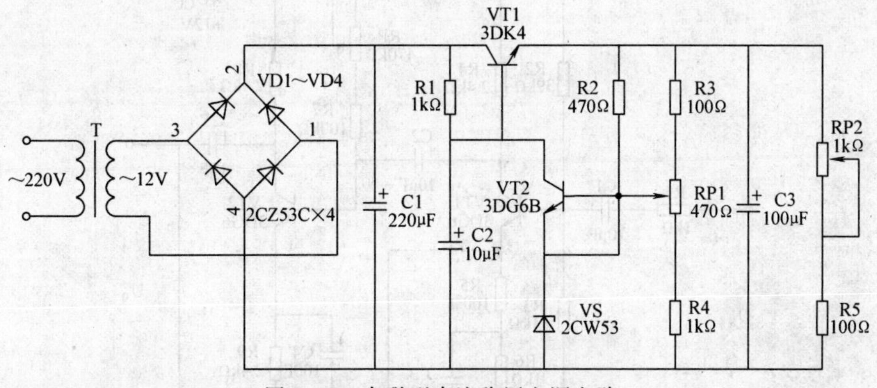

图 3-60　串联型直流稳压电源电路

2）同时输出正负电压的稳压电路（见图 3-61）。

3）两极放大电路（见图 3-62）。

4）负反馈放大器实验电路（见图 3-63）。

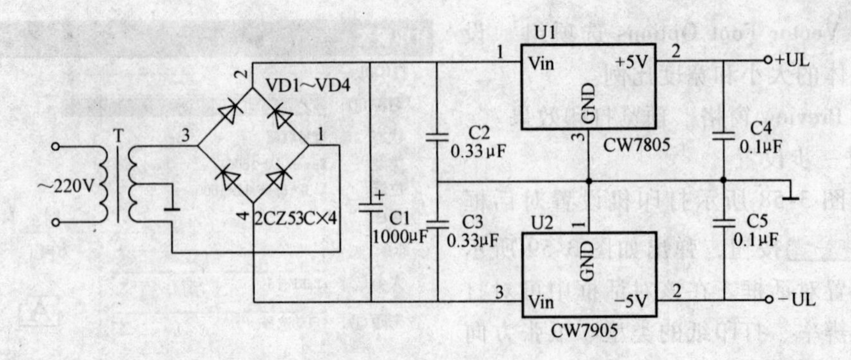

图 3-61　同时输出正负电压的稳压电路

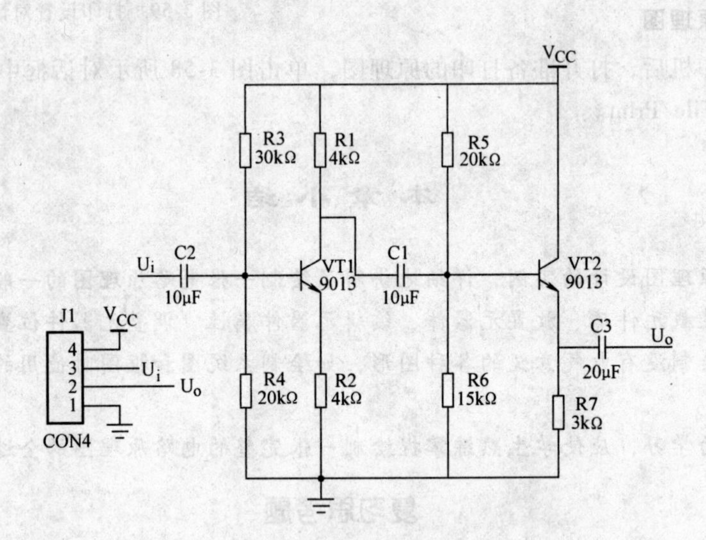

图 3-62　两极放大电路

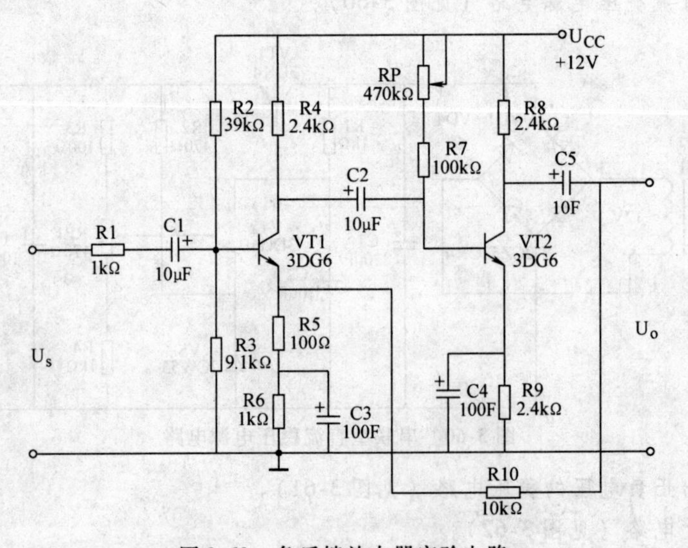

图 3-63　负反馈放大器实验电路

5）单结晶体管触发电路（见图3-64）。

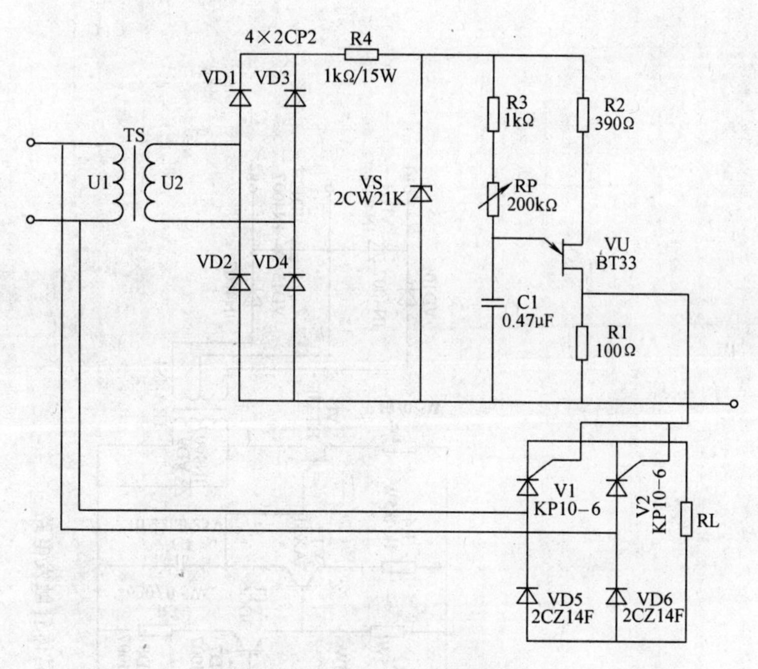

图3-64　单结晶体管触发电路

6）射极耦合触发器电路（见图3-65）。

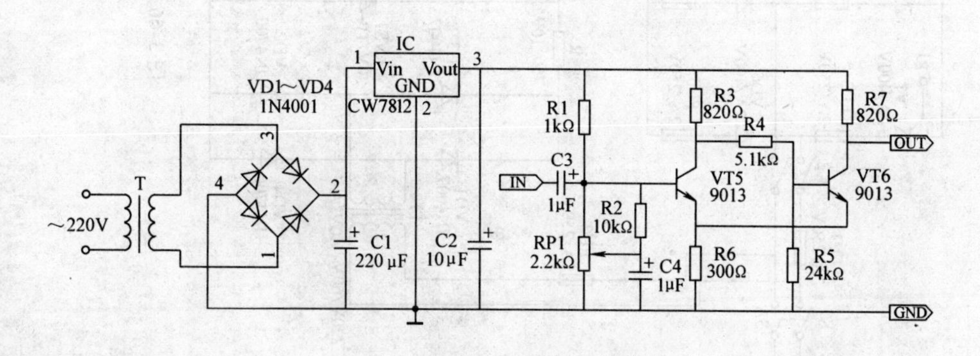

图3-65　射极耦合触发器电路

7）DJG-TJYK 单结晶体管触发电路（见图3-66）。

8）单片机最小电路（见图3-67）。

提示：本题所需的元件库是："Miscellaneous Devices. ddb"、Dallas Microprocessor. ddb"、"Intel Databooks. ddb" 和 "Protel DOS Schematic Libraries. ddb"）

2. 绘制如图3-68所示的固态继电器。

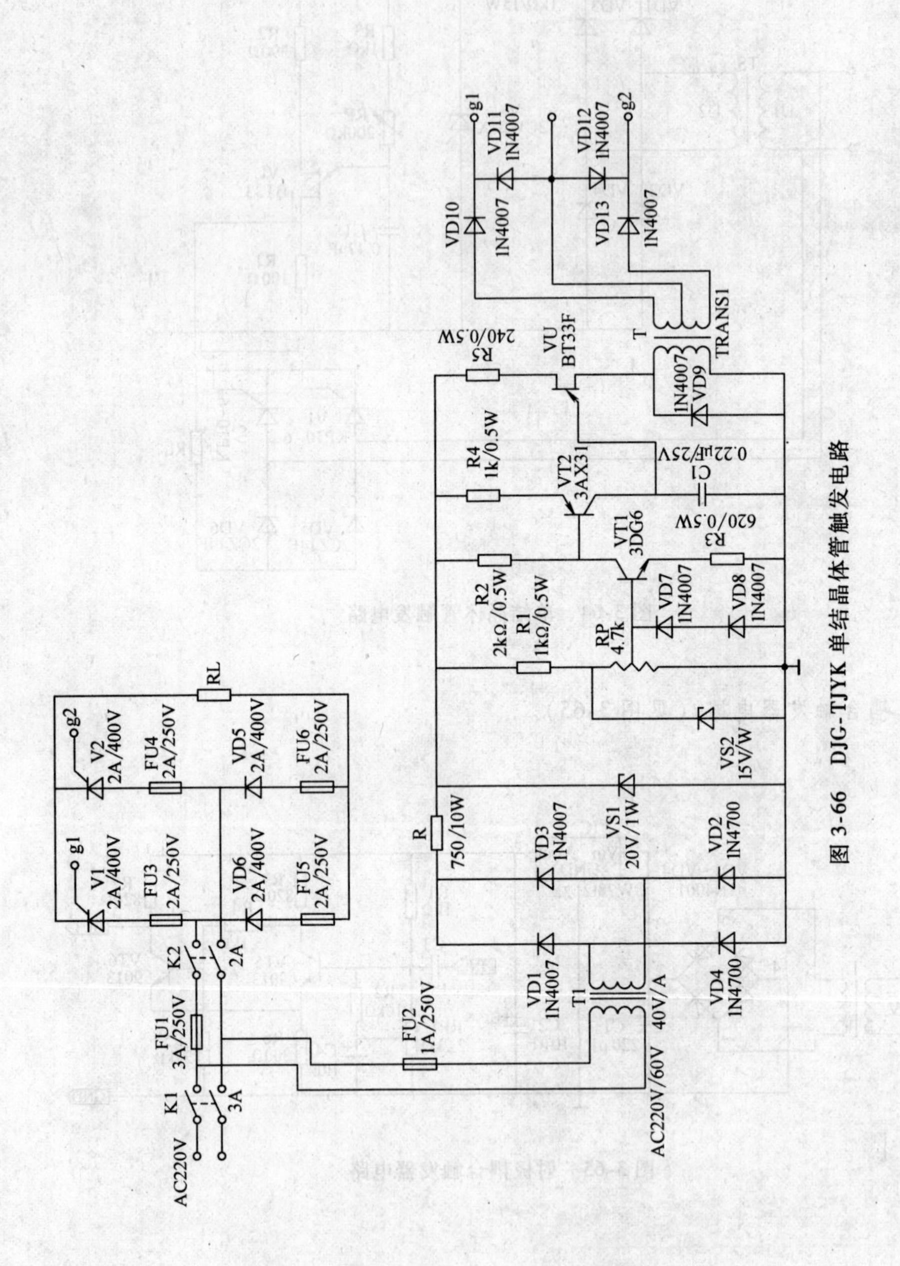

图 3-66 DJG-TJYK 单结晶体管触发电路

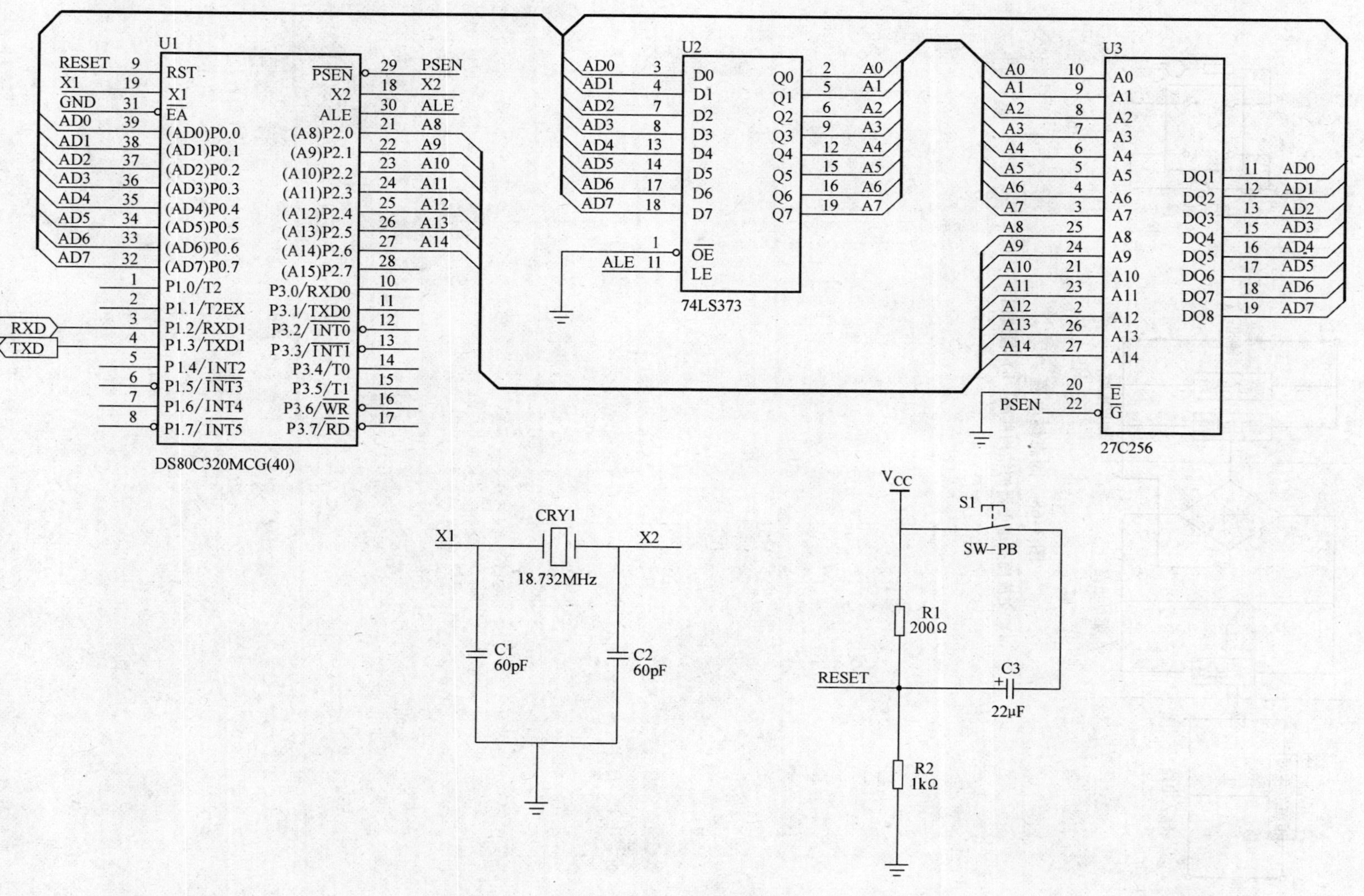

图 3-67　单片机最小电路

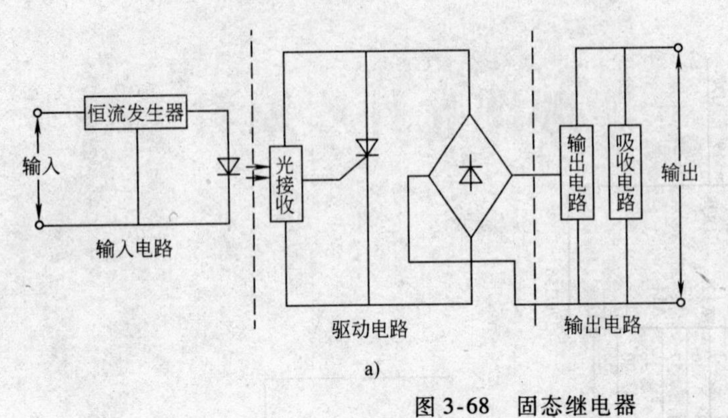

图 3-68　固态继电器

a）交流固态继电器的结构框图　b）接线图

第四章　原理图元件库编辑

教学目标：

1. 熟悉原理图元件库编辑器的工作环境。
2. 掌握原理图元件库绘图工具栏中的各命令。
3. 能够创建自己的库文件，并在其中制作电气专业常用的元器件。

教学重点：

1. 原理图元件库绘图工具栏中的各命令。
2. 创建原理图元件库文件。
3. 制作电气专业常用的元器件。

教学难点：

在原理图元件库中制作新的元器件，并能够熟练地调用到原理图中。

第一节　原理图元件库编辑器

尽管 Protel 99 SE 内置的元件库已相当丰富，但在实际使用中可能依然无法找到自己想要的元器件，如某种特殊元器件或新开发出来的元器件。在这种情况下，就要自行建立新的元件库、制作新的元器件。

创建自己的元器件和元件库必须在 Protel 99 SE 原理图元件库编辑器中进行。启动原理图元件库编辑器的具体操作步骤如下：

1）新建一个设计数据库文件（*.ddb）。

2）进入设计文件夹“Document”。

3）执行菜单命令 File/New。执行该命令后，出现选择文件类型对话框。双击该对话框中的 Schematic Library ... 图标，即可创建一个新的原理图元件库文件。系统默认的文件名为“Schlib1. Lib”。

4）双击 Schlib1.Lib 图标，即可进入如图 4-1 所示的原理图元件库编辑器。

第二节　原理图元件库绘图工具及命令

一、原理图元件库绘图工具栏及菜单命令

单击主工具栏中的按钮，或执行菜单命令 View/Toolbars/Drawing Toolbar 可打开或关闭原理图元件库绘图工具栏。原理图元件库绘图工具栏中的按钮及其功能见表 4-1。

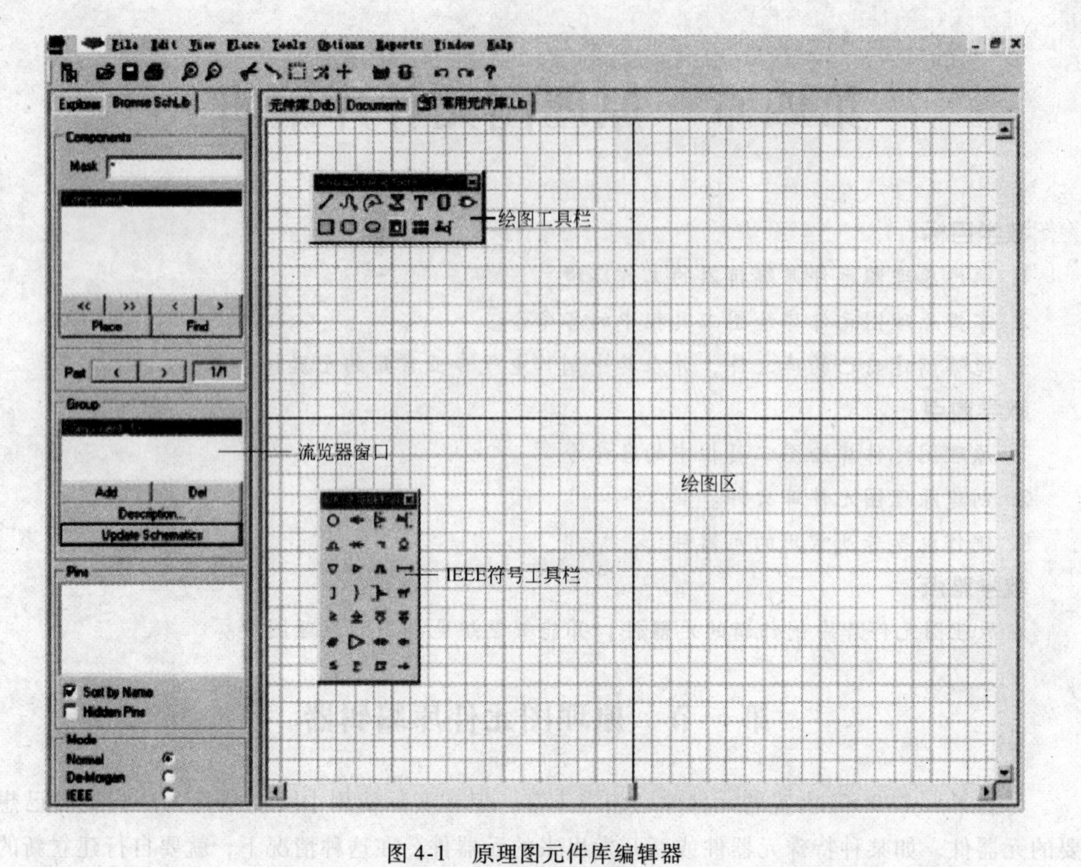

图 4-1　原理图元件库编辑器

表 4-1　原理图元件库绘图工具栏中的按钮及其功能

按　钮	功　能	按　钮	功　能
	画直线		画矩形
	画曲线		画圆角矩形
	画椭圆弧		画椭圆
	画多边形		粘贴图片
T	插入文字		阵列式粘贴
	添加新元器件		放置引脚
	添加新部件		

部分按钮的功能可通过执行菜单 Place 中的相应命令来实现。图 4-2 所示为执行 Place 菜单中的画直线命令，与之对应的按钮是 ／ 。

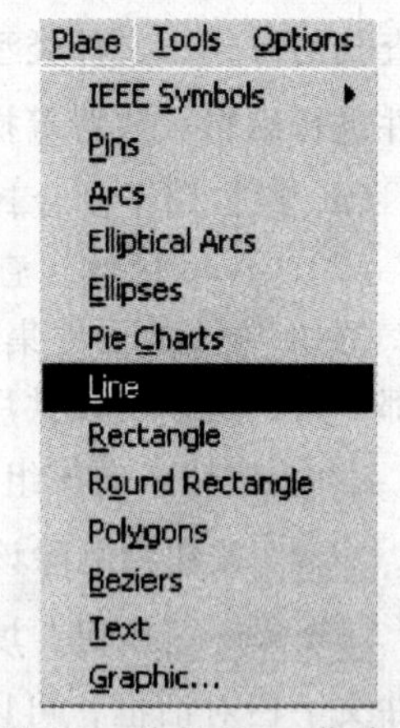

图 4-2 执行 Place 菜单中的画直线命令

二、IEEE 符号工具栏及菜单命令

1）IEEE 符号工具栏中包括了各种规定的二进制逻辑单元所用限定性符号。IEEE 是美国电气电子协会的简称，“IEEE Symbols”是由 IEEE 规定的用来表示二进制逻辑及逻辑运算的限定性符号。

2）打开或关闭 IEEE 符号工具栏可单击主工具栏中的按钮，或执行菜单命令 View/Toolbars/IEEE Toolbar。

IEEE 符号工具栏中各按钮的功能也可通过执行菜单 Place/IEEE Symbols 中的相应命令来实现。

第三节　原理图元件库浏览器

原理图元件库浏览器窗口如图 4-1 所示，该浏览器中有 Explorer 和 Browse SchLib 两部分。Browse SchLib 选项卡下共有四个区域：Components（元件）区域、Group（组）区域、Pins（引脚）区域和 Mode（元件模式）区域，其中各部分的主要功能如下：

（1）Components 区域　其主要功能是查找 、选择及取用元器件。

Mask 栏：用来筛选元器件。其功能与原理图浏览器中“Filter”的功能相同。

<< 按钮：选择元件库中的第一个元器件。

>> 按钮：选择元件库中的最后一个元器件。

< 按钮：选择前一个元器件。

> 按钮：选择下一个元器件。

Place 按钮：将所选元器件放置到原理图中。单击该按钮后，系统自动切换到原理图设计界面，并且十字光标会带着正在编辑的元器件出现在工作平面上，此时单击鼠标左键，即可将该元器件放置在工作平面上。如果此时原理图编辑器还未启动，则单击该按钮后，系统会自动在当前的设计数据库中创建一个新的原理图文件，并启动原理图编辑器。

Find 按钮：查找元器件。单击该按钮后出现查找元件对话框，如图 4-3 所示，在该对话框中可以设

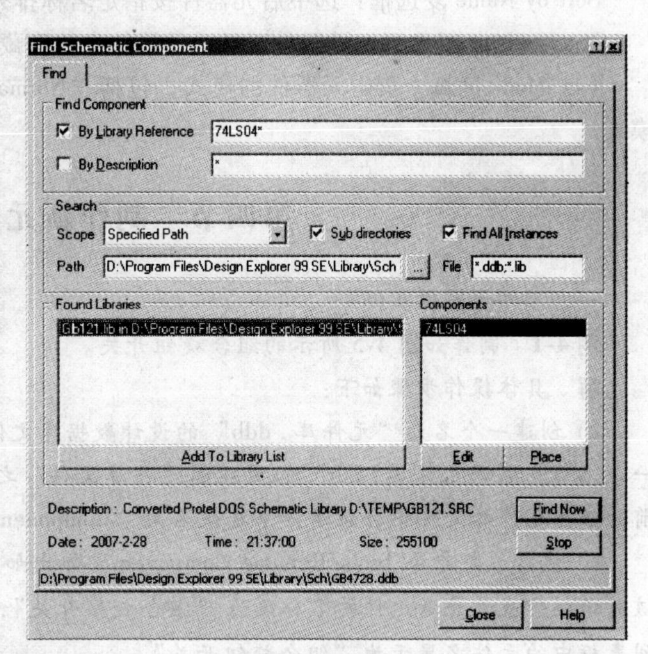

图 4-3　查找元件对话框

置查找的方式、文件类型、路径等，然后单击 Find Now 按钮，即可开始查找。找到后可以对元件进行编辑、放置等操作。单击 Stop 按钮，即可终止查找。

Part 栏：用于复合封装元件，其右边的状态栏显示当前的部件号。

（2）Group 区域　查找、选择及取用选择集。所谓选择集就是共用同一个符号的元器件。例如 74xx 的元件集有 74LS04、74F04、74H04 等，它们都是非门元件，引脚名称与编号都一致，所以可以共用一个元件符号。

Add 按钮：向该组中添加新元器件符号。

Del 按钮：删除该组中的元器件符号。

Description... 按钮：填写该元器件的某些描述文字。单击该按钮后，出现如图 4-4 所示的元件文字栏对话框，可以用它来建立元器件的内部数据，包括默认的元器件序号（Default Designator）、封装形式（Foot Print）、元器件描述（Description）等。

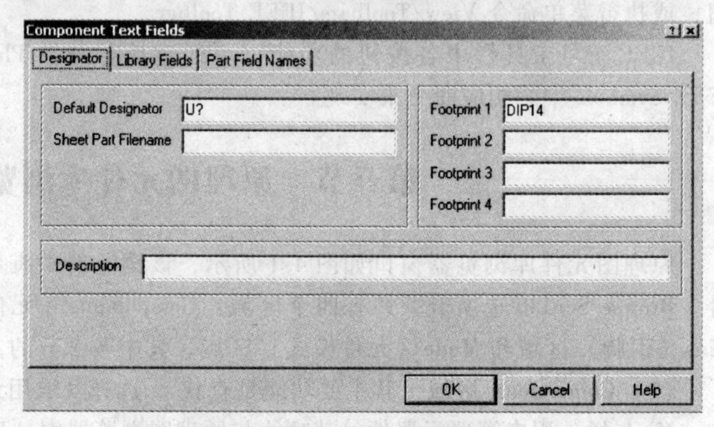

图 4-4　元件文字栏编辑对话框

Update Schematics 按钮：更新正在编辑的元器件。单击该按钮后，系统会将该元器件在元件库编辑器中所做的修改反映到原理图中。

（3）Pins 区域　显示元器件的引脚名称和引脚号。

Sort by Name 复选框：选中后元器件按指定名称排列。

Hidden Pins 复选框：设置是否显示元器件中的隐藏引脚。

（4）Mode 区域　指定元器件的模式，包括“Normal”、“De-Morgan”和“IEEE”三种模式。

第四节　制作新元器件

一、制作元器件实例

例 4-1　制作如图 4-5 所示的组合旋钮开关。

解　具体操作步骤如下：

1）创建一个名为“元件库.ddb”的设计数据库文件，在该设计数据库的文件夹中新建一个名为“常用元件库.Lib”的原理图元件库文件，之后进入原理图元件库编辑器。在当前的常用元件库文件中会显示一个默认名为“Component1”的新元件，如图 4-1 所示。

2）执行菜单命令 Tools/Rename Component，弹出如图 4-6 所示的新元件名称对话框。在该对话框中我们将新元件的名称改为“组合旋钮开关”，然后单击 OK 按钮确认。此时文件列表框中的元件名显示为“组合旋钮开关”。

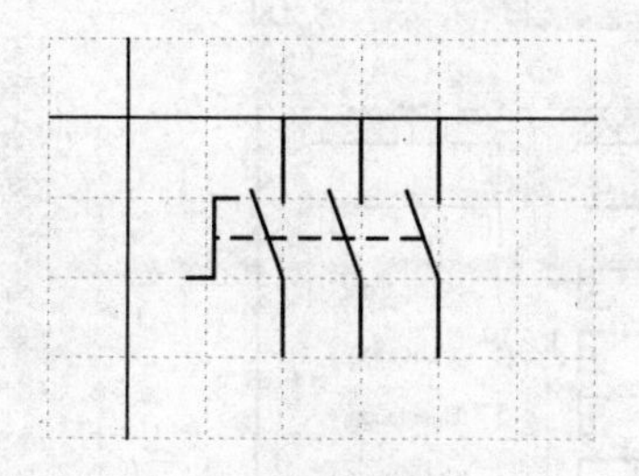
图 4-5　组合旋钮开关

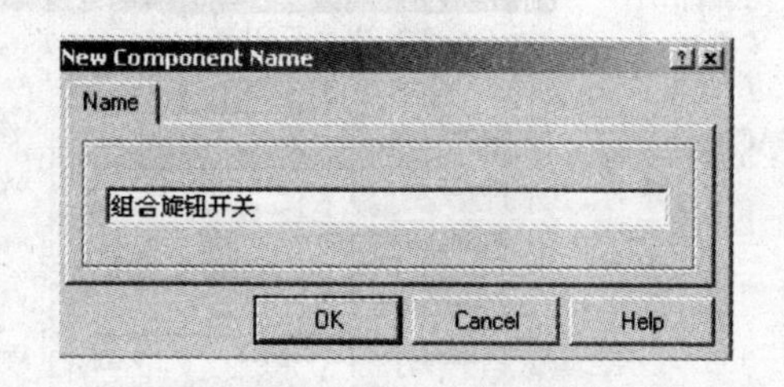

图 4-6　新元件名称对话框

3）将光标移到绘图区中四个象限的交点处，按键盘上的 Page Up 键，将绘图区适当放大。因为一般元器件均放置在第四象限，而象限的交点即为元器件的基准点。

4）单击画图工具栏中的 按钮，执行放置引脚命令。当出现十字光标后，按下 Tab 键，弹出如图 4-7 所示的设置引脚属性对话框。在该对话框中将 Name（引脚名）栏设置为“1”，Number（引脚号）栏设置为“1”，Electrical Type（引脚电气类型）栏设置为“Passive”，Pin Length（引脚长度）栏设置为“10”，单击 OK 按钮确认。

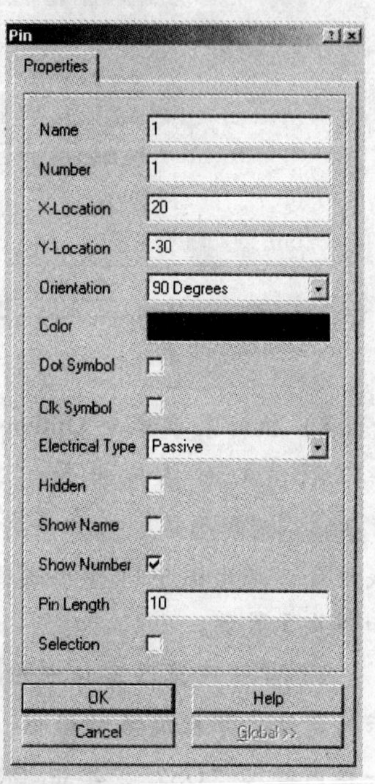

图 4-7　设置引脚属性对话框

5）将引脚“1”移至图中适当位置，并按 空格 键旋转方向，将带有电气连接点的引脚端朝外，如图 4-8 所示。调整好后，单击鼠标左键确认，即将引脚“1”放置在图中。

6）接着依次放置引脚“2”、“3”、“4”、“5”、“6”。放置好的引脚如图 4-9 所示。

7）由于在开关中一般不显示引脚名和引脚号，所以下面将引脚号隐藏起来。双击引脚“1”，弹出如图 4-7 所示的设置引脚属性对话框，将该对话框中“Show Number”复选框旁的“√”取消。然后再单击 Global>> 按钮，出现如图 4-10 所示的修改全局属性对话框，将该对话框中右侧“Copy Attributes”一栏中的“Show Number”复选框选中，这样图中所有的引脚号都被隐藏起来。隐藏后的图形如图 4-11 所示。

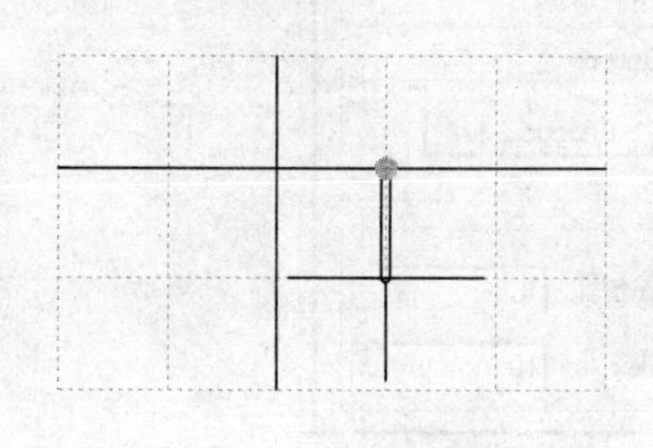
图 4-8　放置引脚

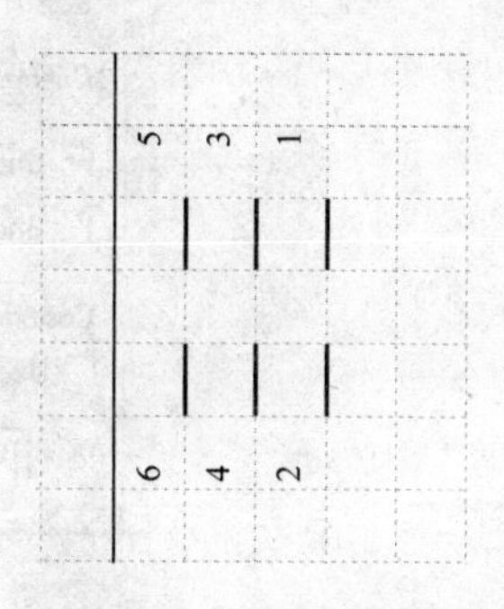

图 4-9　放置 6 个引脚

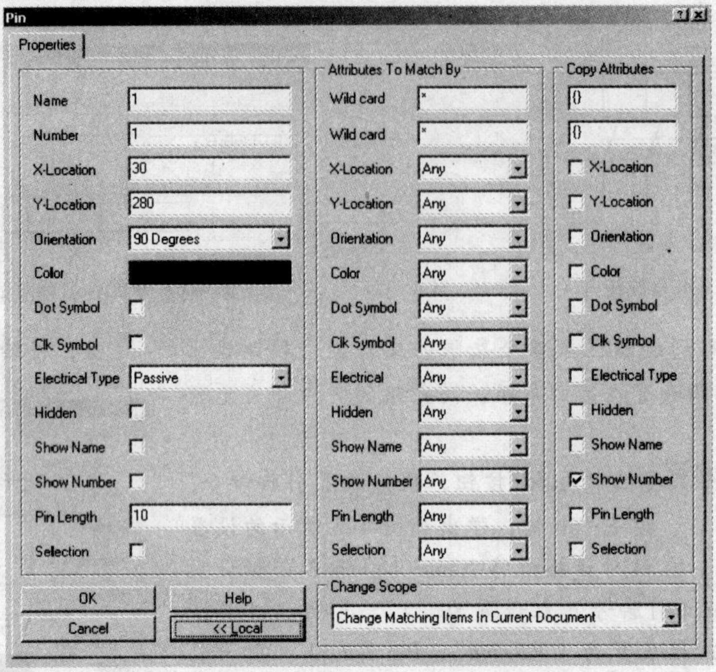

图 4-10　修改全局属性对话框

8）执行菜单命令 Options/Document Options...，在出现的如图 4-12 所示的对话框中将“Snap”栏中的值设置为“1”，单击 OK 按钮确认。之后再单击画图工具栏中的 ╱ 按钮，执行画直线命令，画出图中所有的线段，线宽选择“Small”。绘制好的图形如图 4-5 所示。

9）单击浏览器窗口中的 Description... 按钮，会出现如图 4-13 所示的元件文字栏编辑对话框，在该对话框中将“Default Designator”一栏内键入“QS?”，单击 OK 按钮确认，即完成了该元件的制作。

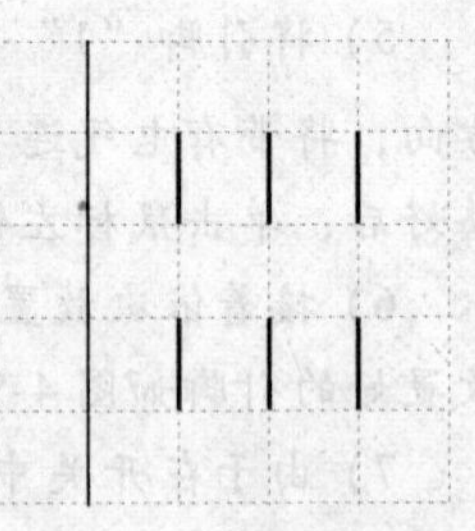

图 4-11　隐藏引脚后的图形

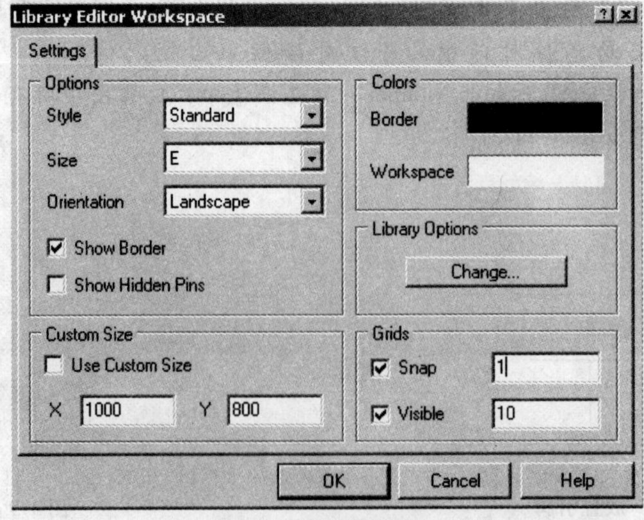

图 4-12　设置捕捉栅格值为“1”

10）单击主工具栏中的按钮，或执行菜单命令 File/Save，即可将元件“组合旋钮开关”保存在当前的元件库文件“常用元件库 . Lib”中。

例 4-2 制作如图 4-14 所示的元件 CD4027。

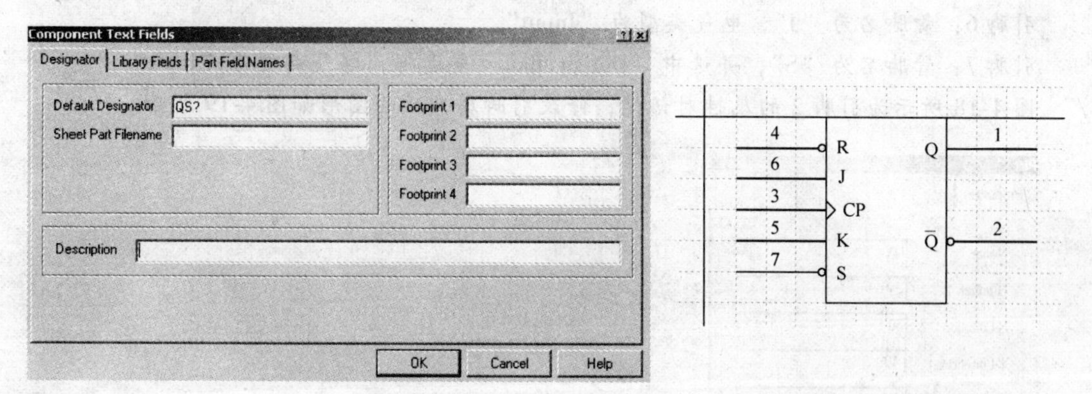

图 4-13 元件文字栏编辑对话框　　图 4-14 元件 CD4027

在电子元器件中，有一类元件比较特殊，此元件内具有多个功能完全相同的功能模块，如集成电路中的门电路系列。这些独立的功能模块共享同一元件封装体，但却用在电路的不同之处，每一个功能模块都必须有一个独立的符号表示。

CD4027 即为一个集成元件，在其内部集成了两个上升沿触发翻转的 J-K 触发器。

制作该元件的具体操作步骤如下：

1）进入原理图元件库编辑器，在浏览器窗口中单击 Add 按钮，或执行菜单命令 Tools/New Component，在弹出的新元件名称对话框中将元件名称改为“CD4027”，如图 4-15 所示，然后单击 OK 按钮确认。

2）按键盘上的 Page Up 键，将绘图区适当放大。单击画图工具栏中的按钮，执行画矩形命令，绘制如图 4-16 所示的矩形。

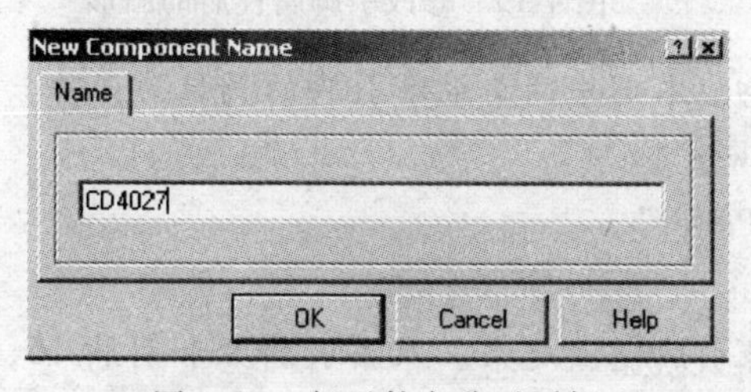

图 4-15 新元件名称对话框

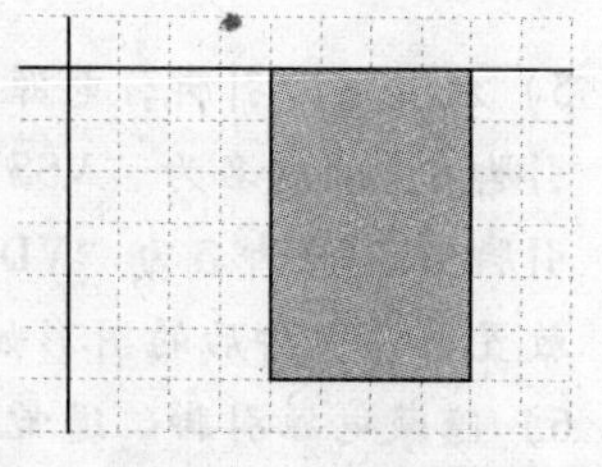

图 4-16 绘制矩形

3）单击画图工具栏中的按钮，执行放置引脚命令，分别放置 7 个引脚，如图 4-17 所示。

4）双击已放置好的各引脚，在弹出的引脚属性对话框中对各引脚属性进行修改：

引脚 1：管脚名为“Q”，电气类型为“Output”。

引脚 2：管脚名为“$\overline{Q}$”，并选中“Dot Symbol”复选框，电气类型为“Output”。

引脚 3：管脚名为“CP”，并选中“Clk Symbol”复

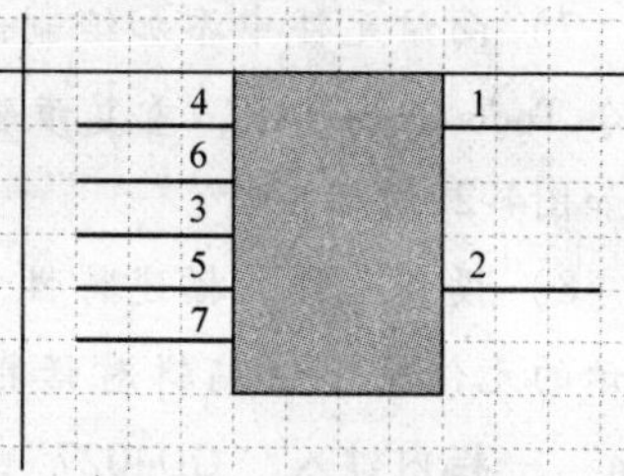

图 4-17 放置 7 个引脚

选框，电气类型为“Input”。

引脚4：管脚名为“R”，并选中“Dot Symbol”复选框，电气类型为“Input”。

引脚5：管脚名为“K”，电气类型为“Input”。

引脚6：管脚名为“J”，电气类型为“Input”。

引脚7：管脚名为“S”，并选中“Dot Symbol”复选框，电气类型为“Input”。

图4-18所示为引脚2的属性对话框，修改引脚属性后的图形如图4-19所示。

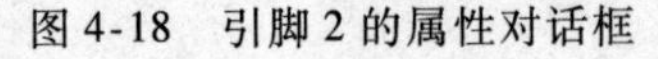

图4-18　引脚2的属性对话框

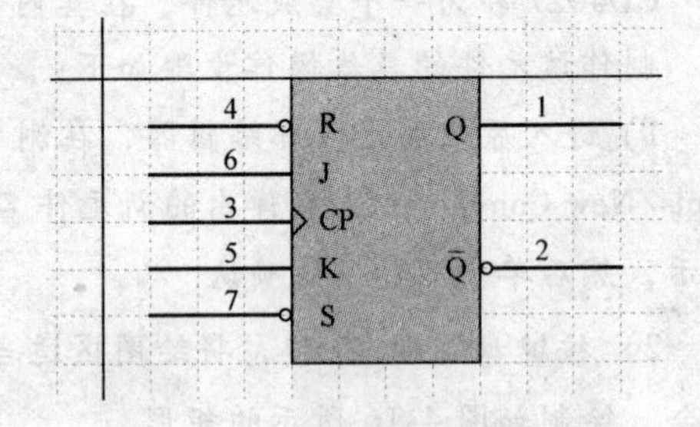

图4-19　修改引脚属性后的图形

5）放置电源引脚。电源引脚通常为公共引脚。本例中两个电源引脚的属性为：

引脚8：管脚名为“VSS”，电气类型为“Power”。

引脚16：管脚名为“VDD”，电气类型为“Power”。

放置电源引脚后的图形如图4-20所示。

6）隐藏电源引脚。通常在电路图中会把电源引脚隐藏起来。双击引脚8和引脚16，在弹出的引脚属性对话框中选中“Hidden”复选框后，单击 OK 按钮确认。隐藏电源引脚后的图形如图4-21所示。

7）向该元件中添加绘制封装的另一部分。单击画图工具栏中的 按钮，或执行菜单命令Tools/New part，重复步骤2）至步骤6），再绘制一个与图4-21相同的功能模块，其引脚如图4-22所示。

8）设置元件的描述特性。单击浏览器窗口中的 Description... 按钮，在出现的如图4-23所示的元件文字栏编辑对话框中将“Default Designator”一栏内键入“U?”，将“Description”一栏内键入“CD4027”，“Footprint1”一栏内键入“DIP-16”，单击 OK 按钮确认，即

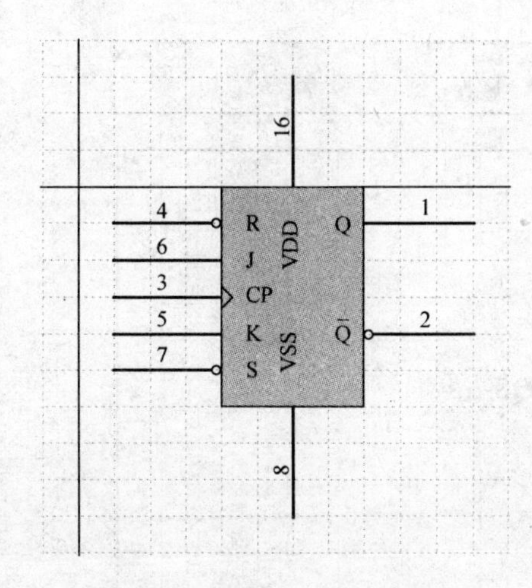

图 4-20　放置电源引脚后的图形

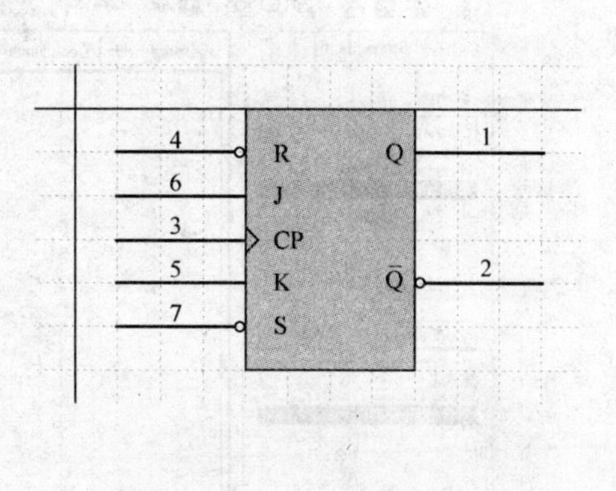

图 4-21　隐藏电源引脚后的图形

完成了该元件的制作。

9）单击主工具栏中的按钮，或执行菜单命令 File/Save，保存元件“CD4027”。

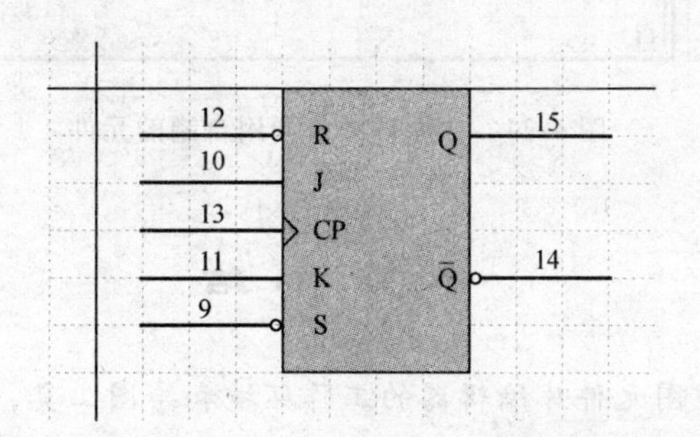

图 4-22　CD4027 的另一个功能模块图

二、在原理图中调用自制的元器件

打开任意一张原理图，在原理图浏览器中单击 Add/Remove... 按钮，接着在出现的“改变当前元件库设置”对话框中找到“元件库”文件，然后把它添加进来，如图 4-24 所示。这时就可使用该库中自制的元器件绘制原理图了。

Component Text Fields
Designator | Library Fields | Part Field Names
Default Designator　U?
Sheet Part Filename
Footprint 1　DIP-16
Footprint 2
Footprint 3
Footprint 4
Description　CD4027
OK　Cancel　Help

图 4-23　元件文字栏编辑对话框

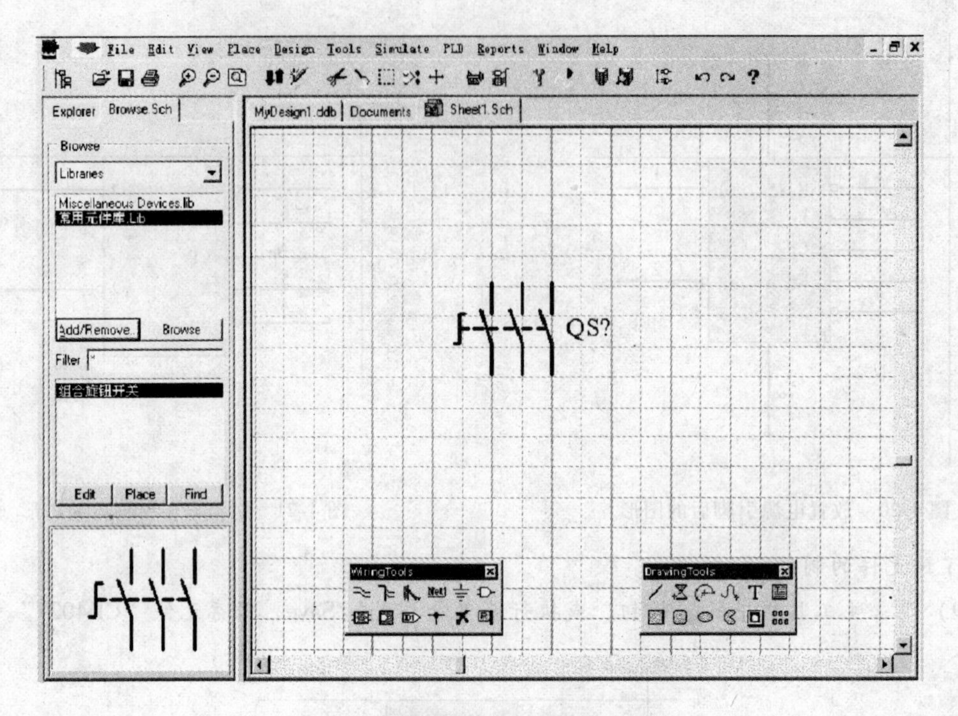

图 4-24　在原理图中调用自制的元件

本章小结

本章主要介绍了原理图元件库编辑器的工作环境和绘图工具，并通过两个实例详细讲述了创建新的原理图元件库文件及制作新元器件的过程。

通过本章的学习，学生应对 Protel 99 SE 系统中的原理图部分有更加深刻的认识，同时学会自己制作元器件，绘制比较复杂、美观的电路原理图。

复习思考题

1. 创建一个名为"常用元件库 . ddb"的设计数据库文件，在该设计数据库的文件夹中新建一个名为"自制元件库 . Lib"的原理图元件库文件，在该文件中制作如下电气专业常用的元器件（见图 4-25）：

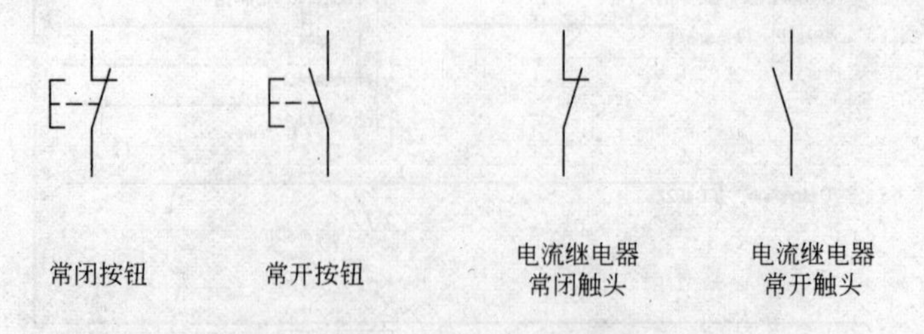

图 4-25　需绘制的电气元器件

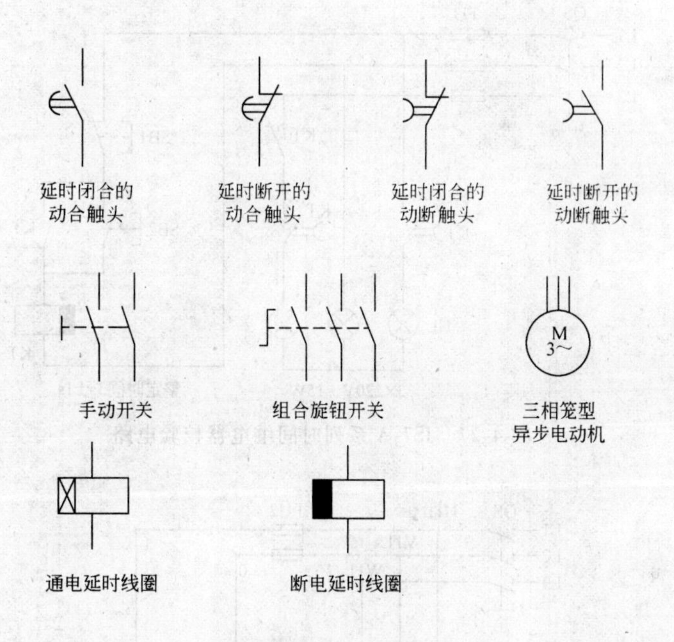

图 4-25　需绘制的电气元器件（续）

2. 调用“常用元件库.ddb”中的元器件，绘制如下电路原理图：

1）晶体管延时继电器电路（见图 4-26）。

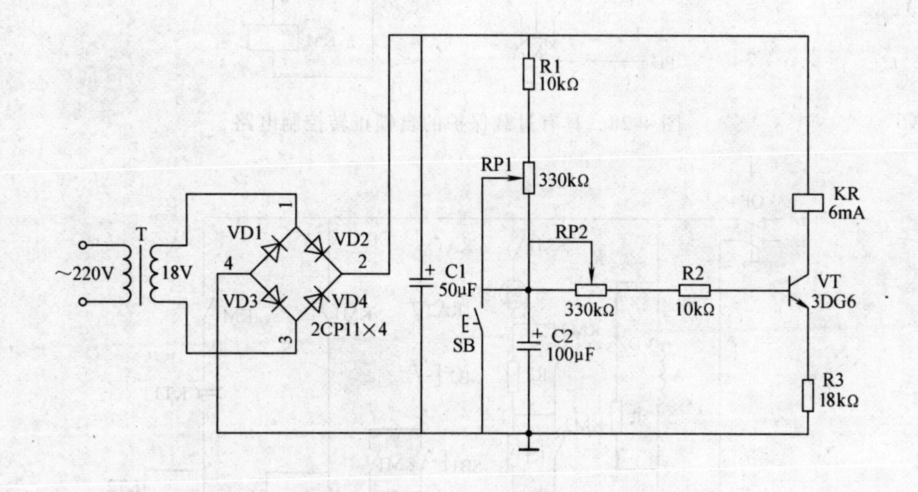

图 4-26　晶体管延时继电器电路

2）JS7-A 系列时间继电器校验电路（见图 4-27）。

3）具有过载保护的自锁正转控制电路（见图 4-28）。

4）并励直流电动机串电阻起动控制电路（见图 4-29）。

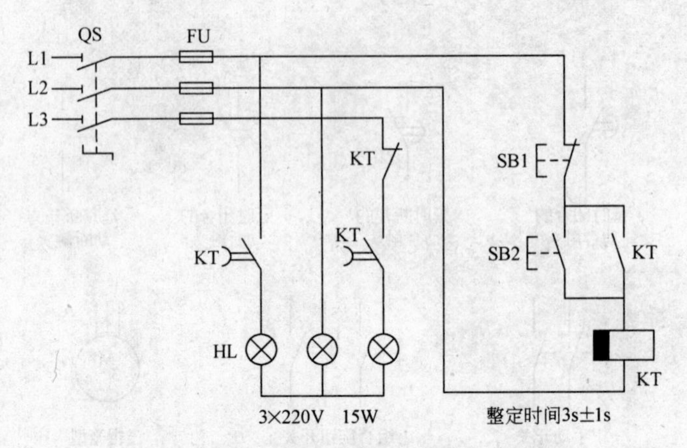

图 4-27 JS7-A 系列时间继电器校验电路

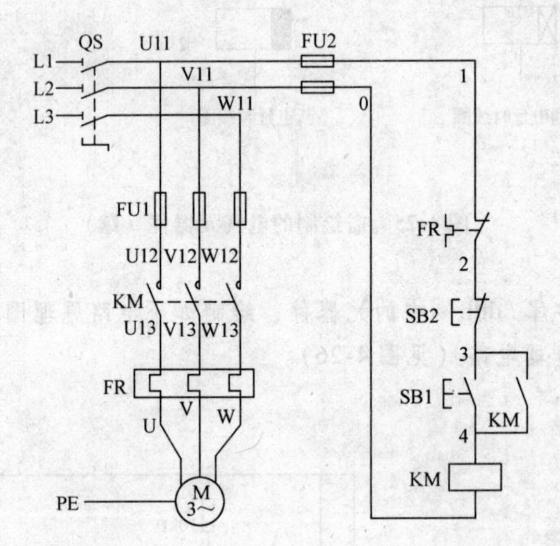

图 4-28 具有过载保护的自锁正转控制电路

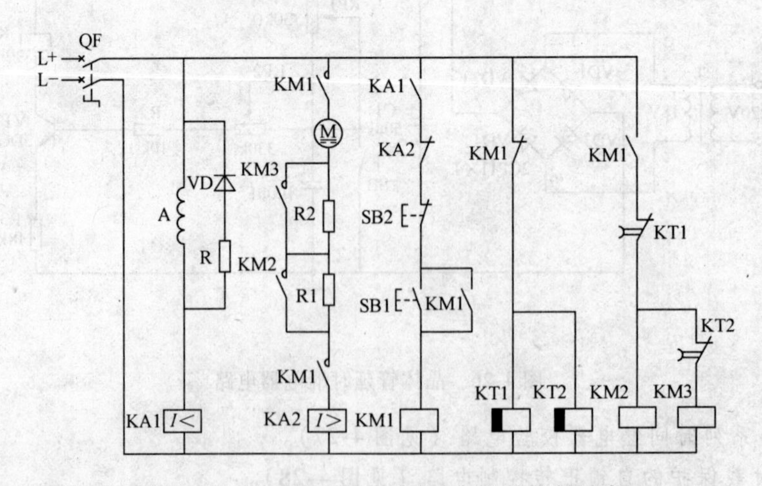

图 4-29 并励直流电动机串电阻起动控制电路

第五章　生成原理图报表

教学目标：

1. 能够对一般的电路图进行电气规则检查。
2. 能够由原理图生成网络表。
3. 了解生成其他报表文件的操作过程。

教学重点：

1. 电气规则检查的步骤，电路图电气规则的检查。
2. 由原理图生成网络表。

教学难点：

1. 电气规则检查对话框中各选项的含义。
2. 网络表的内容和生成方法。

第一节　电气规则检查

原理图设计完成后，在生成网络表之前，通常应进行电气规则检查，以便能够查出人为的错误或疏漏。执行测试后，程序会自动生成电路中各种可能存在错误的报表，并且会在电路图中有错误的地方做出标记。

一、电气规则检查的步骤

1）打开所需的原理图文件。这里我们打开图 3-14 所示的单管放大器原理图。

2）执行菜单命令 Tools/ERC...。执行该命令后，出现如图 5-1 所示的设置电气规则检查对话框。在该对话框中可设置电气规则检查的有关规则。

3）设置完成后，程序按照设置的规则开始对原理图进行检查，检查完成后自动进入 Protel 99 SE 的文本编辑器并生成相应的检查报告，如图 5-2 所示。同时会在被检查的原理图中发生错误的位置放置红色符号，如图 5-3所示。

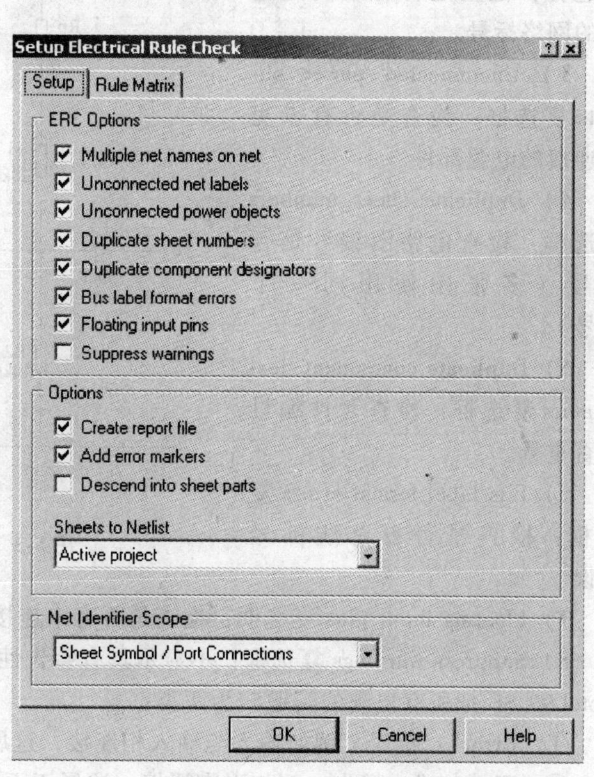

图 5-1　电气规则检查对话框

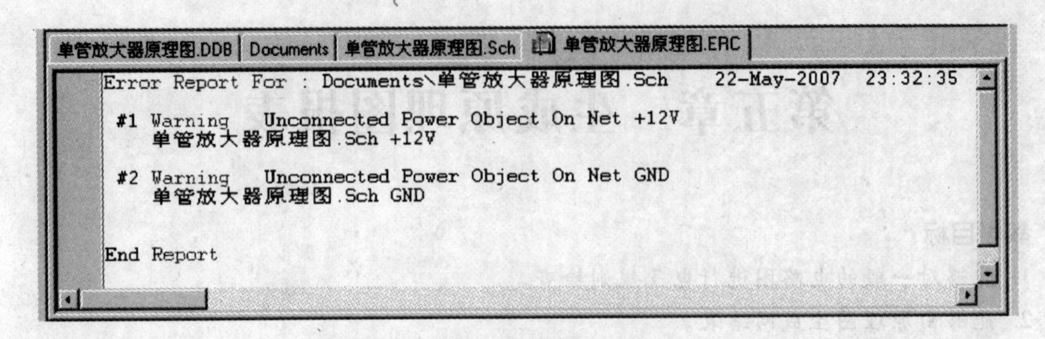
单管放大器原理图.DDB | Documents | 单管放大器原理图.Sch | 单管放大器原理图.ERC

```
Error Report For : Documents\单管放大器原理图.Sch    22-May-2007  23:32:35

 #1 Warning   Unconnected Power Object On Net +12V
    单管放大器原理图.Sch +12V

 #2 Warning   Unconnected Power Object On Net GND
    单管放大器原理图.Sch GND


End Report
```

图 5-2　生成的检查报告

二、检查结果

在图 5-2 所示的检查报告中第一行显示的是原理图的名称、检查日期和时间等信息，最后一行是结束标志，中间行显示的是错误报告内容。本例的错误报告内容是有两处未连接的电源部件。

三、电气规则检查对话框中各选项的含义

如图 5-1 所示，Setup 选项卡中各项的含义如下：

(1) ERC Options 选项组　选择 ERC 检查类型，包括：

1) Multiple net names on net 复选框：检查同一网络是否有重复命名的错误。

2) Unconnected net labels 复选框：检查是否有未实际连接的网络标号。

3) Unconnected power objects 复选框：检查是否有未实际连接的电源部件。

4) Duplicate sheet numbers 复选框：检查电路图编号是否重号（多张图使用同一个编号）。

5) Duplicate component designators 复选框：检查元件编号是否重号。

6) Bus label format errors 复选框：检查是否有总线标号错误。

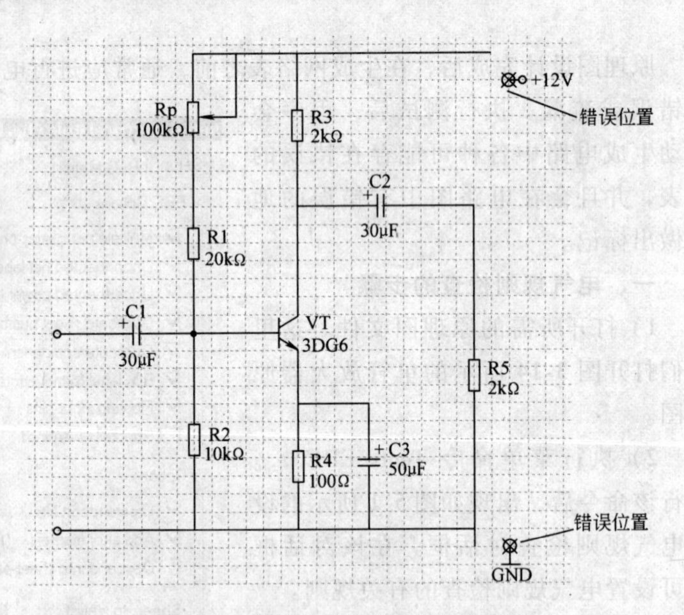

图 5-3　在原理图中标注错误的位置

7) Floating input pins 复选框：检查是否有未连接的输入引脚。

8) Suppress warnings 复选框：不显示具有警告性错误的测试报告。在电气规则测试中，Protel 99 SE 把所有出现的问题归为两类：

①“Error”：错误。例如输入与输入相连接，这属于比较严重的错误。

②“Warning”：警告。例如引脚浮接，这属于不严重的错误。

设置该选项后，警告性的错误将被忽略。

（2）Options 选项组　设置在 ERC 检查过程中系统实现的功能，包括：

1）Create report file 复选框：设置此项功能，则在执行完测试后，程序会自动将测试结果存放在报告文件（.ERC）中。

2）Add error markers：设置此项功能，则在执行完测试后，在有错误的地方自动放置错误符号。

3）Descend into sheet parts：此项设置主要针对层次原理图。

（3）Sheets to Netlist 列表框　选择所要进行测试的原理图文件的范围。

（4）Net Identifier Scope 列表框　选择网络识别器的范围。

Rule Matrix 选项卡下的电气规则矩阵设置，一般很少用到，在这里不做进一步的讲述。

第二节　网　络　表

网络表是原理图与印制电路板之间的一座桥梁。完成电路原理图后，需要由原理图生成网络表，才能进一步制作印制电路板。

一、产生网络表的步骤

我们以图 3-14 所示的单管放大器原理图为例，生成网络表的具体操作步骤如下：

1）打开“单管放大器”原理图，执行菜单命令 Design/Creat Netlist...。

2）执行上述命令后，弹出如图 5-4 所示的生成网络表对话框。

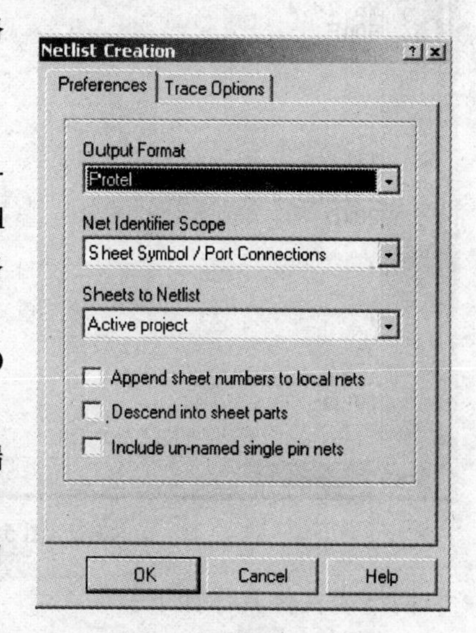

图 5-4　生成网络表对话框

在该对话框中可对有关选项进行设置：

① Output Format 下拉框：选择输出文件格式。Protel 99 SE 提供了多种不同的网络表文件格式，在 Protel 99 SE 印制电路板中自动布局、布线时，网络表文件格式必须选用“Protel”文件格式。

② Net Identifier Scope 下拉框：选择网络标号及 I/O 端口的适用范围。此栏共有 3 种选项。

Net Labels and Ports Global 选项：网络标号及 I/O 端口在整个项目内全部的电路中都有效。

Only Ports Global 选项：只有 I/O 端口在整个项目内有效。

Sheet Symbol/Port Connections 选项：方块电路符号 I/O 端口相连（用于层次原理图）。

本例为单张原理图，可以不考虑此项。

③ Sheets to Netlist 下拉框：生成网络表的图纸。此栏共有 3 种选项。

Active sheet 选项：当前激活的图纸。本例中设置此项。

Active project 选项：当前激活的项目。

Active sheet plus sub sheets 选项：当前激活的图纸以及它下层的子图纸。

④ Append sheet numbers to local nets 复选框：将原理图编号附加在网络标号上。这里不

选中该项。

⑤ Descend into sheet parts 复选框：细分到图纸部分。（对于单张原理图没有实际意义）。

⑥ Include un-named single pin nets 复选框：包括没有命名的单个引脚网络。这里不选中该项。

如果单击图 5-4 中的 Trace options 标签，可进行跟踪功能的设置。这里不使用此功能。

3）按照图 5-4 所示设置完成后，单击该对话框中的 OK 按钮，即可生成与原理图文件同名的网络表文件（. NET），如图 5-5 所示。

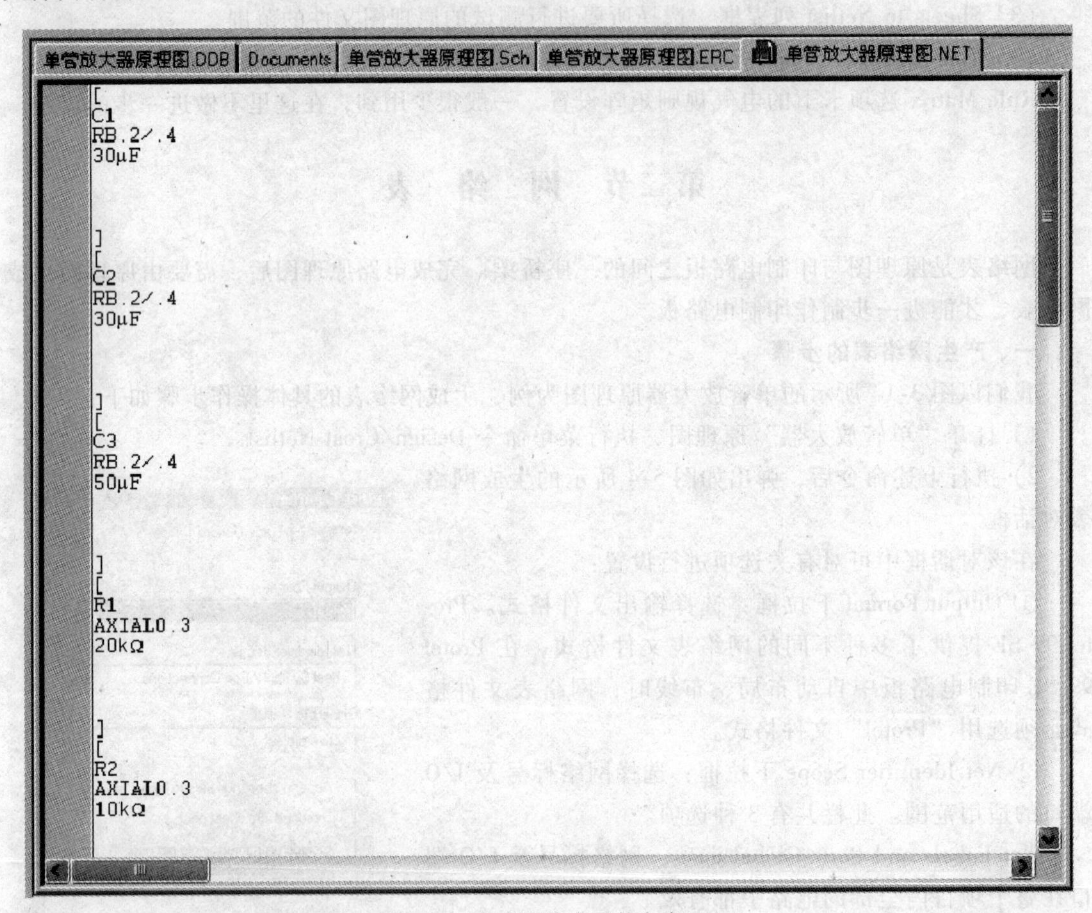

图 5-5　生成网络表后的主窗口

网络表文件具体如下：

[

C1

RB. 2/. 4

30μF

]

[
C2
RB. 2/. 4
30μF

]
[
C3
RB. 2/. 4
50μF

]
[
R1
AXIAL0. 3
20kΩ

]
[
R2
AXIAL0. 3
10kΩ

]
[
R3
AXIAL0. 3
2kΩ

]
[
R4
AXIAL0. 3
100Ω

]
[
R5
AXIAL0. 3
2kΩ

]
[
Rp
VR5
100kΩ

]
[
VT
TO-92A
3DG6

]
(
+12V
R3-2
Rp-1
Rp-3
)

(
GND
C1-1
C3-2
R2-1
R4-1
R5-1
)
(
NetC2_2
C2-2
R5-2
)
(
NetR1_1
R1-1
Rp-2
)
(
NetR2_2
R1-2
R2-2
)
(
NetR3_1
C2-1
R3-1
VT-2
)
(
NetR4_2
R4-2
VT-3
)

二、网络表的格式

整个网络表分为两大部分：第一部分为元件声明，第二部分为连接网络定义。

1. 元件声明

[　　　　　　　　元件声明开始
C1　　　　　　　　元件序号

RB. 2/. 4　　　　　　元件封装形式
30μF　　　　　　　　元件注释文字
]　　　　　　　　　　元件声明结束

元件声明以“[”开始，以“]”结束，将其内容包含在其中。

2. 网络的定义

(　　　　　　　　　　网络定义开始
NetR1_1　　　　　　　网络名称
R1-1　　　　　　　　元件序号及元件引脚
Rp-2
)　　　　　　　　　　网络定义结束

网络定义以“(”开始，以“)”结束，将其内容包含在其中。

第三节　元件列表

元件列表主要用于整理出一个电路或一个项目中的所有元器件。元件列表主要包括元器件的名称、序号、封装形式等信息，以便用户对设计中所涉及的所有元器件进行检查、核对。

以图 3-14 所示的单管放大器原理图为例，生成原理图元件列表的具体操作步骤如下：

1）打开单管放大器原理图，执行菜单命令 Reports/Bill of Material。

2）执行上述命令后，出现如图 5-6 所示的“BOM Wizard”对话框，选中“Sheet”单选框。然后单击 Next > 按钮进入下一步操作。

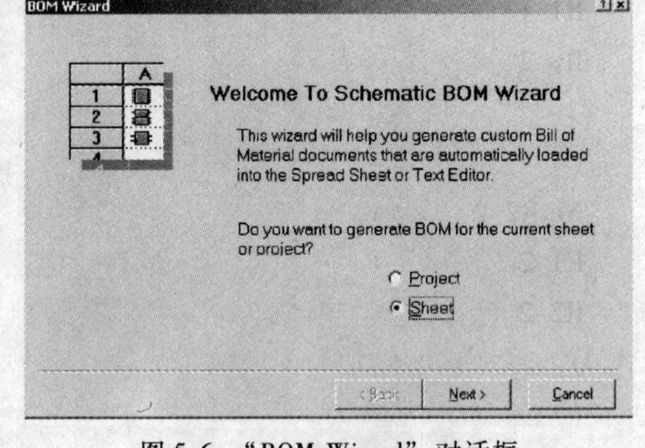

图 5-6　“BOM Wizard”对话框

3）执行完上一步操作后，即可进入图 5-7 所示的对话框。在该对话框中可以设置元件列表中所包含的内容。选中复选框中的“Footprint”（封装形式）和“Description”（元件说明）两个选项，然后单击 Next > 按钮进入下一步操作。

BOM Wizard

Select the fields which you want to include in the BOM. The Part Type and Designator fields will always be included.

General: Footprint, Description, All On, All Off
Library: Field 1, Field 2, Field 3, Field 4, Field 5, Field 6, Field 7, Field 8
Part: Field 1, Field 2, Field 3, Field 4, Field 5, Field 6, Field 7, Field 8, Field 9, Field 10, Field 11, Field 12, Field 13, Field 14, Field 15, Field 16

Include components with blank Part Types.

< Back　Next >　Cancel

图 5-7　设置元件列表中的内容对话框

4）设置完元件列表中的内容后，进入图 5-8 所示的对话框。在该对话框中定义元件列表中各列的名称。

5）定义结束后，单击 Next > 按钮即可进入下一步操作的对话框。在这个对话框中，可以选择元件列表文件的类型。这里我们将复选框中的三种文件类型选项全部选中，如图 5-9 所示。

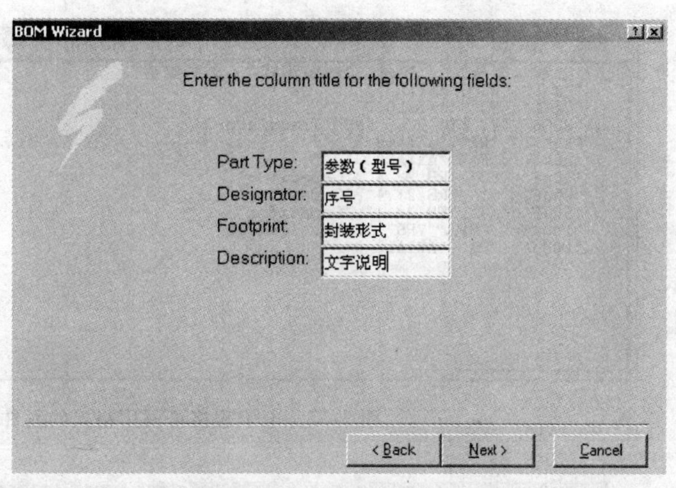

图 5-8　定义元件列表中各列的名称

Protel 99 SE 提供了三种元件列表文件格式：

Protel Format：Protel 格式，文件扩展名为“＊. bom”。

CSV Format：电子表格可调用格式，文件扩展名为“＊. csv”。

Client Spreadsheet：Protel 99 表格格式，文件扩展名为“＊. xls”。

6）选择完文件类型后，单击 Next> 按钮即可进入如图 5-10 所示的产生元件列表对话框。在该对话框中单击 Finish 按钮，程序会自动生成三种类型的元件列表文件，并进入表格编辑器。三种元件列表分别如图 5-11、图 5-12、图 5-13 所示。文件名与原理图文件名相同，扩展名分别为“＊. bom”、“＊. csv”、“＊. xls”。

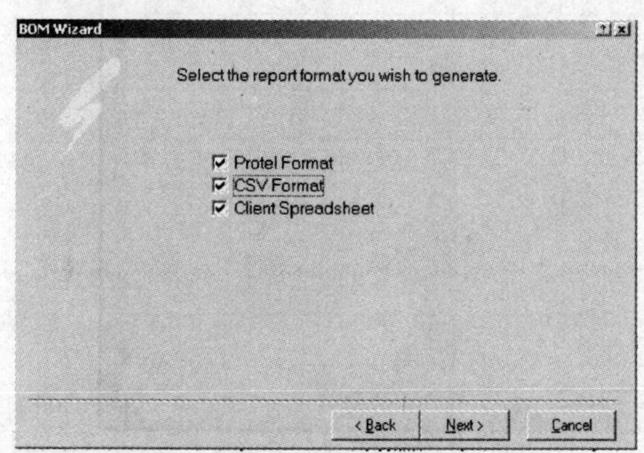

图 5-9　选择元件列表文件类型对话框

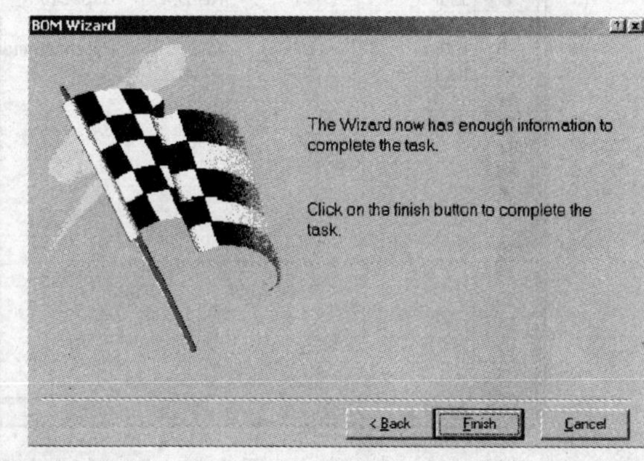

图 5-10　产生元件列表对话框

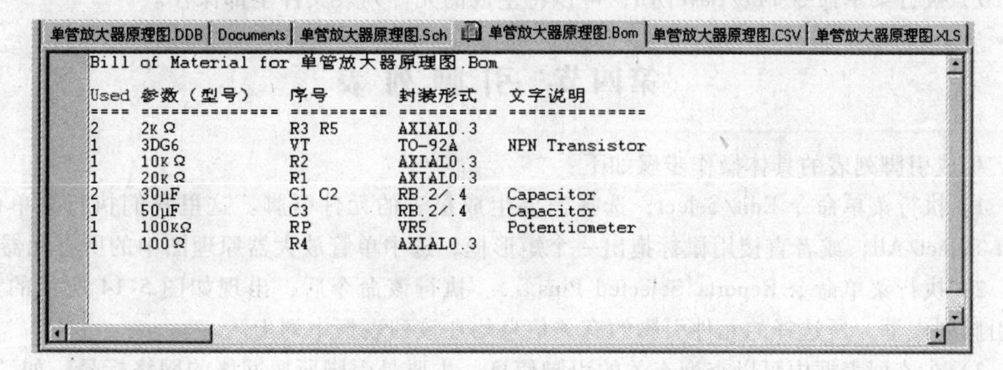


```
Bill of Material for 单管放大器原理图.Bom

Used 参数（型号）    序号       封装形式    文字说明
==== ============== ========== ========== ==============
2    2KΩ            R3 R5      AXIAL0.3
1    3DG6           VT         TO-92A     NPN Transistor
1    10KΩ           R2         AXIAL0.3
1    20KΩ           R1         AXIAL0.3
2    30μF           C1 C2      RB.2/.4    Capacitor
1    50μF           C3         RB.2/.4    Capacitor
1    100KΩ          RP         VR5        Potentiometer
1    100Ω           R4         AXIAL0.3
```

图 5-11　Protel 格式的元件列表文件

单管放大器原理图.DDB | Documents | 单管放大器原理图.Sch | 单管放大器原理图.Bom | 单管放大器原理图.CSV | 单管放大器原理图.XLS

```
"参数（型号）","序号","封装形式","文字说明"
"2kΩ","R3","AXIAL0.3",""
"2kΩ","R5","AXIAL0.3",""
"3DG6","VT","TO-92A","NPN Transistor"
"10kΩ","R2","AXIAL0.3",""
"20kΩ","R1","AXIAL0.3",""
"30μF","C2","RB.2/.4","Capacitor"
"30μF","C1","RB.2/.4","Capacitor"
"50μF","C3","RB.2/.4","Capacitor"
"100kΩ","RP","VR5","Potentiometer"
"100Ω","R4","AXIAL0.3",""
```

图 5-12　电子表格可调用格式的元件列表文件

单管放大器原理图.DDB | Documents | 单管放大器原理图.Sch | 单管放大器原理图.Bom | 单管放大器原理图.CSV | 单管放大器原理图.XLS

A1　参数（型号）

	A	B	C	D	E	F	G	H	I
1	参数（型号）	序号	封装形式	文字说明					
2	2kΩ	R3	AXIAL0.3						
3	2kΩ	R5	AXIAL0.3						
4	3DG6	VT	TO-92A	NPN Transistor					
5	10kΩ	R2	AXIAL0.3						
6	20kΩ	R1	AXIAL0.3						
7	30μF	C2	RB.2/.4	Capacitor					
8	30μF	C1	RB.2/.4	Capacitor					
9	50μF	C3	RB.2/.4	Capacitor					
10	100kΩ	RP	VR5	Potentiometer					
11	100Ω	R4	AXIAL0.3						
12									
13									
14									
15									
16									
17									
18									
19									
20									
21									
22									
23									

Sheet1

图 5-13　Protel 99 表格格式的元件列表文件

7）执行菜单命令 File/Save All，可以将生成的元件列表文件全部保存。

第四节　引 脚 列 表

生成引脚列表的具体操作步骤如下：

1）执行菜单命令 Edit/Select，选择需要生成报表的元件引脚。这里我们执行菜单命令 Edit/Select/All，或者直接用鼠标拖出一个矩形框，选中单管放大器原理图中的所有元器件。

2）执行菜单命令 Reports/Selected Pins...。执行该命令后，出现如图 5-14 所示的元器件引脚列表框，所选择的元件引脚的有关信息均在该列表框中列出。

3）在该列表框中可以查询有关的引脚信息，主要是引脚所属网络的网络标号。如“C1-1 [1]”表示元件 C1 的第一引脚所属的网络标号为“1”。查询结束后，单击 OK 按钮即可

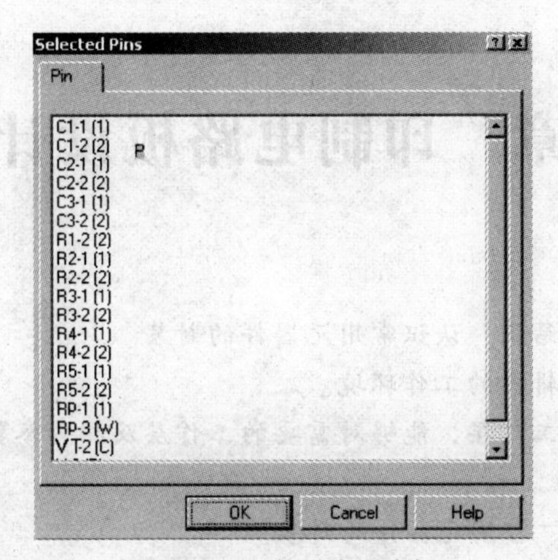

图 5-14 元件引脚列表框

退出该列表框。

本章小结

本章主要介绍了对原理图进行电气规则检查的具体操作步骤、网络表的内容和生成方法以及元件报表的生成方法。

网络表是原理图与 PCB 图间的桥梁，它会直接影响后面 PCB 图的自动布线工作。通过本章的学习，学生应能熟练掌握网络表的内容及生成方法。

复习思考题

试将图 3-60 所示串联型直流稳压电源电路、图 3-61 所示同时输出正负电压的稳压电路、图 3-62 所示两极放大电路和图 3-65 所示射极耦合触发器电路生成网络表和元件列表文件。

第六章　印制电路板设计系统

教学目标：

1. 了解印制电路板的结构，认识常用元器件的封装。
2. 熟悉印制电路板编辑器的工作环境。
3. 了解印制电路板的工作层，能够对需要的工作层及相关参数进行设置。

教学重点：

1. 印制电路板的结构，常用元器件的封装。
2. 明确印制电路板的工作层，能够对需要的工作层及相关参数进行设置。

教学难点：

设置电路板的工作参数。

第一节　印制电路板设计基础

一、印制电路板的结构

一般来说，根据板层的多少，印制电路板可分为单面板、双面板和多层板三种。

1. 单面板

单面板是一种一面敷铜，另一面没有敷铜的电路板。单面板只能在敷铜的一面布线。它具有不用打过孔、成本低的优点，但因其只能单面布线，因而实际的设计工作往往比双面板或多层板困难得多。

2. 双面板

双面板包括顶层（Top Layer）和底层（Bottom Layer）两层。顶层一般为元件面，底层一般为焊接层面。双面板的双面都有敷铜，都可以布线。双面板的电路一般比单面板的电路复杂，但布线比较容易，是制作电路板比较理想的选择。

3. 多层板

多层板就是包括了多个层面的电路板，一般指三层以上，如图6-1所示，它是在双面板的基础上增加了内部电源层、内部接地层以及多个中间布线层。它主要适用于复杂的、高密度布线的场合。目前计算机的主板多采用四层或多层印制电路板。随着电子技术的飞速发展，电路的集成度越来越高，多层板的应用也会越来越广泛。

二、元件封装

通常设计完印制电路板后，要将它拿到专门制作电路板的单位制作电路板。取回制好的电路板后，再将元器件焊接上去。那么如何保证取用元器件的引脚和印制电路板上的焊盘一致呢？那就得靠元件封装了。

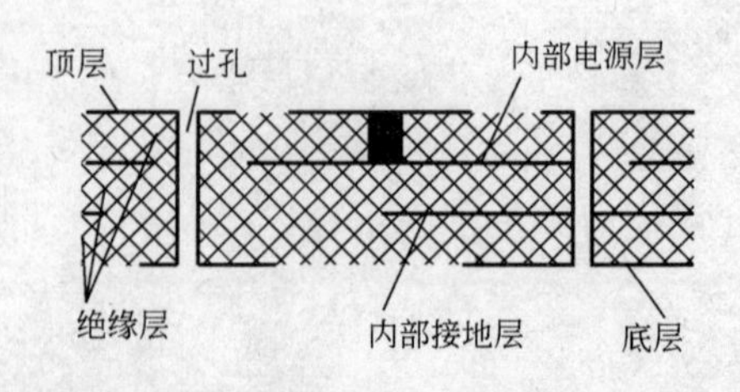

图6-1　四层印制电路板结构

元件封装是指实际元器件焊接到电路板上时所指示的外观形状和焊盘位置，它是实际元器件的引脚和印制电路板上的焊点一致的保证。由于元件封装只是元器件的外形和焊点位置，仅仅是空间的概念，因此，不同的元器件可以共用同一个元件封装，同类元器件也可以有不同的封装形式，只有形状、尺寸正确的元器件才能安装并焊接到印制电路板上。元件封装有以下两大类：

1. 直插式（针脚式）元件封装

如图 6-2 所示，此类元件封装在焊接时需要先将元器件引脚插入焊盘导孔中，然后再焊上。由于直插式元件封装的焊盘导孔贯穿整个印制电路板，所以制作印制电路板时，在焊盘属性对话框中“Layer（板层）”选项的默认设置一般为“MultiLayer”即多层板，如图 6-3 所示。

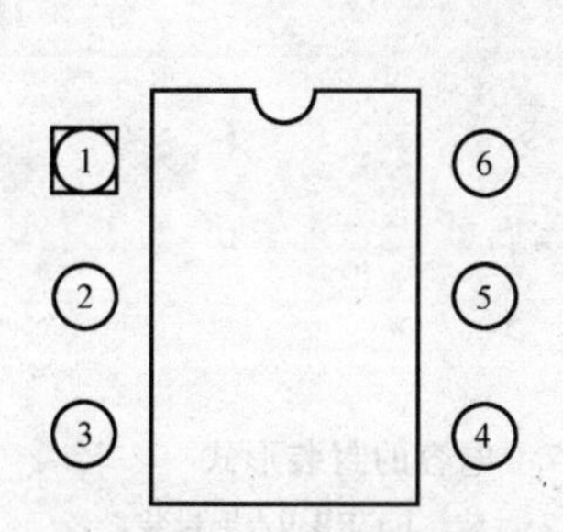

图 6-2　直插式元件封装

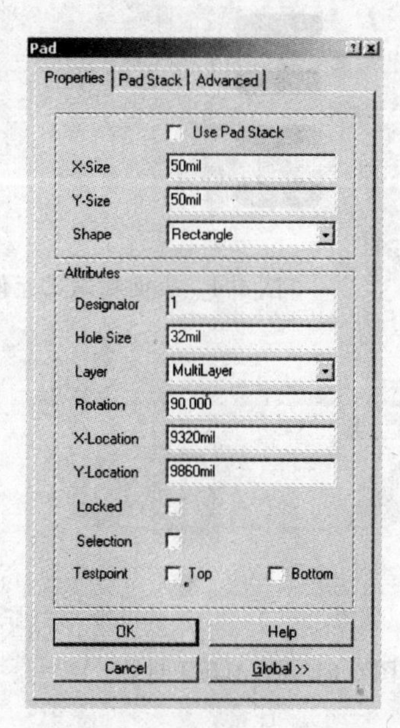

图 6-3　焊盘属性对话框

2. 表面粘贴式元件封装

表面粘贴式元件封装就是直接将元器件粘贴在印制电路板上，不需钻孔，如图 6-4 所示。此类元件封装的焊盘只限于表面板层，所以制作印制电路板时，在焊盘属性对话框中“Layer（板层）”选项的默认设置一般为“单层”，如“顶层（TopLayer）”或“底层（BottomLayer）”，如图 6-5 所示。

常用元器件的封装形式如下：

（1）电阻　常用的管脚封装形式如图 6-6 所示，其封装系列名称为 AXIALxxx。“AXIAL”为轴状包装方式，从 AXIAL0.3 ~ AXIAL1.0，其后缀数字表示两个焊盘间的距离，如 AXIAL0.3 表示两个焊盘间的距离为 0.3in。数值越大，其形状也越大。

（2）电容　原理图中有 CAP（无极性）和 ELECTRO（有极性）两种，常用的管脚封装为 RAD（扁平包装）和 RB（筒状包装），如图 6-7 所示。RAD 系列从 RAD0.1 ~ RAD0.4，其后缀数字表示两个焊盘间的距离，如 RAD0.2 表示两个焊盘间距离为 0.2in。RB 系列从 RB.2/.4 ~ RB.5/1.0，如 RB.3/.6 表示两焊盘间距离为 0.3in，圆筒外径为 0.6in。数值越大，其形状越大，相应的电容容量也越大。

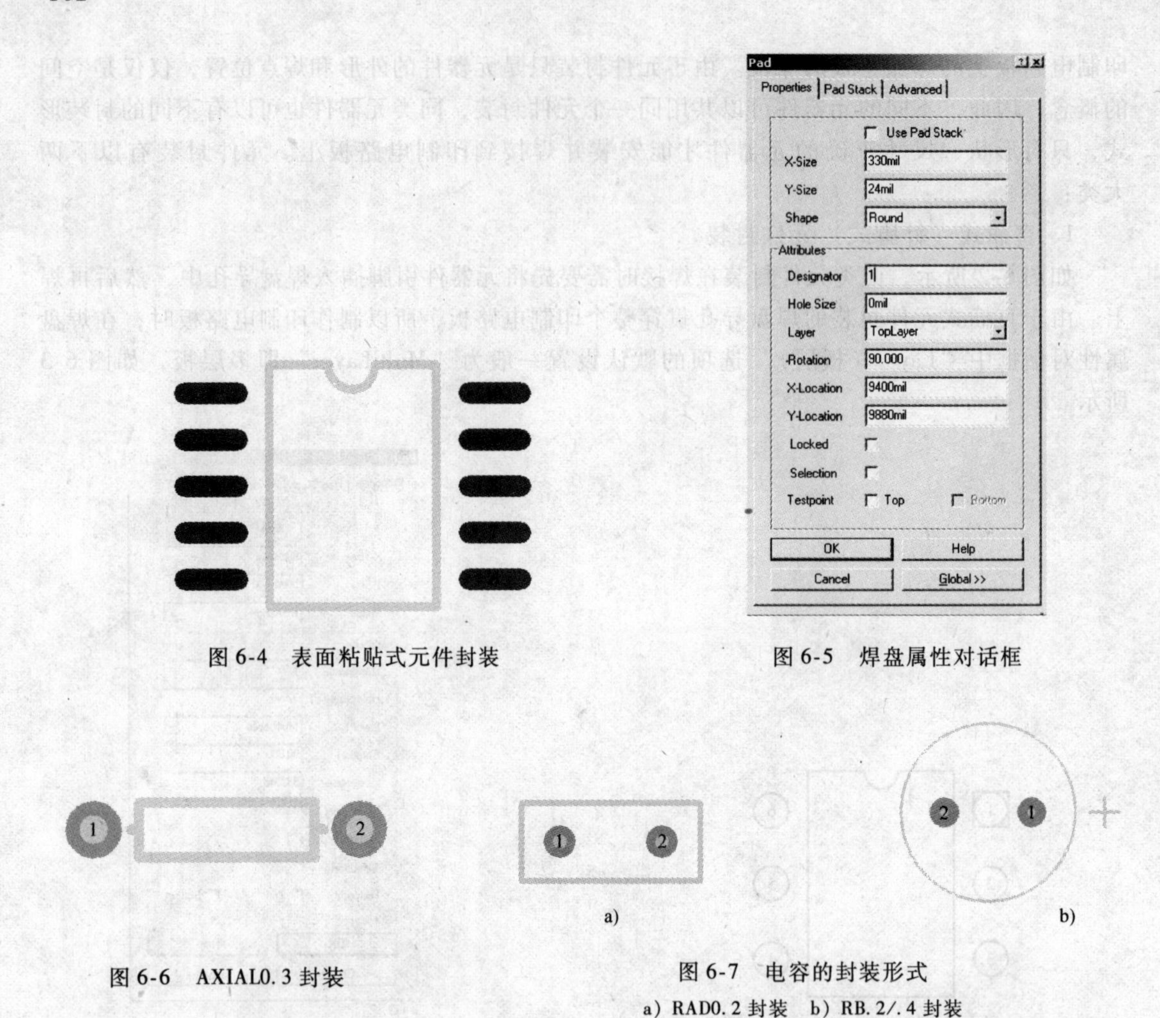

图 6-4 表面粘贴式元件封装

图 6-5 焊盘属性对话框

图 6-6 AXIAL0. 3 封装

图 6-7 电容的封装形式

a) RAD0. 2 封装 b) RB. 2/. 4 封装

（3）二极管 管脚封装形式如图 6-8 所示，其封装系列名称为 DIODExxx。常用的封装形式有 DIODE0. 4 和 DIODE0. 7，其后缀数字表示两个焊盘间的距离，数值越大，距离也越大。

（4）晶体管 管脚封装形式如图 6-9 所示，其封装系列名称为 TOxxx。常用的封装形式有 TO-92A、TO-18、TO-220、TO-3 等，其后缀数字表示晶体管的类型。

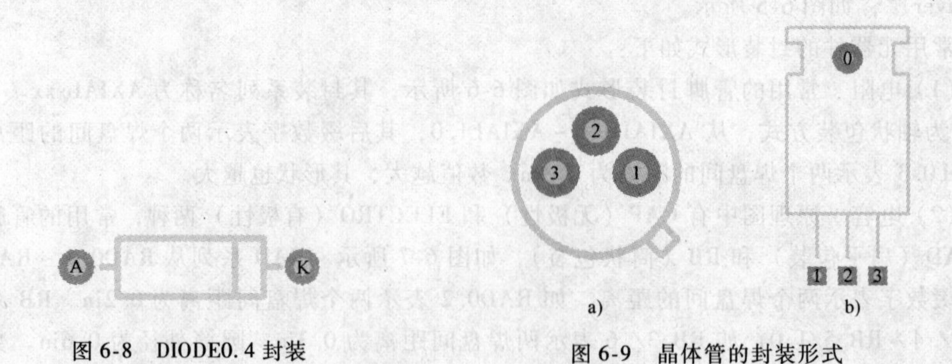

图 6-8 DIODE0. 4 封装

图 6-9 晶体管的封装形式

a） TO-18 封装 b）TO-220 封装

(5) 电位器　管脚封装形式如图 6-10 所示，其封装系列名称为 VRxxx，从 VR1 ~ VR5，其扩展名数字表示管脚形状。

(6) 三端集成稳压器　常用的有 CW78xx 和 CW79xx 两个系列，其管脚封装形式如图 6-11所示。常用的管脚封装形式有 TO-126、TO-3 等。

(7) 熔断器　管脚封装形式如图 6-12 所示，其封装系列名称为 Fuse。

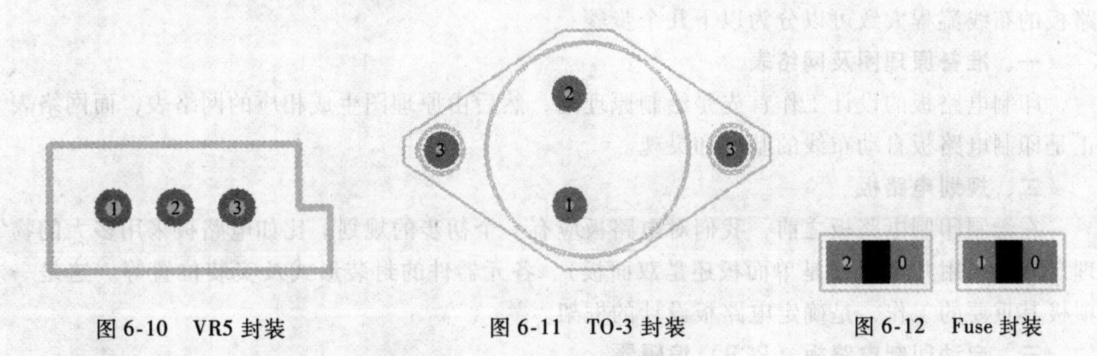

图 6-10　VR5 封装　　图 6-11　TO-3 封装　　图 6-12　Fuse 封装

(8) 双（单）列直插式元器件　管脚封装形式如图 6-13 所示，其封装系列名称为 DIPxx（SIPxx），后缀数字表示管脚数。如 DIP8 表示双列直插式封装，管脚数是 8；SIP3 表示单列直插式封装，管脚数是 3。

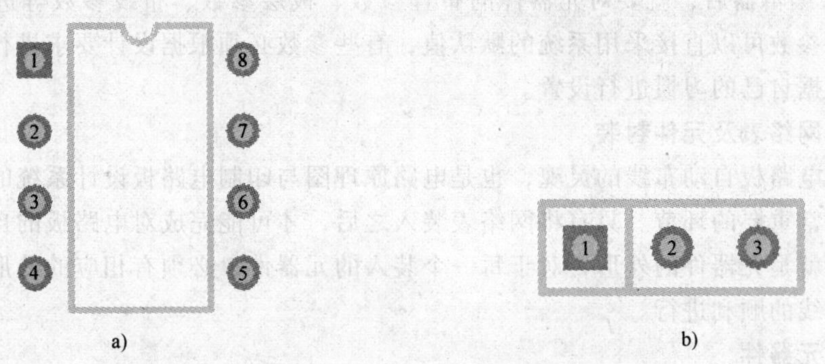

图 6-13　双（单）列直插式元器件

a) DIP8 封装　b) SIP3 封装

三、铜膜导线

铜膜导线也称为铜膜走线，简称导线，用于连接各个焊点，是印制电路板最重要的部分。印制电路板设计均围绕如何布置导线进行。

与导线有关的另一种线，常称之为飞线，即预拉线。飞线是在引入网络表后，根据电路原理图中网络表的连接情况而生成的，用来指示铜膜走线的一种连接。

飞线与导线有着本质的区别。飞线只是一种形式上的连接，即从形式上表示了各个焊盘之间的连接关系，没有实际的电气连接意义。导线则是根据飞线指示的焊盘间的连接关系而布置的，是具有实际电气意义的连接导线。

四、焊盘和过孔

(1) 焊盘（Pad）　焊盘的作用是放置焊锡，连接铜膜走线和元器件引脚。

(2) 过孔（Via）　过孔的作用是连接不同板层间的铜膜走线。它有三种类型：从顶层贯通到底层的穿透式过孔、从顶层通到内层或从内层通到底层的盲过孔以及内层间的隐藏过孔。

第二节　印制电路板的布线流程

在进行印制电路板的设计工作之前，必须了解设计工作的基本工序，也就是所谓的印制电路板的布线流程。一般情况下，我们需要设计电路板的大小、外形、环境参数等。印制电路板的布线流程大致可以分为以下几个步骤：

一、准备原理图及网络表

印制电路板的设计工作首先是绘制原理图，然后由原理图生成相应的网络表，而网络表正是印制电路板自动布线的基础和灵魂。

二、规划电路板

在绘制印制电路板之前，我们对电路板应有一个初步的规划。比如电路板采用多大的物理尺寸、采用几层板（是单面板还是双面板）、各元器件的封装形式及安装位置等。这是一项极其重要的工作，是确定电路板设计的框架。

三、启动印制电路板（PCB）编辑器

这一步就是进入 PCB 编辑器的编辑环境。

四、参数设置

启动 PCB 编辑器后，就要对元器件的布置参数、板层参数、布线参数等进行相应的设置。其中有些参数可以直接采用系统的默认值，有些参数必须根据设计要求进行修改，而有些参数可以根据自己的习惯进行设置。

五、装入网络表及元件封装

网络表是电路板自动布线的灵魂，也是电路原理图与印制电路板设计系统的接口，因此这一步也是非常重要的环节。只有将网络表装入之后，才可能完成对电路板的自动布线。

元件封装就是元器件的外形，对于每一个装入的元器件，必须有相应的外形封装，才能保证电路板布线的顺利进行。

六、布置元器件

设定好电路板的尺寸和外形并装入网络表后，程序会自动装入元器件，并自动将元器件布置在电路板的边界之内。自动布置的元器件不会那么理想，必须手工调整元器件的位置，之后才能顺利地进行下一步布线工作。

七、自动布线与手工调整

PCB 的自动布线功能相当强，只要将有关参数设置适当，元器件的位置布置妥当，自动布线的成功率几乎是 100%。不过自动布线后，有时也存在不尽人意的地方，这时候必须手工调整。

八、文件保存及打印输出

完成印制电路板的布线工作之后，应及时将文件存盘保存，同时可以打印输出。

第三节　PCB 编辑器的工作环境

一、启动 PCB 编辑器

启动 PCB 编辑器的具体操作步骤如下：

1）新建或打开一个设计数据库文件（＊.ddb），进入设计文件夹“Document”。

2）执行菜单命令 File/New，出现如图 6-14 所示的选择文件类型对话框。

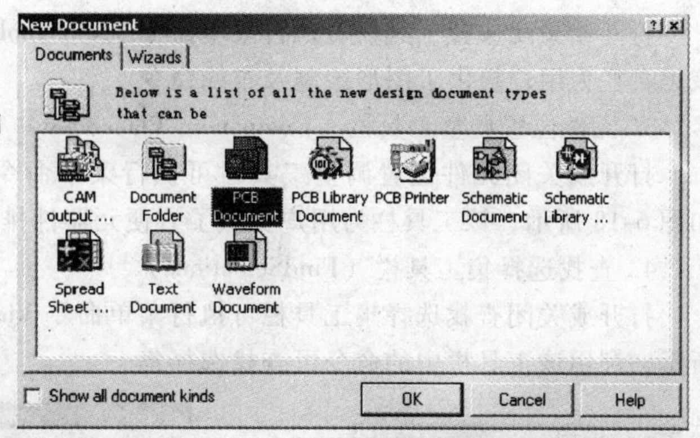

图 6-14　选择文件类型对话框

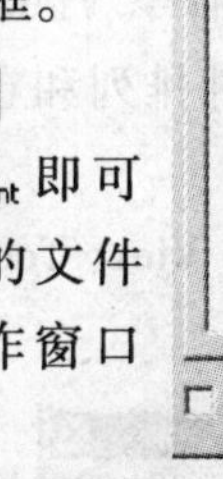

3）双击该对话框中的 PCB Document 即可创建一个新的 PCB 文件，默认的文件名为“PCB1. PCB”。接着在工作窗口中双击 PCB1.PCB 图标，即可进入 PCB 编辑器，如图 6-15 所示。

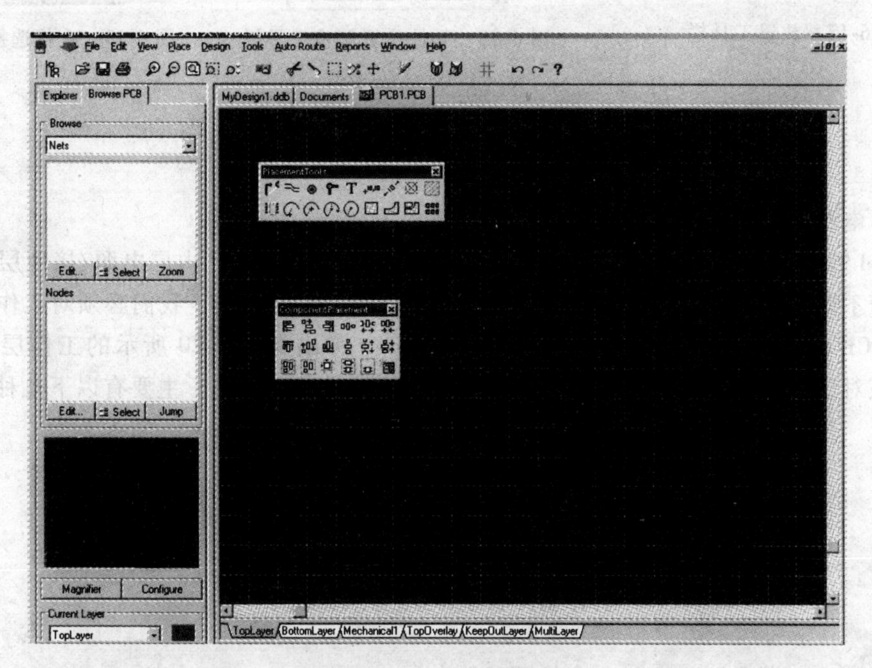

图 6-15　PCB 编辑器窗口

二、工具栏的使用

与原理图一样，PCB 编辑器也提供了各种工具栏，在实际工作中可根据需要打开或关闭这些工具栏。

1. 主工具栏（Main Toolbar）

打开或关闭主工具栏可执行菜单命令 View/Toolbars/Main Toolbar，如图 6-16 所示，该工具栏为用户提供了缩放、选取对象等命令。

图 6-16　主工具栏

2. 放置工具栏（Placement Tools）

打开或关闭放置工具栏可执行菜单命令 View/Toolbars/Placement Tools，如图 6-17 所示，该工具栏为用户提供了图形绘制及布线命令。

3. 元件位置调整工具栏（Component Placement）

打开或关闭元件位置调整工具栏可执行菜单命令 View/Toolbars/Component Placement，如图 6-18 所示，该工具栏为用户提供了方便元器件排列和布局的工具。

4. 查找选择集工具栏（FindSelections）

打开或关闭查找选择集工具栏可执行菜单命令 View/Toolbars/ Find Selections，如图 6-19 所示，利用该工具栏中的命令可查找选择集。

图 6-17　放置工具栏

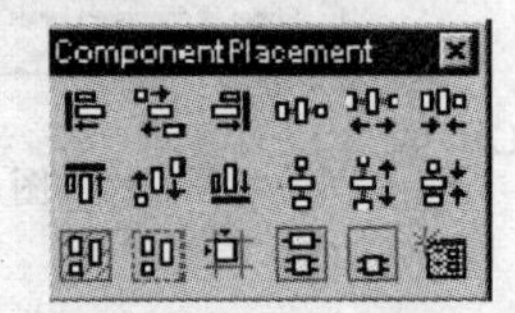

图 6-18　元件位置调整工具栏

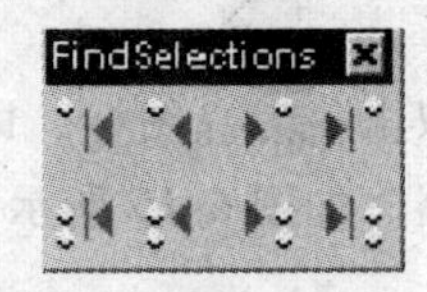

图 6-19　查找选择集工具栏

第四节　设置电路板参数

一、电路板工作层的类型

Protel 99 SE 提供了若干个不同类型的工作层，包括信号层、内层电源/接地层、机械层等，对于不同的层面需要进行不同的操作。在设计印制电路板时，我们必须对工作层进行选择。在 PCB 编辑器中执行菜单命令 Design/Options，弹出如图 6-20 所示的工作层设置对话框，在该对话框中的 Layers 选项卡下，显示了系统提供的工作层，主要有以下几种类型：

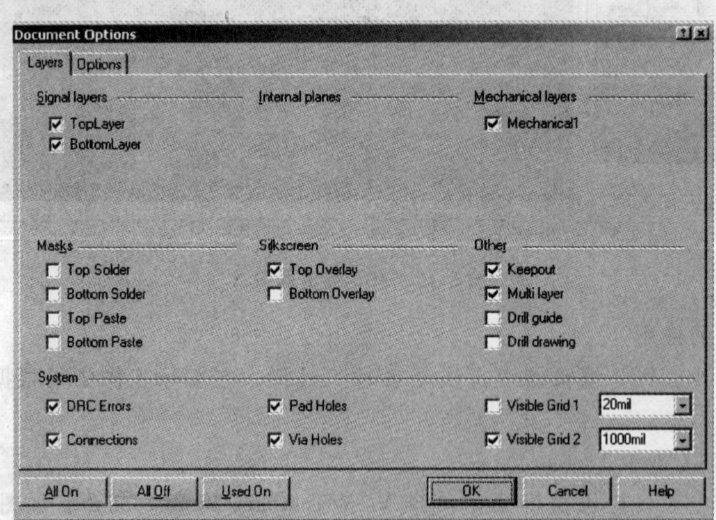

图 6-20　工作层设置对话框

1. 信号层（Signal Layers）

Protel 99 SE 已扩展到 32 个信号层，主要包括：TopLayer、BottomLayer、MidLayer1、MidLayer2…等。如果当前是多层板，则信号层可以全部显示出来。如果用户没有设置 Mid

层，可执行菜单命令 Design/Layer Stack Manager...，弹出如图 6-21 所示的层堆栈管理器对话框，单击该对话框中的 Add Layer 按钮，可添加信号层。添加信号层后的工作层设置对话框如图 6-22 所示。

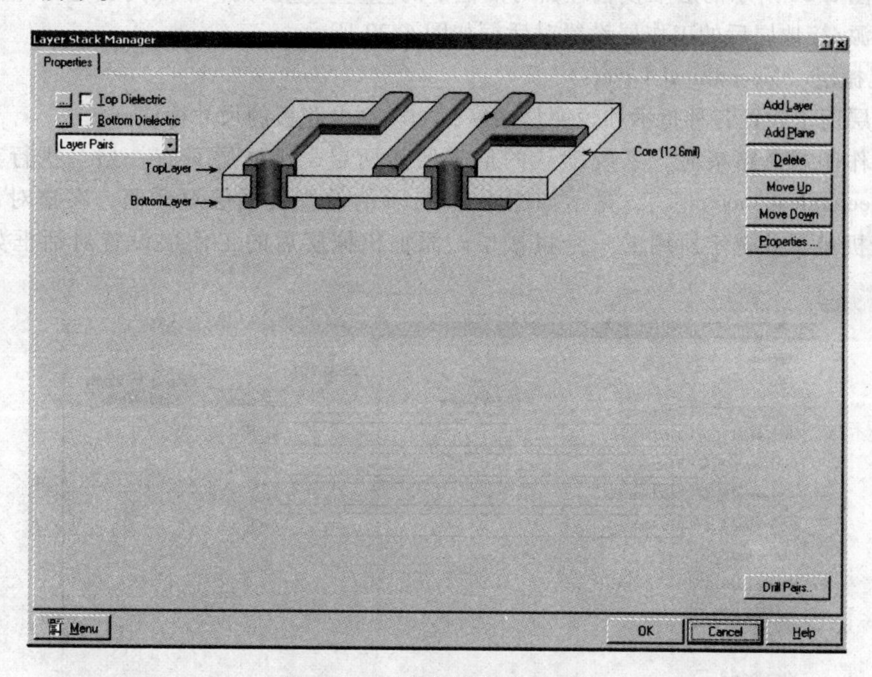

图 6-21　层堆栈管理器对话框

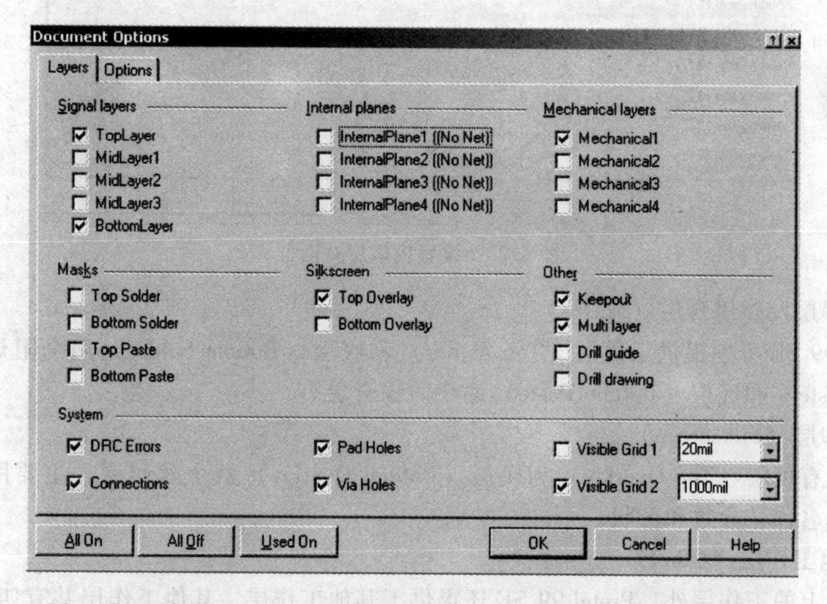

图 6-22　添加信号层、内层电源/接地层、机械层后的工作层设置对话框

信号层主要用于放置元器件、导线等与电气信号有关的电气元素，如 TopLayer 为顶层，用作放置元件面；BottomLayer 为底层，用作焊接面；Mid 层为中间工作层，用于布置信号线。

2. 内层电源/接地层（Internal Planes）

Protel 99 SE 有 16 个内层电源/接地层，主要用于布置电源线及接地线。如果是多层板，可单击如图 6-21 所示的层堆栈管理器对话框中的 Add Plane 按钮，添加内层电源/接地层。添加内层电源/接地层后的工作层设置对话框如图 6-22 所示。

3. 机械层（Mechanical Layers）

机械层用于放置各种指示和说明性文字，如印制电路板的尺寸标注。

在制作印制电路板时，系统默认的信号层为两层，机械层只有一层。执行菜单命令 Design/Mechanical Layers...，显示如图 6-23 所示的设置机械层对话框，在该对话框中可设置多个机械层并选定所用的一个机械层。添加机械层后的工作层设置对话框如图 6-22 所示。

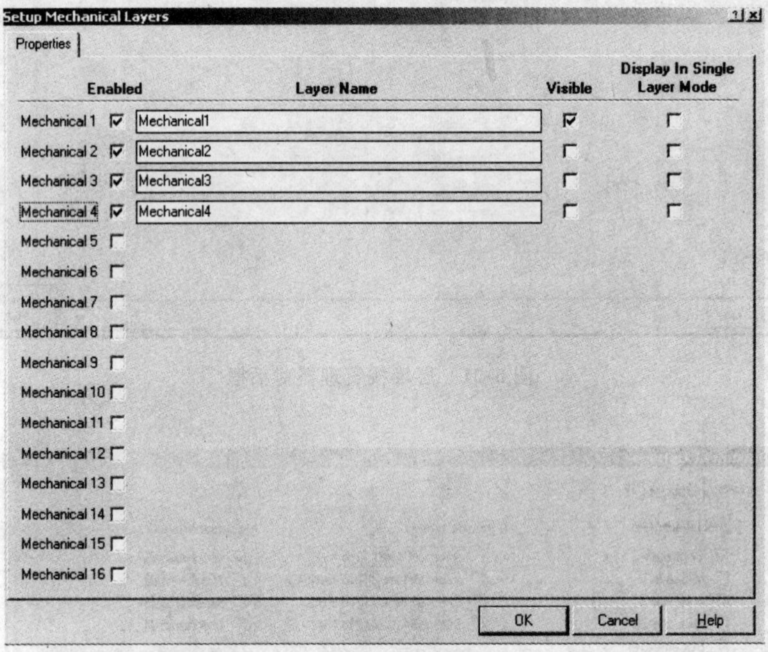

图 6-23 设置机械层对话框

4. 阻焊层及防锡膏层（Masks）

Protel 99 SE 分别提供了顶层（Top Solder）和底层（Bottom Solder）两个阻焊层，及顶层（Top Paste）和底层（Bottom Paste）两个防锡膏层。

5. 丝印层（Silkscreen）

丝印层有顶层（Top Overlay）和底层（Bottom Overlay）两个丝印层，主要用于印刷标识元器件的名称、参数和形状。

6. 其他工作层（Other）

除了以上的工作层外，Protel 99 SE 还提供了其他工作层，其他工作层共有四个复选框，各复选框的意义如下：

Keepout 复选框：设置是否禁止布线层。该层用于设置电气边界，此边界外不会布线。

Multi layer 复选框：设置是否显示复合层，如果不选择此项，过孔就无法显示出来。

Drill guide 复选框：绘制钻孔导引层。

Drill drawing 复选框：绘制钻孔图层。

另外还可在 System 选项组中设置其他项目，包括：

DRC Errors 复选框：用于设置是否显示自动布线检查错误信息。

Connections 复选框：用于设置是否显示飞线，在大多数情况下均要显示飞线。

Pad Holes 复选框：用于设置是否显示焊盘的通孔。

Via Holes 复选框：用于设置是否显示过孔的通孔。

Visible Grid1 复选框：用于设置是否显示第 1 组栅格。

Visible Grid2 复选框：用于设置是否显示第 2 组栅格。

二、设置工作层

在实际工作中，我们往往要打开某些需要的工作层面，而将一些不需要的工作层关闭。设置工作层的具体操作步骤如下：

1）执行菜单命令 Design/Options，显示如图 6-20 所示的工作层设置对话框。

2）单击对话框中的 Layers 选项卡，即可进入工作层设置界面。在该对话框中每一个工作层前都有一个复选框，如果工作层前的复选框中有符号“√”，则表明该工作层被打开，否则该工作层处于关闭状态。单击 All On 按钮，将打开所有的工作层；单击 All Off 按钮，所有工作层将处于关闭状态；单击 Used On 按钮，则可由用户设定工作层。

3）进入 Options 选项卡，如图 6-24 所示。在该选项卡中可对栅格、电气栅格、计量单位等选项进行设置。

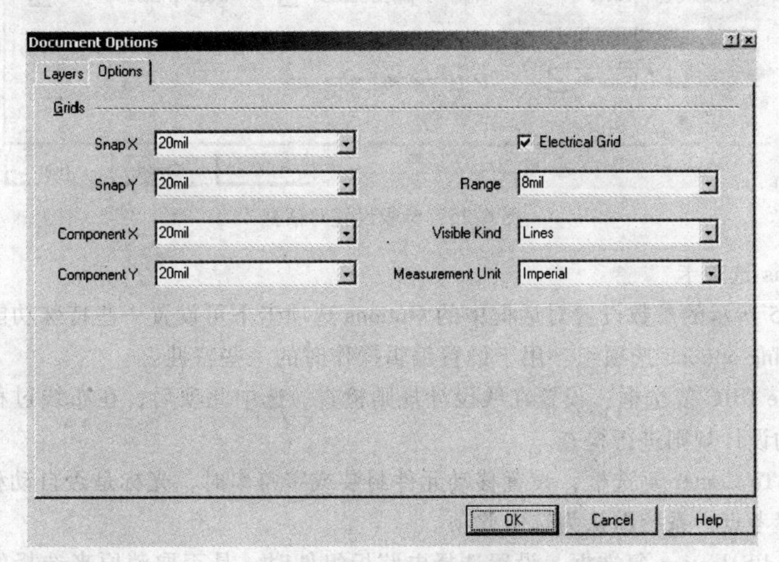

图 6-24　Options 选项卡

① SnapX/SnapY 下拉框：控制工作空间的对象移动栅格的间距。光标移动的间距由 Snap 右边编辑框中的尺寸确定。

② Component X/ Component Y 下拉框：设置控制元件移动的间距。

③ Electrical Grids 复选框：选中后具有自动捕捉焊点的功能。

其中，Range 下拉框用于设置捕捉半径。在布置导线时，系统以当前光标为中心，以设置值为半径捕捉焊点，一旦捕捉到焊点，光标将自动加到该焊点上。

④ Visble kind 下拉框：用于设置显示栅格的类型。

系统提供了 Lines（线状）和 Dots（点状）两种类型。

⑤ Measurement Unit 下拉框：设置系统度量单位。

系统提供了两种度量单位，即 Imperial（英制）和 Metric（公制），系统默认为英制。

三、设置电路板工作参数

设置系统参数是电路板设计过程中非常重要的一步。系统参数包括光标显示、层颜色和系统默认设置等。

执行菜单命令 Tools/Preference，出现如图 6-25 所示的参数设置对话框，在该对话框中可对各种参数进行设置。

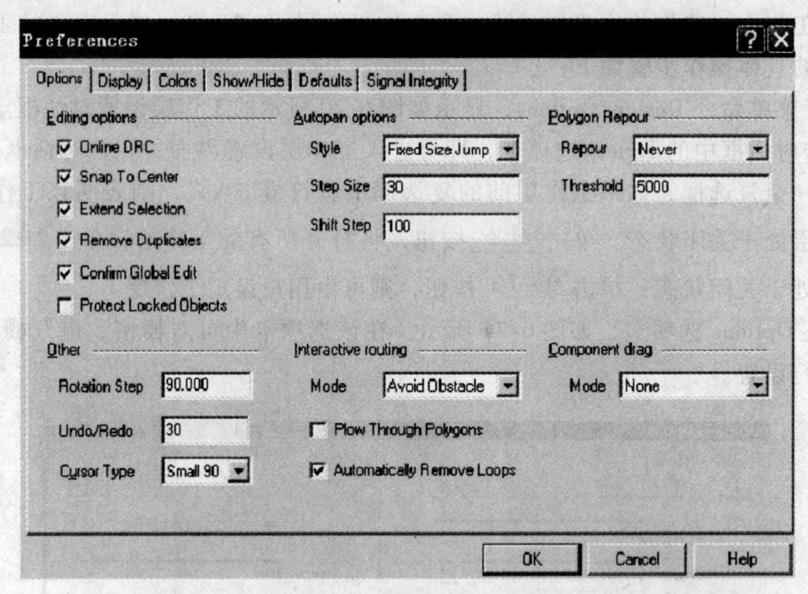

图 6-25　参数设置对话框

1. Options 选项卡

在图 6-25 所示的参数设置对话框中的 Options 选项卡下可设置一些特殊功能。

（1）Editing options 选项组　用于设置编辑操作时的一些特性。

1）Online DRC 复选框：设置在线设计规则检查。选中此项后，在布线过程中，系统自动根据设定的设计规则进行检查。

2）Snap To Center 复选框：设置移动元件封装或字符串时，光标是否自动移动到元件封装或字符串参考点。系统默认为选中此项。

3）Extend Selection 复选框：设置选择电路板组件时，是否取消原来选择的组件。选中这个复选框，系统不取消原来的组件，连同新选择的组件一起处于选择状态。系统默认为选中此项。

4）Remove Duplicates 复选框：设置系统是否自动删除重复的组件。系统默认为选中此项。

5）Confirm Global Edit 复选框：设置在整体修改时，是否显示整体修改结果提示对话框。系统默认为选中此项。

6）Protect Locked Objects 复选框：选中后保护锁定对象。

（2）Autopan options 选项组　用于设置自动移动功能。其中 Style 下拉框用于选择移动模式。系统共提供了七种移动模式，用户可根据实际情况进行选择。系统默认选择为“Fixed Size Jump”，即当光标移动到编辑区边缘时，将以“Step Size”的设置值为移动量向未显示区域移动。当按下Shift键后，将以“Shift Step”的设置值为移动量向未显示区域移动。

（3）Polygon Repour 选项组　用于设置交互布线中的避免障碍和推挤布线方式。

（4）Other 选项组

1）Rotation Step 文本框：设置旋转角度。在放置组件时，每按一次空格键，组件旋转一个角度，默认值为90。

2）Undo/Redo 文本框：设置撤消操作和重复操作的步数。

3）Cursor Type 下拉框：设置光标类型。系统提供了三种光标类型，即 Large90（大十字光标）、Small90（小十字光标）和 Small45（小 x 光标）。

（5）Interactive routing 选项组　用于设置交互布线模式，有 Ignore Obstacle（忽略障碍）、Avoid Obstacle（避开障碍）及 Push Obstacle（移开障碍）三个选项可供选择。系统默认选择为避开障碍模式。

1）Plow Through Polygons 复选框：选中后，布线使用多边形检测布线障碍。

2）Automatically Remove Loops 复选框：设置自动回路删除。选中后，在绘制一条导线后，如果发现存在另一条回路，则删除原来的回路。

（6）Component drag 选项组　用于设置与组件连接的导线和组件的关系。Mode 下拉框中共有两个选项：

1）None 选项：选择此项后，在使用菜单命令 Edit/Move/Drag 移动元器件时，连接在元器件上的导线不会随着移动，即只拖动元器件本身。系统默认为选中此项。

2）Connected Tracks 选项：选择此项后，在使用菜单命令 Edit/Move/Drag 移动元器件时，连接在元器件上的导线会随着元器件一起移动。

2. Display 选项卡

单击 Display 标签，打开 Display 选项卡，如图 6-26 所示。

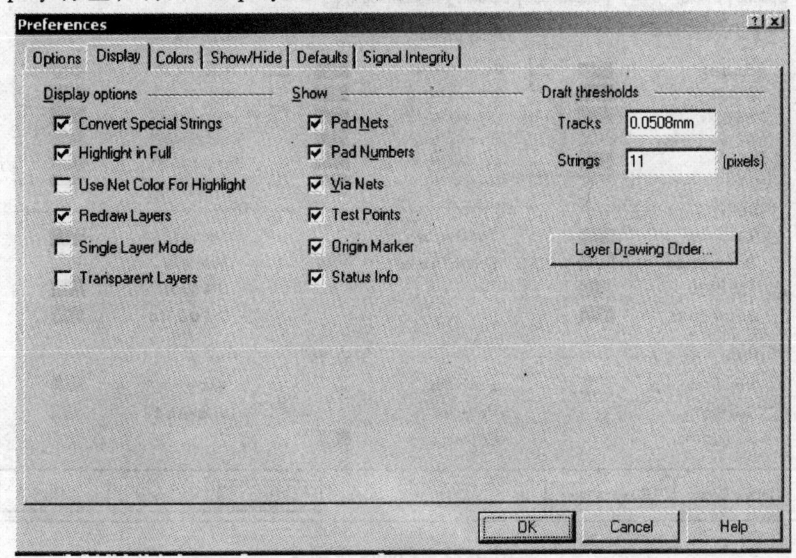

图 6-26　Display 选项卡

（1）Display options 选项组　用于设置屏幕显示模式。

1）Convert Special Strings 复选框：设置是否将特殊字符串转换为其代表的文字。

2）Highlight in Full 复选框：全部高亮显示。默认为选中状态。

3）Use Net Color For Highlight 复选框：设置选中网络是否使用网络的颜色，还是一律采用黄色。

4）Redraw Layers 复选框：设置当重画电路板时，系统将逐层重画。默认为选中状态。

5）Single Layer Mode 复选框：设置只显示当前编辑的板层，不显示其他板层。

6）Transparent Layers 复选框：选择后，所有导线和焊盘均变为透明色。

（2）Show 选项组　用于设置印制电路板显示。

1）Pad Nets 复选框：设置是否显示焊盘的网络名。

2）Pad Numbers 复选框：设置是否显示焊盘的序号。

3）Test Points 复选框：选中后显示测试点。

4）Origin Marker 复选框：设置是否显示指示绝对坐标的黑色带叉圆圈。

（3）Draft thresholds 选项组　用于设置显示图形显示极限。

1）Tracks 文本框：设置的值为导线显示极限，大于该值的导线以实际轮廓显示；否则以简单直线显示。

2）Strings 文本框：设置值为字符显示极限，像素大于该值的字符以文本显示；否则以框显示。

3. Colors 选项卡

Colors 选项卡如图 6-27 所示，该选项卡用于设置板层的颜色。设置时，单击层右边的颜色块，打开如图 6-28 所示的颜色选择对话框，在其中可以选择需要的颜色。单击 Default Colors 按钮，恢复层颜色为系统默认的颜色；单击 Classic Colors 按钮，系统将板层颜色指定为传统的设置颜色。

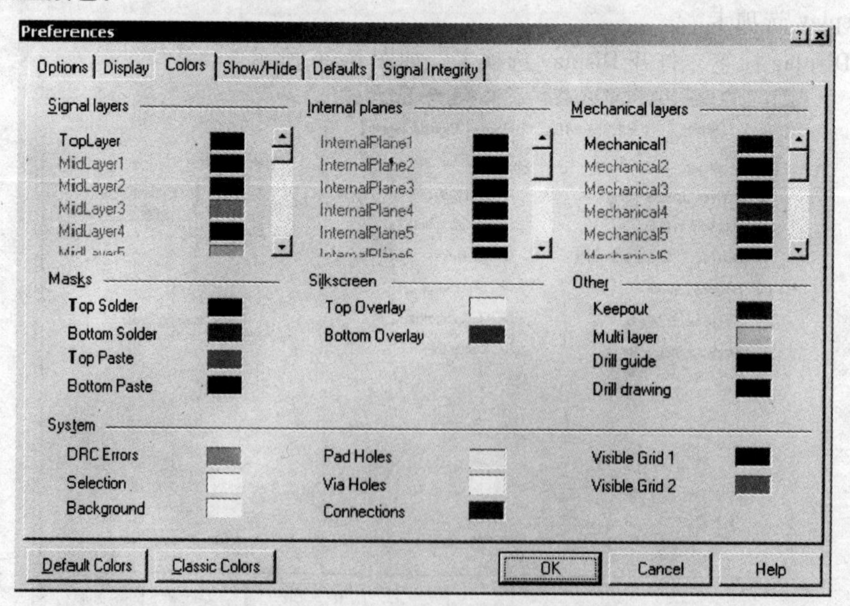

图 6-27　Colors 选项卡

4. Show/Hide 选项卡

Show/Hide 选项卡如图 6-29 所示，该选项卡用于设置印制电路板各种几何图形的显示模式，分为 Final（最终）、Draft（草图）及 Hidden（隐藏）三种模式。

5. Defaults 选项卡

Defaults 选项卡如图 6-30 所示。该选项卡用于设置各个组件的系统默认设置。

选择 Primitive type 列表框中的组件后单击  Edit Values... 按钮，即可在弹出的图件属性对话框中设置该类型图件的各属性值。如选中列表框中的"Arc（圆弧）"组件后，单击  Edit Values... 按钮，即可进入如图 6-31 所示的设置弧线属性对话框，在该对话框中可设置圆弧的一些默认属性。

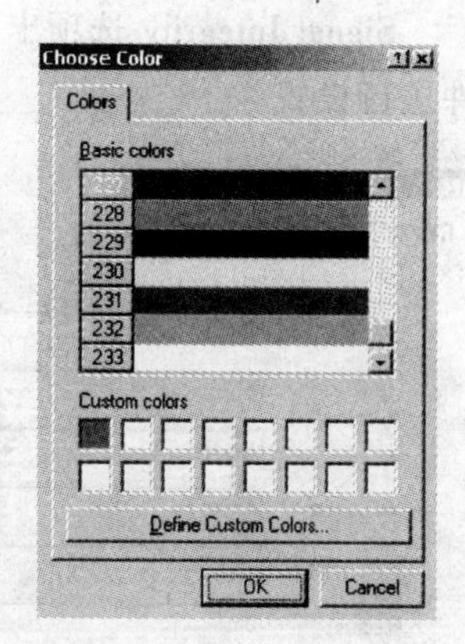

图 6-28　颜色选择对话框

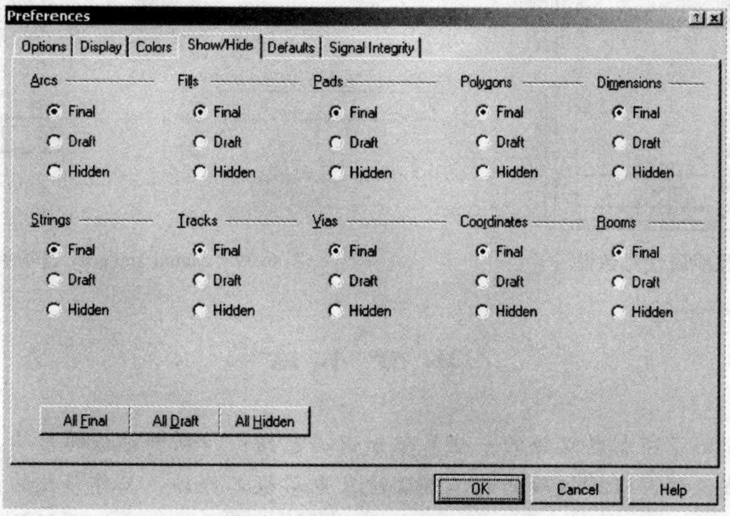

图 6-29　Show/Hide 选项卡

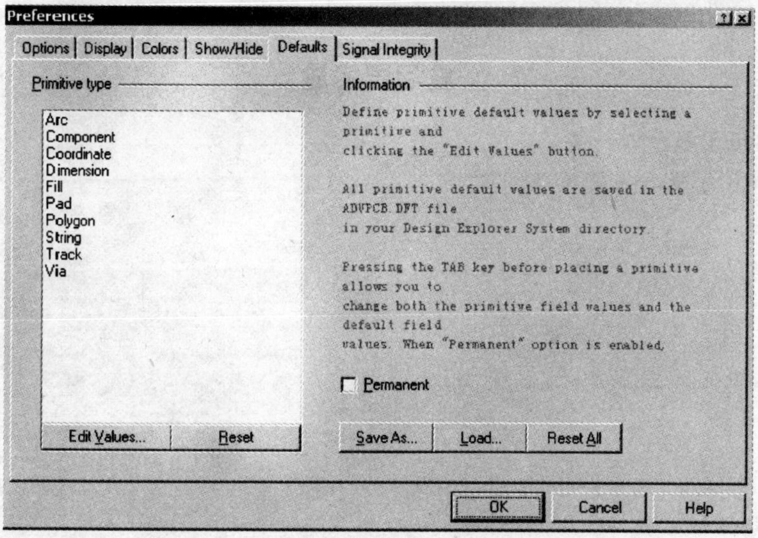

图 6-30　Defaults 选项卡

6. Signal Integrity 选项卡

Signal Integrity 选项卡如图 6-32 所示，在该选项卡中可以对进行信号完整性分析的元器件进行设置。

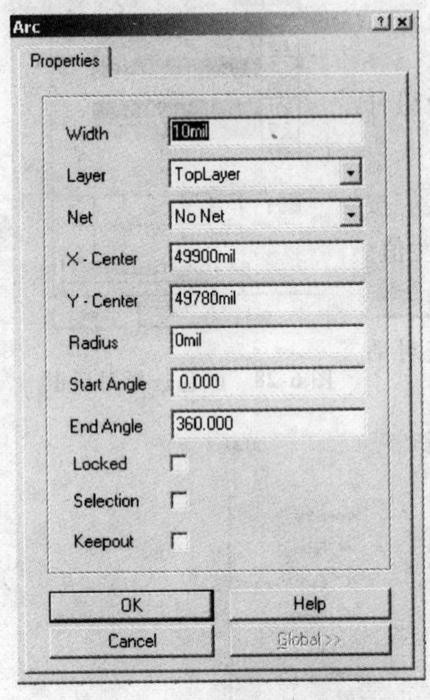

图 6-31　设置弧线属性对话框

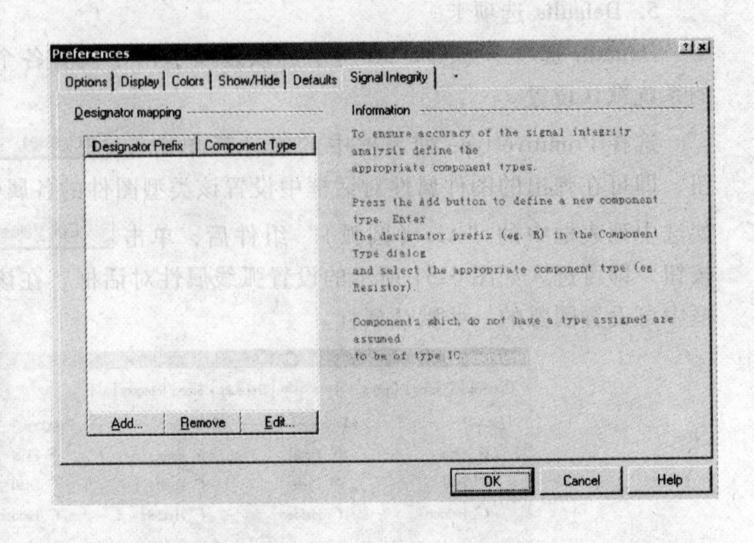

图 6-32　Signal Integrity 选项卡

本章小结

本章主要介绍了印制电路板的一些基础知识，包括：印制电路板的结构、元件封装、印制电路板的布线流程、PCB 编辑器的工作环境及电路板工作层、工作参数的设置。

通过本章的学习，学生应对印制电路板有一个初步的认识，为以后制作印制电路板打下基础。

复习思考题

1. 熟记常用元器件的封装。
2. 熟悉 PCB 编辑器的工作环境。

第七章　单面板的制作

教学目标：

1. 能够根据给定的尺寸规划电路板的外形。
2. 熟练掌握加载网络表及装入元件封装的操作过程。
3. 能够进行自动布局、布线的操作。
4. 能够对自动布线后的电路板进行适当的手工调整。

教学重点：

1. 根据给定的尺寸规划电路板的外形。
2. 加载网络表及装入元件封装的操作过程。
3. 自动布局、布线的操作。
4. 能够对自动布线后的电路板进行适当的手工调整。

教学难点：

1. 查找加载网络表及装入元件封装过程中出现的错误。
2. 对自动布线后的电路板进行适当的手工调整。

印制电路板有单面板、双面板和多层板三种。现在最普遍的电路设计方式是采用双面板设计。双面板的电路一般比单面板复杂，但由于双面都能布线，设计起来并不比单面板困难。双面板与单面板的设计过程相似，都可按照电路板设计的一般步骤进行。在印制电路板设计中，单面板设计是一个重要的组成部分，也是印制电路板设计的起步。下面我们将通过单面板的制作详细讲解印制电路板设计的基本过程。

第一节　准备原理图与网络表

在制作印制电路板之前，必须有相应的电路原理图和网络表，它们是制作印制电路板的前提。下面我们以图 7-1 所示的晶体管直流稳压电源原理图为例制作一块单面印制电路板。

执行菜单命令 Design/Creat Netlist...，生成该电路原理图的网络表如下：

```
[
C1
RB.2/.4
100μF



]
[
C2
```

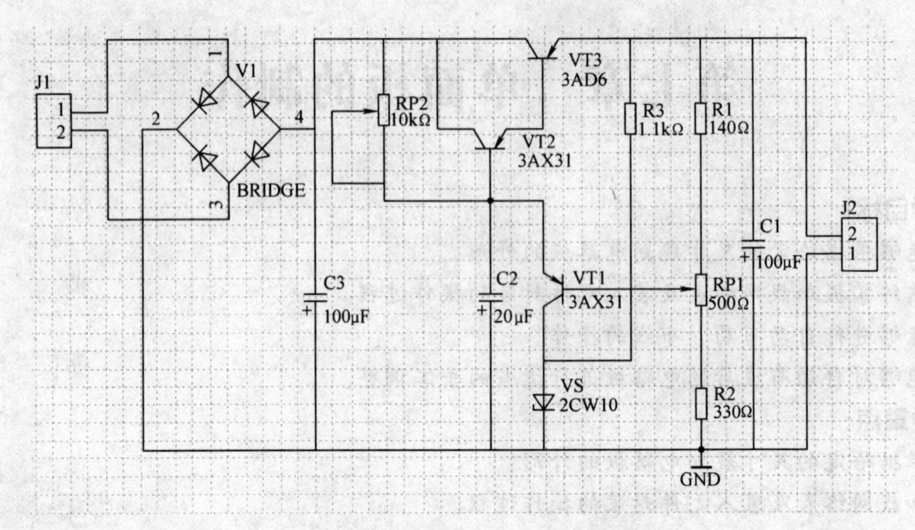

图 7-1 晶体管直流稳压电源原理图

RB. 2/. 4

20μF

]

[

C3

RB. 2/. 4

100μF

]

[

J1

SIP2

]

[

J2

SIP2

]
[
R1
AXIAL0. 4
140Ω

]
[
R2
AXIAL0. 4
330Ω

]
[
R3
AXIAL0. 4
1. 1kΩ

]
[
RP1
VR5
500Ω

]
[

RP2
VR5
10kΩ

]
[
V1
POWER4
2W10

]
[
VT1
TO-18
3AX31

]
[
VT2
TO-18
3AX31

]
[
VT3
TO-18
3AD6

]
[
VS
DIODE0.4
2CW10

]
(
GND
C1-1
C2-1
C3-1
J2-1
R2-1
V1-2
VS-K
)
(
NetC3_2
C3-2
RP2-2
V1-4
VT2-3
VT3-3
)
(
NetJ1_1
J1-1
V1-1
)
(
NetJ1_2
J1-2
V1-3
)
(
NetRP1_1
R2-2

RP1-1
)
(
NetRP1_2
R1-1
RP1-2
)
(
NetRP2_3
C2-2
RP2-1
RP2-3
VT1-3
VT2-2
)
(
NetVT1_1
R3-1
VT1-1
VS-A
)
(
NetVT1_2
RP1-3
VT1-2
)
(
NetVT2_1
VT2-1
VT3-2
)
(
NetVT3_1
C1-2
J2-2
R1-2
R3-2
VT3-1
)

第二节 规划电路板

规划电路板就是根据电路的规模以及制造商的要求，具体确定所要制作电路板的物理外形尺寸和电气边界。通常情况下可将电气边界的范围与物理边界的范围规划成相同的大小。本例中我们将该电路板的电气边界设置为长2560mil宽1580mil的长方形边界。

规划电路板电气边界的具体操作步骤如下：

1）在图7-1所示的晶体管直流稳压电源原理图所在的设计数据库中创建一个PCB文件，默认文件名为“PCB1. PCB”。

2）进入PCB编辑器，单击编辑区下方的Keep Out Layer标签，将当前工作层设置为Keep Out Layer，如图7-2所示。该层为禁止布线层，一般用于设置电路板的电气边界。

图7-2 将当前工作层设置为禁止布线层

3）设置坐标原点。单击Placement Tools工具栏中的⊠按钮，之后光标变成十字形状。将光标移到绘图区适当位置处单击鼠标左键，即可将一个带叉的圆圈放置在该点处，该点即为用户设置的坐标原点，如图7-3所示。

4）确定电路板的下边界。单击Placement Tools工具栏中的≈按钮，或执行菜单命令Place/Keepout/Track，之后光标变成十字形状。当光标在绘图区移动时，状态栏中会显示光标当前所在位置的坐标，如图7-4所示。

图7-3 设置坐标原点

图7-4 状态栏中显示的光标当前位置坐标

将光标移到坐标（0，0）点处单击鼠标左键，确定下边界的起点，然后移动光标到点（2560，0）处双击鼠标左键，确定下边界的终点。

5）确定电路板的其他边界。电路板电气边界四个顶点的坐标分别是（0，0）、（2560，0）、（2560，1580）、（0，1580）。确定了下边界后，光标仍处于十字状态，接着将光标依次移至点（2560，1580）、（0，1580）和点（0，0）处双击鼠标左键，即可完成其他三条边界。绘制好的长方形边界如图7-5所示。单击鼠标右键可退出该命令状态。

6）双击绘制好的任一条边界，即可弹出如图7-6所示的Track属性对话框。

在该对话框中可进行线宽、工作层、起点坐标、终点坐标等属性的设置，从而进行精确定位。起点坐标和终点坐标可以通过键盘直接输入。

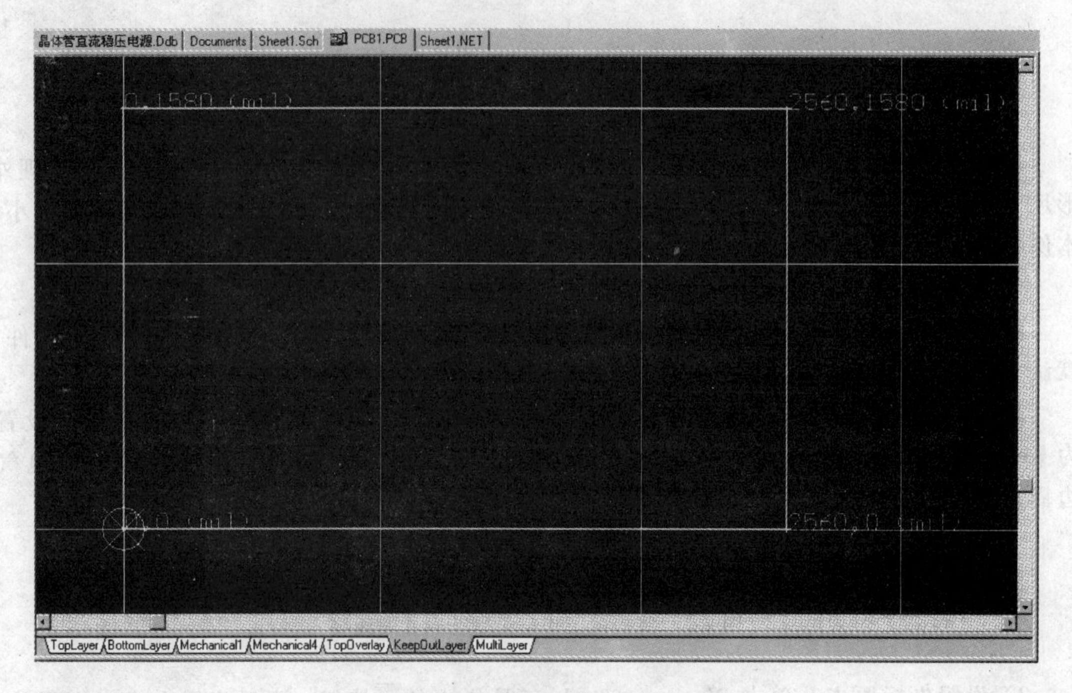

图 7-5　绘制好的电路板电气边界

Track
Properties
Width 10mil
Layer KeepOutLayer
Net No Net
Locked
Selection
Start-X 0mil
Start-Y 0mil
End-X 2000mil
End-Y 0mil
Keepout
OK　Help
Cancel　Global >>

图 7-6　Track 属性对话框

第三节　网络表与元器件的装入

规划好电路板后，接着就要装入网络表和元器件。在装入网络表和元件之前，必须装入所需的元件封装库。如果没有装入元件封装库，在装入网络表的过程中程序就会出现错误的提示。

一、装入元件封装库

1）在 PCB 浏览器中 Browse PCB 选项的下拉列表框中选择 Libraries 选项，如图 7-7 所示。

2）单击 Add/Remove... 按钮，弹出如图 7-8 所示的添加/删除元件封装库对话框。

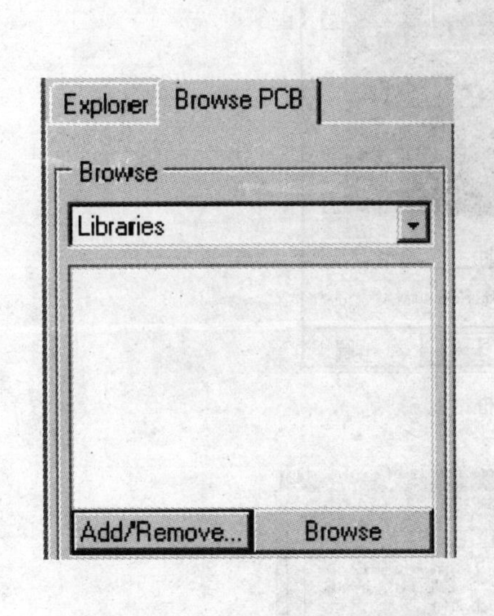

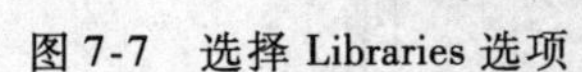
图 7-7　选择 Libraries 选项

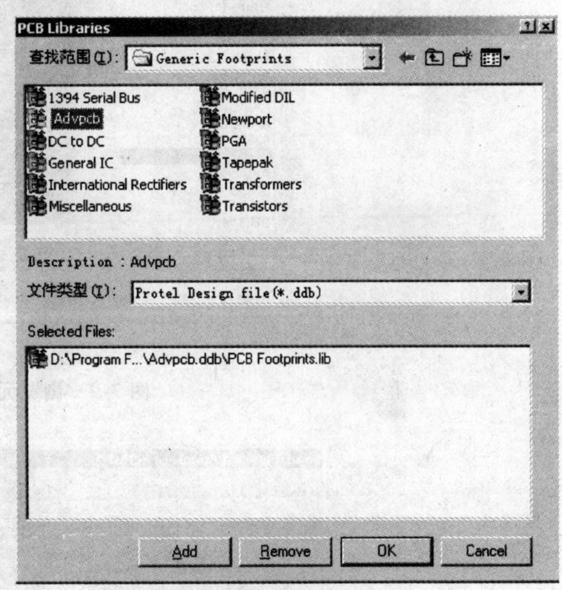

图 7-8　添加/删除元件封装库对话框

3）在图 7-8 所示对话框中找出原理图中所有元器件所对应的元件封装库。这里我们选择“Generic Footprints”文件夹中的“Advpcb. ddb”库文件。选中该库文件后单击 Add 按钮，即可将其添加到“Selected Files”选框中。

4）添加完所需的库文件后，再单击该对话框中的 OK 按钮加以确认，这样就可以将所选中的库文件装入到 PCB 编辑器中。在制作 PCB 时比较常用的元件封装库有：Advpcb. ddb、DC to DC. ddb、General IC. ddb 等。

二、浏览元件库

当装入元件封装库后，可以对它们进行浏览，查看是否满足设计要求。Protel 99 SE 提供了大量的 PCB 元件库，所以，进行电路板设计制作时，也常常要浏览元件库，选择自己需要的元器件。浏览元件库的具体方法如下：

1）单击图 7-7 所示 PCB 浏览器中的 Browse 按钮，弹出如图 7-9 所示的浏览元件库对话框。在该对话框中可以查看元器件的类别和形状等。

2）单击 Edit 按钮可对选中的元器件进行编辑，单击 Place 按钮可将选中的元器件放置到电路板上。

三、装入网络表和元器件

装入元件库以后，就可以装入网络表和元器件了。其具体操作步骤如下：

1）在 PCB 编辑器中执行菜单命令 Design/Load Nets...，出现如图 7-10 所示的装入网络表对话框。

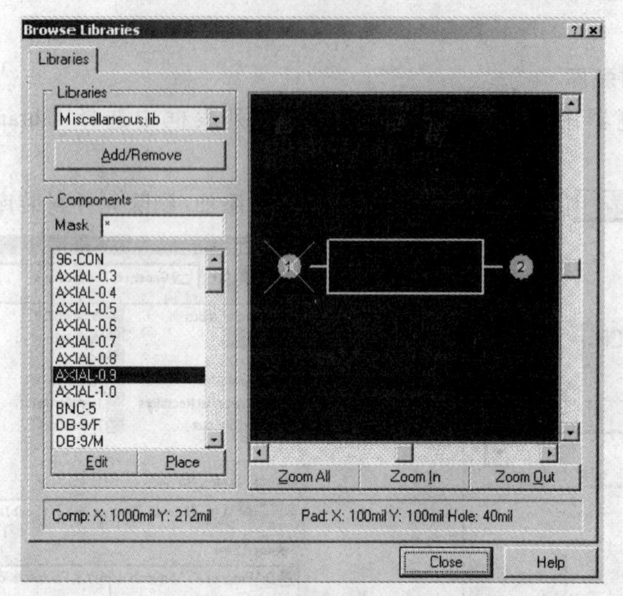

图 7-9　浏览元件库对话框

图 7-10　装入网络表对话框

单击该对话框中的 Browse 按钮，即可进入如图 7-11 所示的选择网络表文件对话框，该对话框中默认的文件为当前 PCB 文件所在设计数据库中的所有文本文件。

2）在选择网络表文件对话框中选择所需的网络表文件“Sheet1. NET”后，单击 OK 按钮，回到如图 7-10 所示的对话框。此时程序开始自动生成相应的网络表。

3）如果元器件没有设定封装形式，或所设定的封装形式在当前的封装库中不存在时，将在列表框中显示错误信息。这时应回到相应的原理图，检查元件封装名正确与否，或添加相应的元件封装库。如果修改了原理图，则必须再重新生成网络表。

4）确认没有错误信息后，单击 Execute 按钮，即可装入网络表和元器件。装入网络

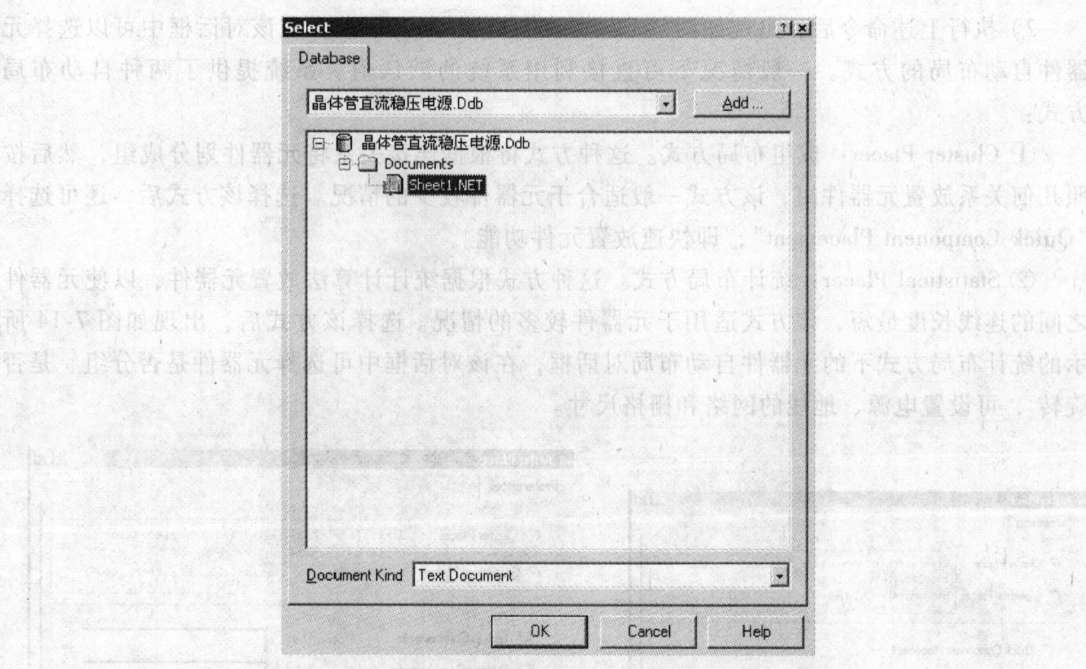

图 7-11　选择网络表文件对话框

表和元器件后的 PCB 图如图 7-12 所示。

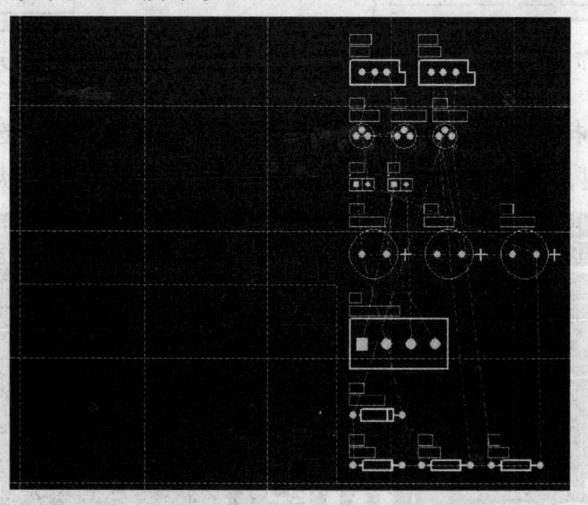

图 7-12　装入网络表和元器件后的 PCB 图

第四节　元器件布局

在电路板中装入网络表和元器件后，需要将这些元器件按一定规律与次序排列在电路板中。因此在进行印制电路板布线之前，先要进行元器件的布局。

一、元器件的自动布局

元器件自动布局的具体操作步骤如下：

1）执行菜单命令 Tools/Auto Placement/Auto placer...。

2）执行上述命令后，出现如图 7-13 所示的自动布局对话框，在该对话框中可以选择元器件自动布局的方式。一般情况下可直接利用系统的默认值。系统提供了两种自动布局方式：

① Cluster Placer：成组布局方式。这种方式将根据连接关系将元器件划分成组，然后按照几何关系放置元器件组，该方式一般适合于元器件较少的情况。选择该方式后，还可选择“Quick Component Placement”，即快速放置元件功能。

② Statistical Placer：统计布局方式。这种方式根据统计计算法放置元器件，以使元器件之间的连线长度最短，该方式适用于元器件较多的情况。选择该方式后，出现如图 7-14 所示的统计布局方式下的元器件自动布局对话框，在该对话框中可选择元器件是否分组、是否旋转，可设置电源、地线的网络和栅格尺寸。

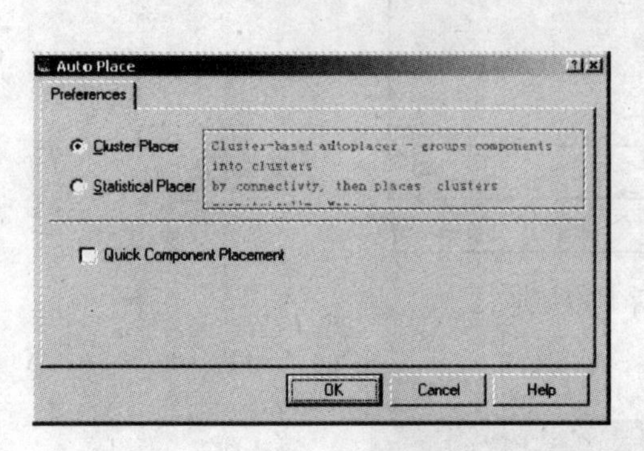

图 7-13　自动布局对话框

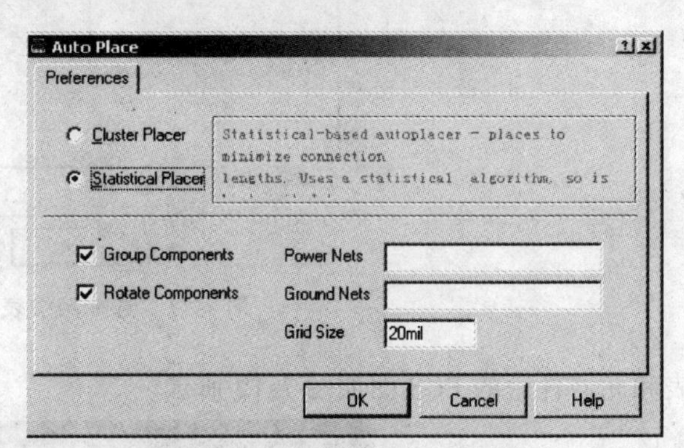

图 7-14　统计布局方式下的元器件自动布局对话框

3）在该例中，选择 Cluster Placer 方式进行元器件的自动布局。选中该选项后，单击对话框中的 OK 按钮，即可开始元器件的自动布局。自动布局时的状态如图 7-15 所示。

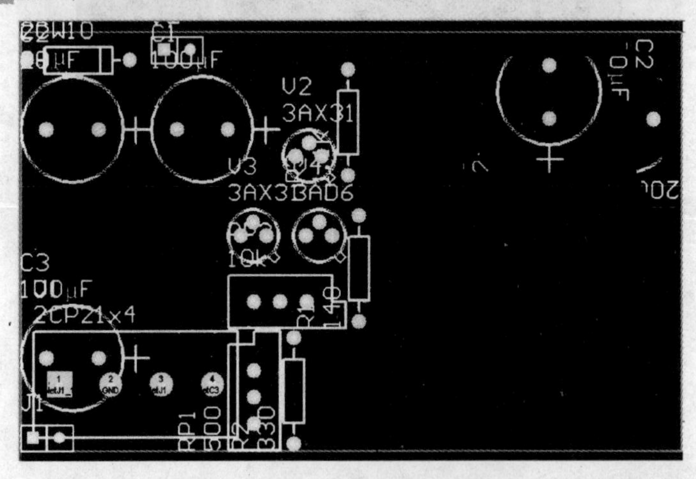

图 7-15　元器件自动布局时的状态

4）元器件自动布局完成后的结果如图 7-16 所示。

注意：本例中，在执行自动布局命令 Tools/Auto Placement/Auto placer…之前，需先执行菜单命令 Edit/Origin/Reset，恢复系统原有的坐标系。

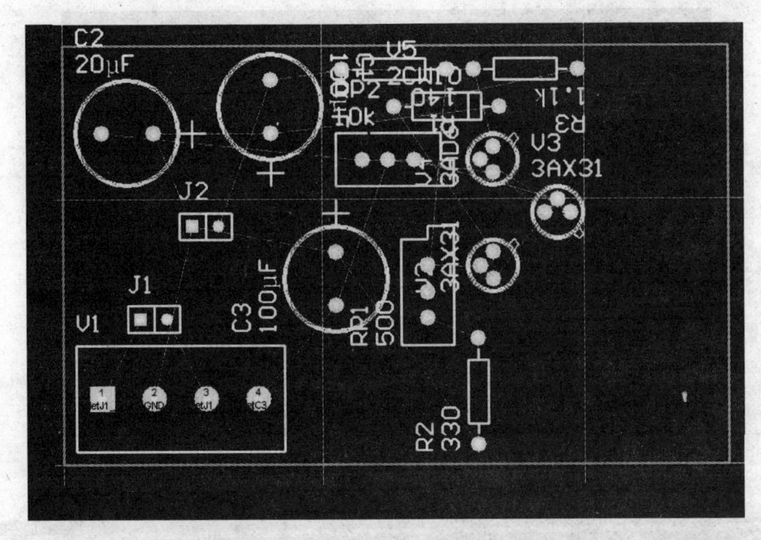

图 7-16　元器件自动布局后的 PCB 图

二、手工调整元器件布局

程序对元器件的自动布局一般以寻找最短布线路径为目标，因此，自动布局往往不太理想，还需手工调整。

对元器件布局进行手工调整主要是对元器件进行移动、旋转等操作。下面以图 7-16 中的元器件为例，讲解手工调整的方法。

1）移动元器件。单击元件 J2 同时按住鼠标左键不放，此时光标变为十字形状。然后拖动光标到所需位置后，松开鼠标左键，便完成了元件 J2 的移动。元件 J2 移动后的结果如图 7-17 所示。

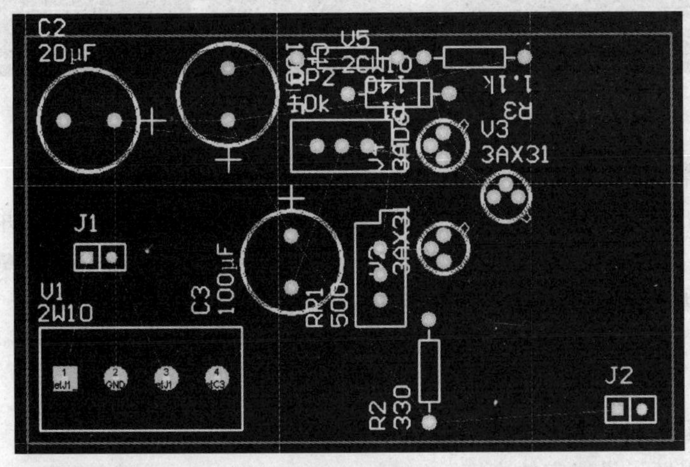

图 7-17　元件 J2 移动后的结果

2）旋转元器件。单击 V1 同时按住鼠标左键不放，此时光标变为十字形状。然后按 空格 键、X 键、Y 键，即可调整 V1 的放置方向。V1 旋转后的结果如图 7-18 所示。

3）利用上述方法对其他元器件的位置和方向进行必要的调整，调整后的结果如图 7-19 所示。

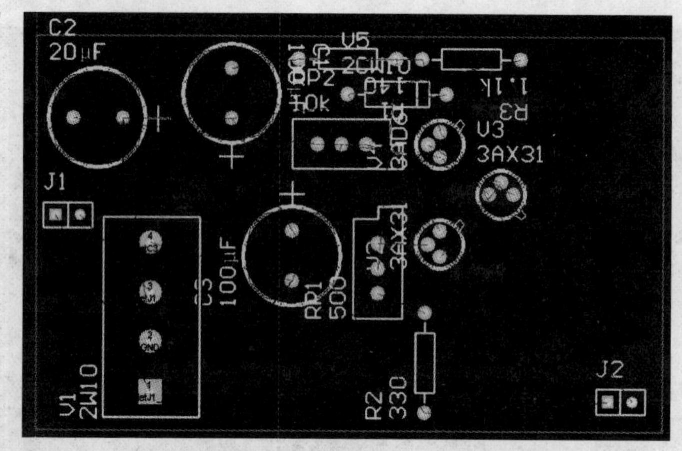

图 7-18　V1 旋转后的结果

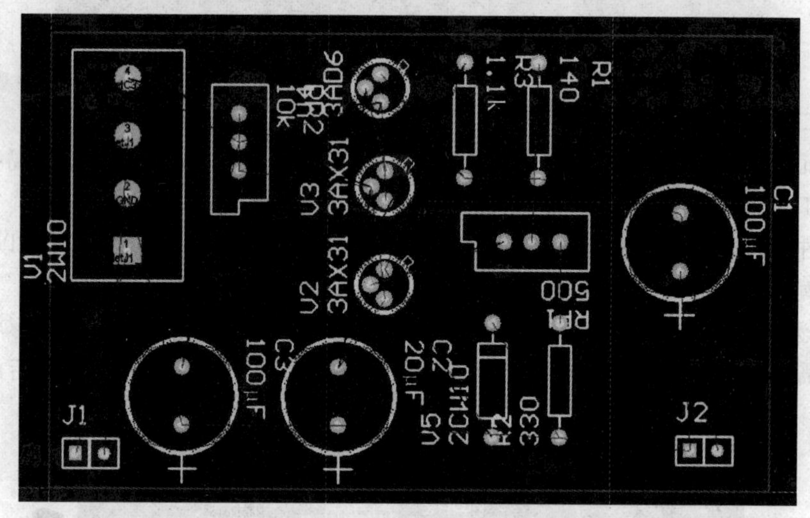

图 7-19　调整后的 PCB 图

三、调整元器件标注

对元器件布局进行调整后，我们会发现元器件的标注过于杂乱。尽管这并不影响电路的正确性，但影响了电路的美观，所以我们还需对元器件的标注进行调整。具体操作步骤如下：

1）双击需要调整的标注文字。例如图 7-19 中电容 C3 的序号“C3”。

2）在随后出现的设置文字标注属性对话框中编辑元器件的文字标注。该对话框中各项含义如下：

① Text 文本框：设置文字标注内容，例如 C3。

② Height 文本框：设置字体高度。

③ Width 文本框：设置字体宽度。

④ Font 文本框：设置字体类型。

⑤ Layer 文本框：设置文本标注所在的工作层，一般为“TopOverlay”。

⑥ Rotation 文本框：设置标注文字的放置角度。

⑦ X-Location、Y-Location：设置标注文字的位置坐标。

设定后的结果如图 7-20 所示。

3）对图 7-19 中元器件标注的位置、放置方向和属性进行相应的调整和编辑后的最终结果如图 7-21 所示。

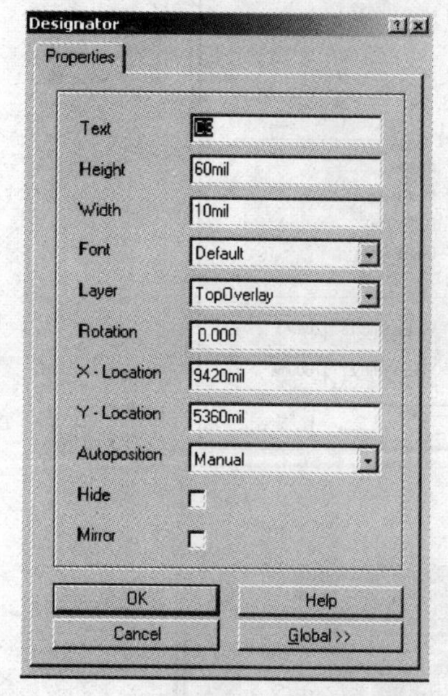

图 7-20　设置文字标注属性对话框

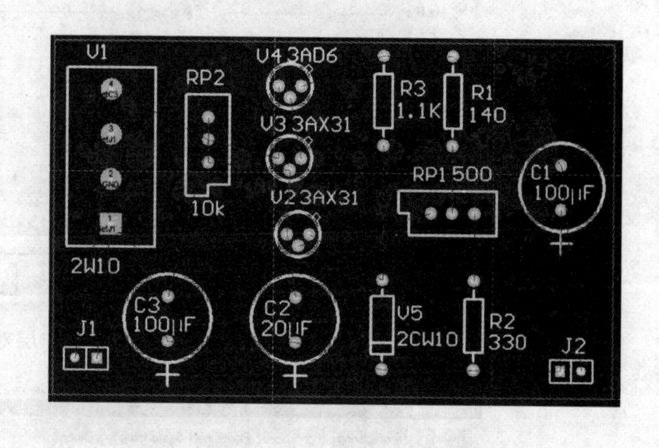

图 7-21　调整元器件标注后的最终结果

在进行文字标注的调整时，如果仅需要对标注文字的位置、放置角度进行调整，可直接用鼠标左键单击该标注文字，同时按住鼠标左键进行拖动，或按空格键、X键、Y键进行旋转，具体操作方法与前面所讲的手工调整元器件的方法相同。

第五节　自动布线

在进行自动布线之前，一项非常重要的工作就是根据设计要求设定自动布线参数。如果参数设置不当，可能会导致自动布线失败。

一、工作层的设置

进行布线前，还应该设置工作层，以便在布线时可以合理安排线路的布局。设置工作层的具体操作步骤如下：

1）执行菜单命令 Design/Options...，系统将弹出设置工作层对话框。

2）在对话框中进行工作层的设置。这里我们以单面板为例，由于单面板信号层只涉及底层，所以信号层只选择底层，顶层和其他信号层均不用设定。其他层面选取系统默认值即可。工作层的设置状态如图 7-22 所示。

二、自动布线参数的设置

自动布线参数包括布线层面、布线优先级、走线的宽度、布线的拐角模式、过孔孔径类型、尺寸等，一经设定，自动布线就会依据这些参数进行。

执行菜单命令 Design/Rules...，出现如图 7-23 所示的设置布线参数对话框，在 Routing

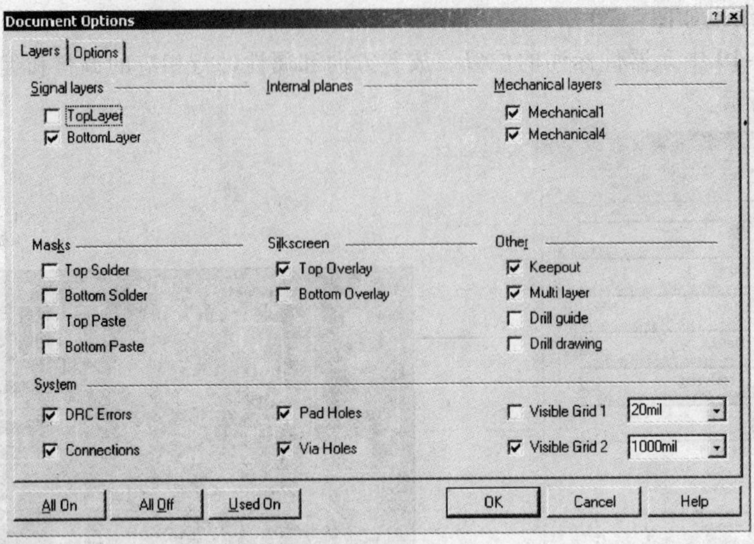

图 7-22　设置工作层对话框

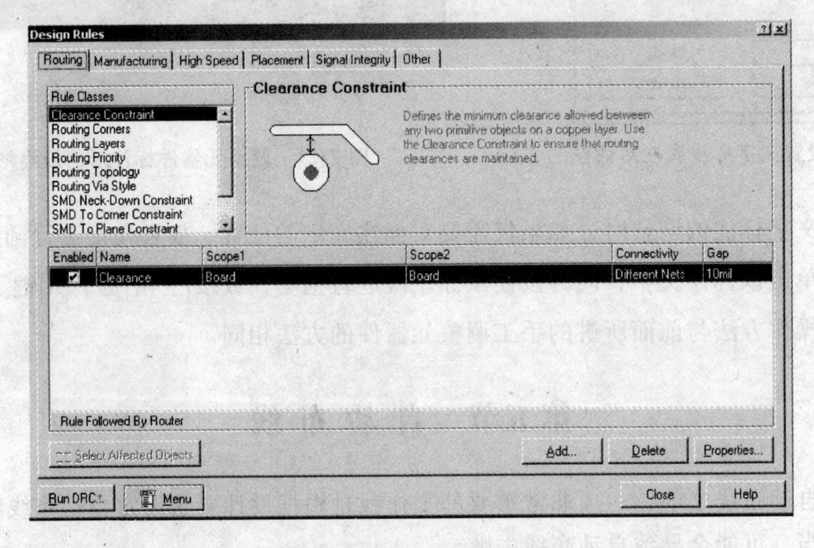

图 7-23　设置布线参数对话框

选项卡中即可对布线的各种参数进行设定。

（1）设置安全间距（Clearance Constraint）　安全间距主要用于定义同一个工作层面上的两个图元之间的最小间距。在图 7-23 所示的对话框中双击 Rule Classes 列表框中的 Clearance Constraint 选项，显示如图 7-24 所示的设置安全间距对话框，在该对话框中即可对安全间距进行设定。

其中：

1）Rule Scope 选项组：设定本规则适用的范围。通常情况下我们采用默认设置。Whole Board 即该规则适用于整个电路板。

2）Rule Attributes 选项组：用于定义图元之间允许的最小间距和所适用的网络。这里我们采用默认设置“10mil”和“Different Nets Only”。

（2）设置布线的拐角模式（Routing Corners）　在图 7-23 所示的对话框中，双击 Rule

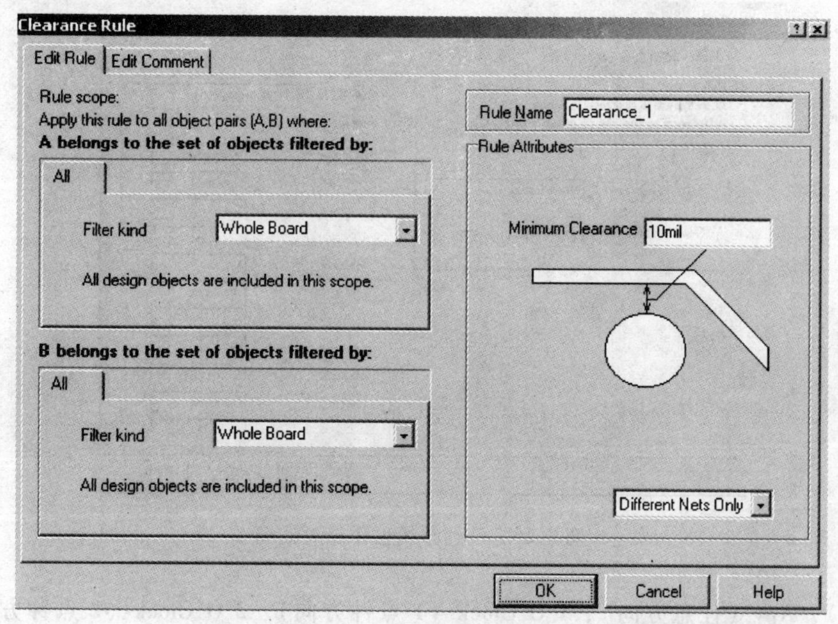

图 7-24　设置安全间距对话框

Classes 列表框中的 Routing Corners 选项，显示如图 7-25 所示的设定拐角模式参数对话框。该对话框中的规则属性（Rule Attributes）选项组用于设定拐角模式，包括拐角的样式（Style）和尺寸（Setback）。拐角的样式有 45°、90°和圆弧三种。这里我们均采用默认设置。

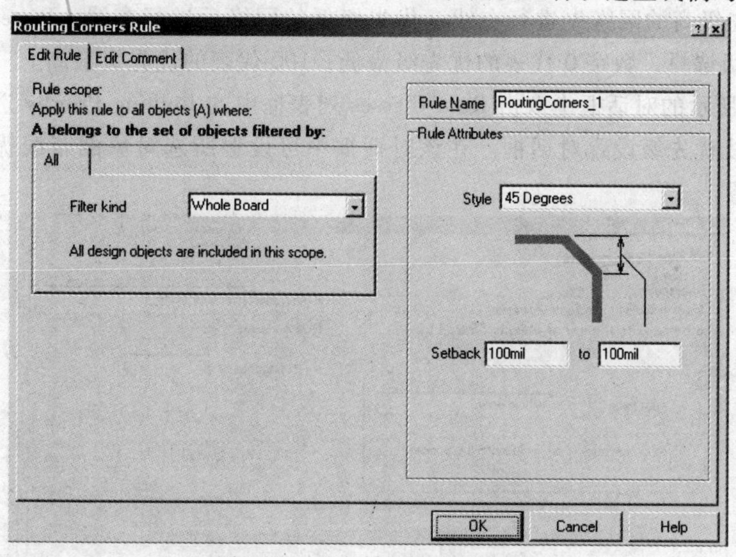

图 7-25　设定拐角模式对话框

（3）设置布线工作层（Routing Layers）　在图 7-23 所示的对话框中双击 Rule Classes 列表框中的 Routing Layers 选项，显示如图 7-26 所示的设置布线工作层对话框。

该对话框中的规则属性（Rule Attributes）选项组用于设定布线层和各层面的布线方向。其中“TopLayer”为顶层，“BottomLayer”为底层，“MidLayer1 ~ MidLayer30”为中间布线层。各层的布线方向有 11 个选项：Not Used（不使用）、Horizontal（水平方向）、Vertical

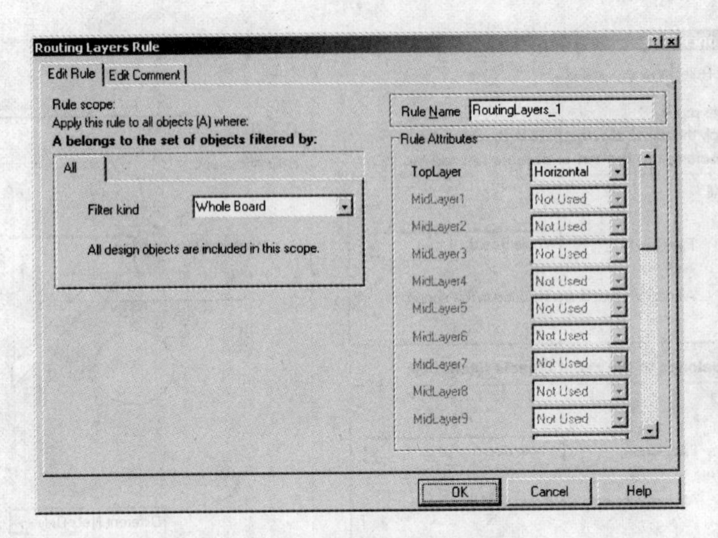

图 7-26　设置布线工作层对话框

(垂直方向)、Any（任意方向)、1 O'Clock（1点钟方向)、2 O'Clock（2点钟方向)、4 O'Clock（4点钟方向)、5 O'Clock（5点钟方向)、45Up（向上45°方向)、45Down（向下45°方向)、Fan Out（散开方向)。由于我们制作的是单面板，仅用到底层布线。因此，将底层的布线方向设置为任意方向，其他各信号层均设置为不使用。

(4) 设置布线优先级（Routing Priority）　布线优先级是指程序允许用户设定各个网络布线的顺序，优先级高的网络先进行布线，优先级低的网络后进行布线。Protel 99 SE 提供了0~100个优先级选择，数字0代表的优先级最低，100代表的优先级最高。

在图7-23所示的对话框中双击 Rule Classes 列表框中的 Routing Priority 选项，显示如图7-27所示的布线优先级设置对话框。在该对话框中可设置所选对象的布线优先级。这里我们选择默认设置。

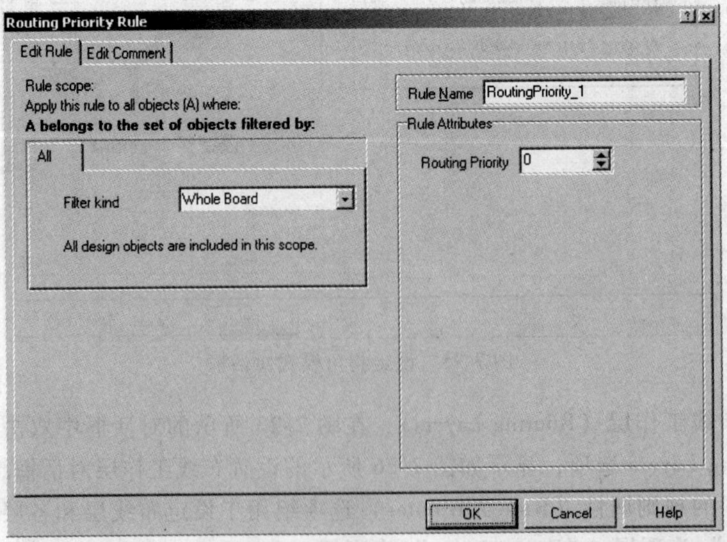

图 7-27　布线优先级设置对话框

(5) 设置布线的拓扑结构（Routing Topology） 在图 7-23 所示的对话框中，双击 Rule Classes 列表框中的 Routing Topology 选项，显示如图 7-28 所示的布线拓扑结构对话框。

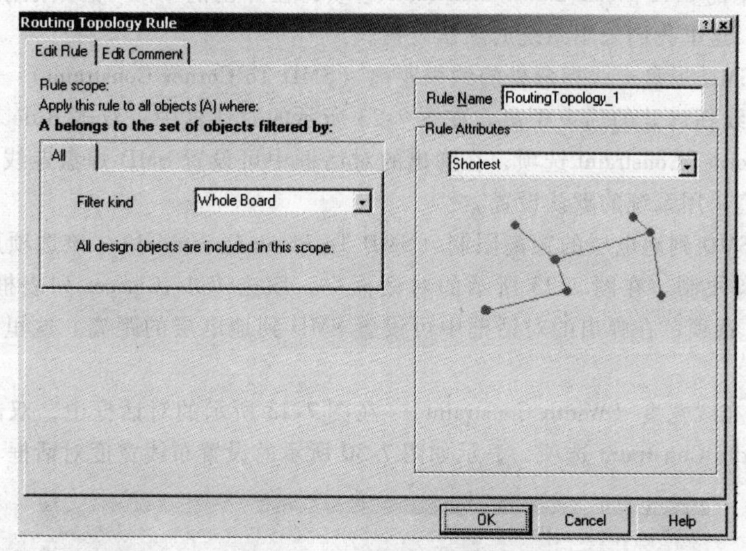

图 7-28 布线拓扑结构对话框

一般程序布线时，以整个布线的线长最短为目标。用户也可以选择规则属性（Rule Attributes）选项组中的拓扑选项。这里我们采用系统的默认设置。

(6) 设置过孔形式（Routing Via Style） 在图 7-23 所示的对话框中，双击 Rule Classes 列表框中的 Routing Via Style 选项，显示如图 7-29 所示的设置过孔形式参数对话框。

该对话框中的规则属性（Rule Attributes）选项组用于设置过孔外径和过孔孔径尺寸。这里我们将过孔外径设置为“50mil”，过孔孔径设置为“28mil”。

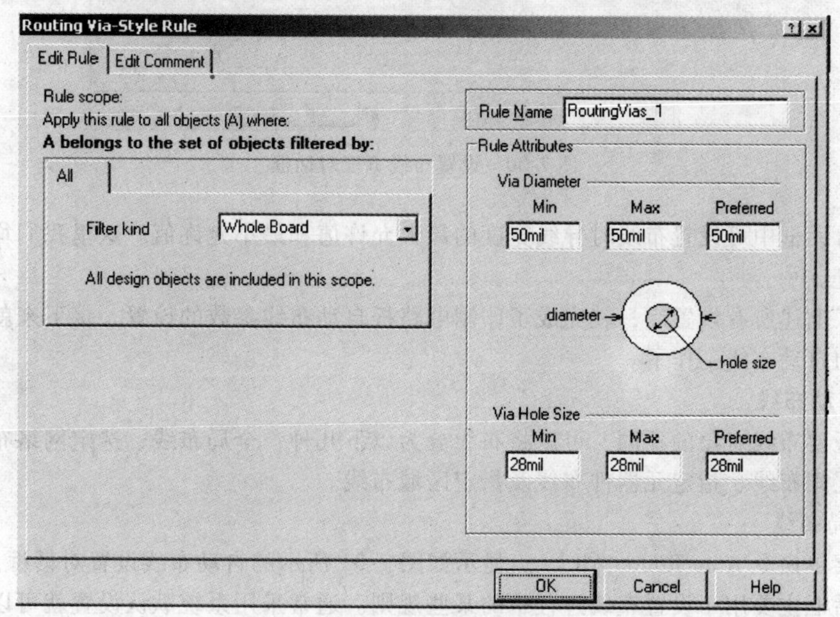

图 7-29 设置过孔形式参数对话框

(7) 设置 SMD 的瓶颈限制（SMD Neck-Down Constraint） 该选项用于定义 SMD 的瓶颈限制，即 SMD 的焊盘宽度与引出导线宽度的百分比。在图 7-23 所示的对话框中，双击 Rule Classes 列表框中的 SMD Neck-Down Constraint 选项，在弹出的 SMD 瓶颈限制对话框中可进行相关的设置。这里我们采用系统的默认设置。

(8) 设置 SMD 焊盘走线拐弯处的约束距离（SMD To Corner Constraint） 该选项用来设置 SMD 焊盘走线拐弯处的约束距离。在图 7-23 所示的对话框中，双击 Rule Classes 列表框中的 SMD To Corner Constraint 选项，在弹出的对话框中可设置 SMD 焊盘走线拐弯处的约束距离。这里我们采用系统的默认设置。

(9) 设置 SMD 到地电层的距离限制（SMD To Plane Constraint） 该选项用来定义 SMD 到地电层的距离限制。在图 7-23 所示的对话框中，双击 Rule Classes 列表框中的 SMD To Plane Constraint 选项，在弹出的对话框中可设置 SMD 到地电层的距离。这里我们采用系统的默认设置。

(10) 设置布线宽度（Width Constraint） 在图 7-23 所示的对话框中，双击 Rule Classes 列表框中的 Width Constraint 选项，显示如图 7-30 所示的设置布线宽度对话框。

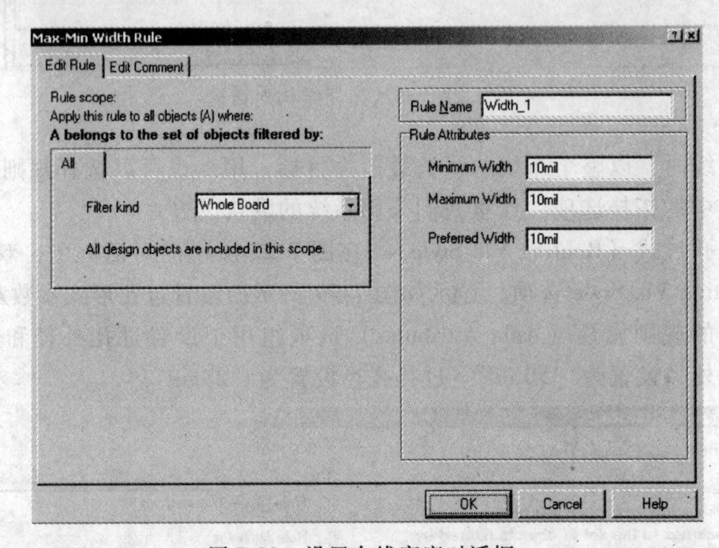

图 7-30 设置布线宽度对话框

在该对话框中可设置布线时导线宽度的最大允许值和最小允许值。这里我们均采用系统的默认设置。

完成了上述所有设置后，就完成了印制电路板自动布线参数的设置，接下来就可进行印制电路板的自动布线工作了。

三、自动布线

根据所要布线对象的不同，可以将布线分为以下几种：全局布线、选定网络布线、指定两连接点之间布线、指定元器件布线及指定区域布线。

1. 全局布线

执行菜单命令 Auto Route/All...，显示如图 7-31 所示的自动布线设置对话框。

该对话框主要用于设置布线过程中的某些规则。通常采用系统默认设置就可以实现印制电路板的自动布线。

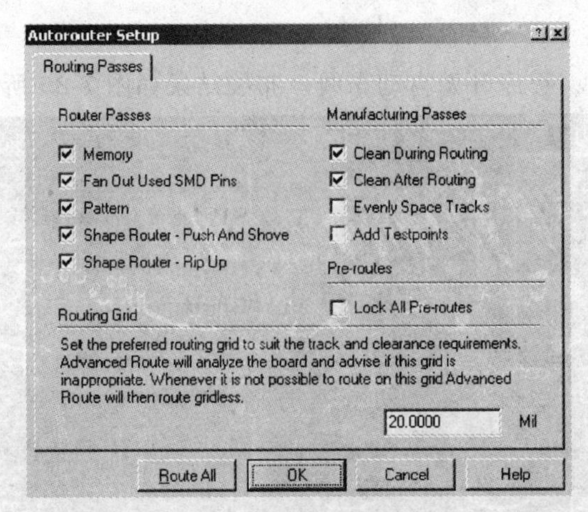

图 7-31　自动布线设置对话框

单击该对话框中的 Route All 按钮，开始自动布线，完成自动布线的结果如图 7-32 所示。

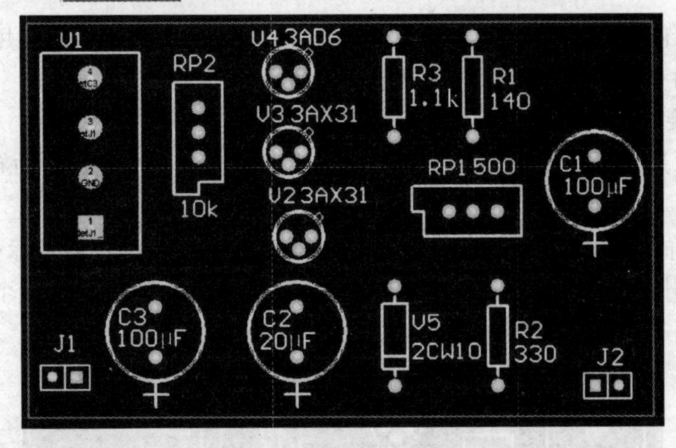

图 7-32　自动布线的结果

最后显示如图 7-33 所示的布线信息提示框，从中可以了解布线的有关信息。单击 OK 按钮确认即可。

2. 指定网络布线

下面我们在图 7-21 的基础上，指定元件 C2 第 1 引脚所属的网络并对其进行自动布线。具体操作步骤如下：

1）执行菜单命令 Auto Route/Net，光标变成十字形状。单击元件 C2 的第 1 引脚，弹出如图 7-34 所示的网络布线方式选项菜单，从中选择 Connection（GND）选项，确定所要自

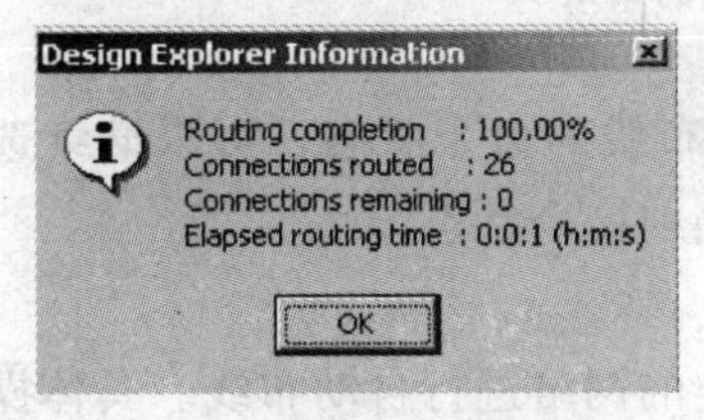

图 7-33　布线信息提示框

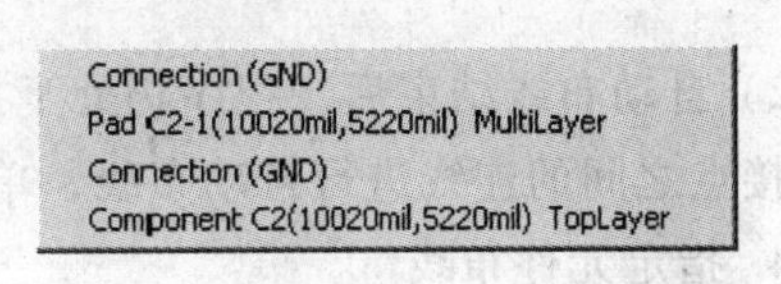

图 7-34　网络布线方式选项菜单

动布线的网络。

2）指定布线网络后，程序开始自动布线。布线结果如图 7-35 所示。

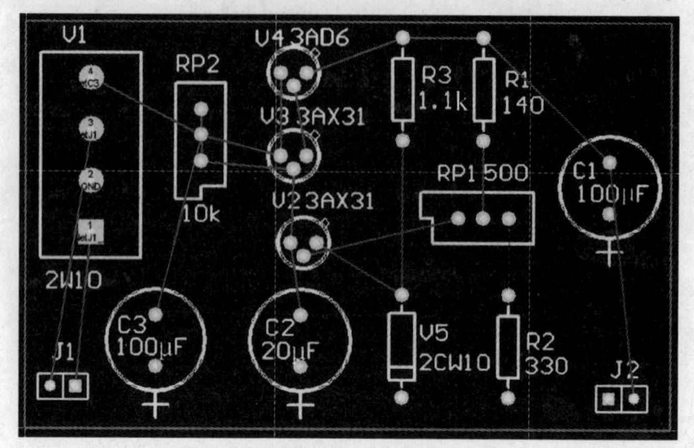

图 7-35 指定网络布线的结果

3）对该网络自动布线结束后，程序仍处于指定网络布线命令状态。用户可以继续选定其他网络进行自动布线，单击鼠标右键退出当前命令状态。

3. 指定两连接点之间布线

用户可指定两连接点，使程序只对这两个连接点之间的连线进行自动布线。具体操作步骤如下：

1）执行菜单命令 Auto Route/Connection，光标变成十字形状。将光标移动到元件 R2 第一引脚和 J2 第一引脚之间的飞线上，单击鼠标左键，程序便开始对这两个连接点之间的连线进行自动布线。布线结果如图 7-36 所示。

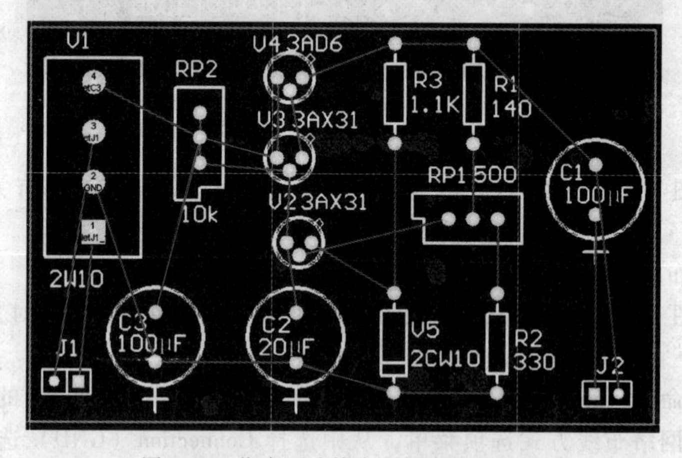

图 7-36 指定两连接点之间布线的结果

2）自动布线结束后，程序仍处于指定两连接点之间布线的命令状态，可以继续选定其他连接点之间的连线进行自动布线，单击鼠标右键退出当前命令状态。

4. 指定元件布线

用户可选定某个元器件，使程序只对与该元器件相连的网络进行自动布线。具体操作步骤如下：

1）执行菜单命令 Auto Route/Component，光标变成十字形状。将光标移动到 V2 上，单击鼠标左键，程序便开始对 V2 进行自动布线。布线结果如图 7-37 所示。

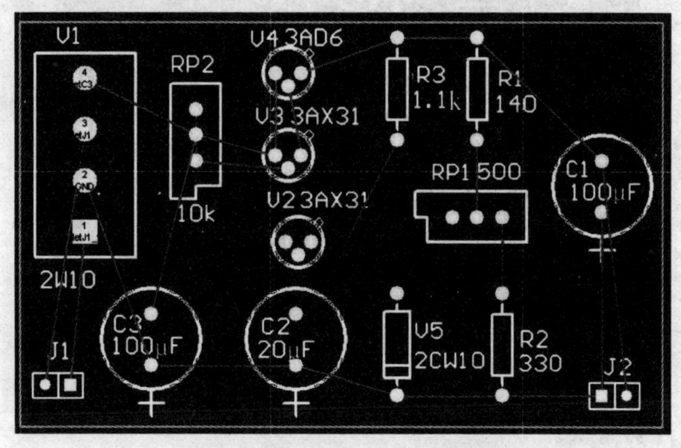

图 7-37　指定元件布线的结果

2）自动布线结束后，程序仍处于指定元器件布线的命令状态，可以继续选定其他元器件进行自动布线，单击鼠标右键退出当前命令状态。

5. 指定区域布线

用户可指定特定区域进行自动布线，程序自动将布线的范围仅限于该区域内。我们在图 7-21 的基础上，对包括元器件 V5 和 R2 的区域进行自动布线，具体操作步骤如下：

1）执行菜单命令 Auto Route/Area，光标变成十字形状。单击鼠标左键确定矩形区域对角线的一个顶点，然后移动光标到适当位置，再次单击鼠标左键确定矩形区域的另一个顶点，这样就选定了布线区域，如图 7-38 所示。

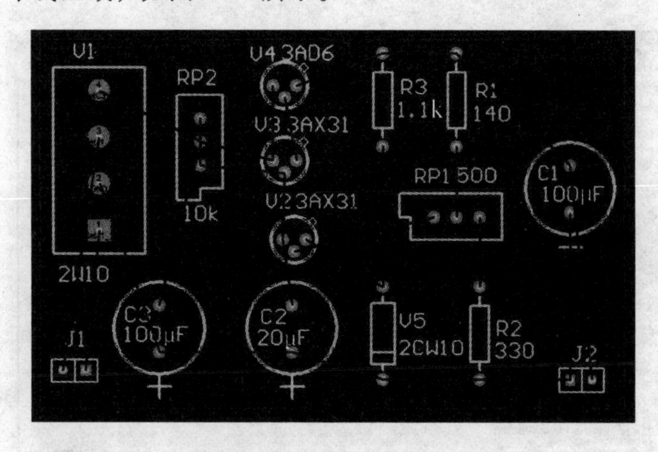

图 7-38　选定自动布线区域

2）选定自动布线区域后，程序就开始对该区域进行自动布线。布线结果如图 7-39 所示。

3）布线结束后，单击鼠标右键退出当前命令状态。

6. 其他布线命令

菜单 Auto Route 中与自动布线有关的其他命令如下：

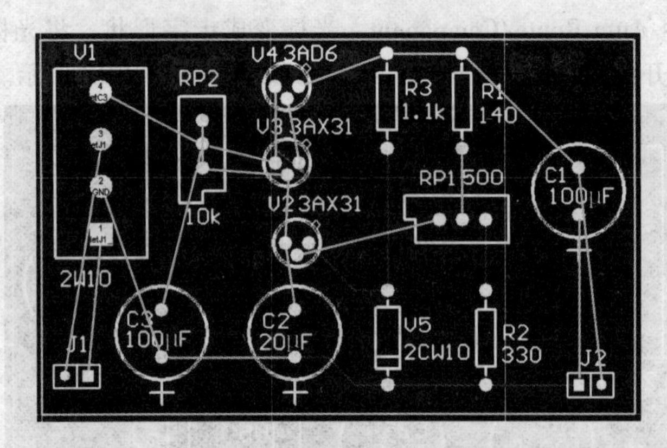

图 7-39　指定区域布线的结果

1）Stop：终止自动布线。

2）Reset：对终止自动布线进行恢复。

3）Pause：暂停自动布线。

4）Restart：重新开始自动布线。

四、设计规则检查

设计规则检查（DRC）是一个有效的自动检查功能，该功能可以确认自动布线后的结果是否满足设定的布线要求。在设计任何印制电路板时均应该运行该功能，对涉及的规则进行检查，以确保设计符合安全规则。

进行设计规则检查的具体操作步骤如下：

1）执行菜单命令 Tools/Design Rule Check，显示如图 7-40 所示的设计规则检查对话框。

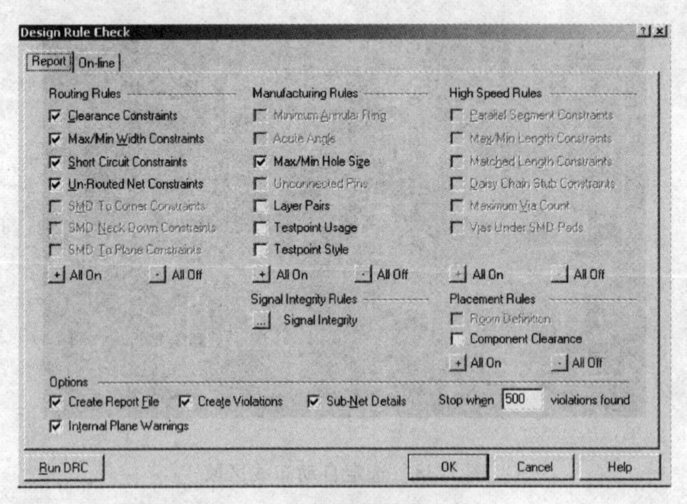

图 7-40　设计规则检查对话框

设计规则的检查可以分为两种结果：一种是报表（Report）输出，可以产生检测结果的报表。另一种是在线检测（On-Line）工具，即在布线的过程中对布线规则进行检测，防止错误产生。下面我们对对话框中 Report 标签下常用选项的功能说明如下：

① Clearance Constraints 选项：该项为安全间距的检测项。

② Max/Min Width Constraints 选项：该项为走线宽度的检测项。

③ Short Circuit Constraints 选项：该项检测电路板中是否有短路的情况存在。

④ Un-Routed Net Constraints 选项：该项将对没有布线的网络进行检测。

2）设置检测项后，就可进行自动布线检测的操作。单击该对话框中的 Run DRC 按钮，开始运行设计规则检查。检测结束后，会产生一个检测情况报表。对图 7-32 所示的 PCB 图进行 DRC 检测的结果如下：

```
Protel Design System Design Rule Check
PCB File : Documents\PCB1.PCB
Date     : 6-Jun-2007
Time     : 14:32:23

Processing Rule : Width Constraint (Min=10mil) (Max=10mil) (Prefered=10mil) (On the board )
Rule Violations :0

Processing Rule : Hole Size Constraint (Min=1mil) (Max=100mil) (On the board )
Rule Violations :0

Processing Rule : Width Constraint (Min=30mil) (Max=30mil) (Prefered=30mil) (Is on net GND )
Rule Violations :0

Processing Rule : Clearance Constraint (Gap=10mil) (On the board ),(On the board )
Rule Violations :0

Processing Rule : Broken-Net Constraint ( (On the board ) )
Rule Violations :0

Processing Rule : Short-Circuit Constraint (Allowed=Not Allowed) (On the board ),(On the board )
Rule Violations :0


Violations Detected : 0
Time Elapsed        : 00:00:00
```

产生检测报表的同时，如果线路中有错误，会显示在相应的 PCB 图中。

第六节　手工调整布线

Protel 99 SE 的自动布线功能虽然非常强大，但由于程序计算的限制，自动布线的结果中也会存在很多不尽如人意的地方。因此，我们有必要在自动布线的基础上对印制电路板进行手工调整。

一、调整布线

在 Tools/Un-Route 菜单下，提供了几个常用于手工调整布线的命令，这些命令可以分别进行不同方式的布线调整。

（1） All　拆除所有布线，进行手动调整。

（2） Net　拆除所选布线网络，进行手动调整。

（3） Connection　拆除所选的一条连线，进行手动调整。

（4） Component　拆除与所选的元件相连的导线，进行手动调整。

例　拆除图 7-32 中元件 C1 的第 2 引脚与元件 J2 的第 2 引脚间的布线。具体操作步骤如下；

1）执行菜单命令 Tools/Un-Route/Connection，光标变成十字形状。将光标移到要拆除的导线上，单击鼠标左键，即可将该导线拆除，拆除结果如图 7-41 所示。

2）执行菜单命令 Place/Interactive Routing 或单击放置工具栏中的按钮，可手工将上述已拆除的布线重新连接上。

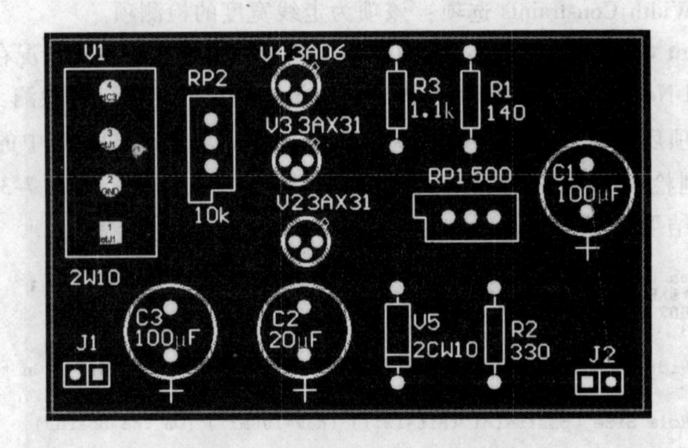

图 7-41　拆除原有布线后的结果

二、加宽电源/接地线

为了提高抗干扰能力，增加系统的可靠性，往往需要将电源/接地线和一些过电流较大的线加宽，一般至少将电源线增加到普通信号线的 3 倍以上。加宽电源/接地线的具体操作步骤如下：

1）将光标移动到电源/接地线上，双击鼠标左键。这里我们双击图 7-32 中的 GND 网络。

2）在出现的导线属性对话框中重新设置线宽。这里我们将“Width”值设为“30mil”，然后单击 Global>> 按钮进入整体修改对话框。在该对话框中将“Attributes To Match By”功能区的“Net”选项设置为“Same”，在“Copy Attributes”功能区选中“Width”选项，如图 7-42 所示。然后单击 OK 按钮，这样我们就将图中的所有地线都加宽了。

加宽地线后的结果如图 7-43 所示。

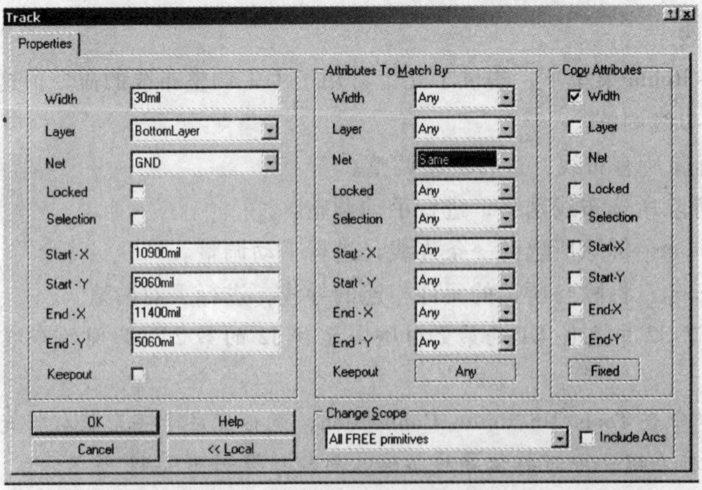

图 7-42　整体修改线宽

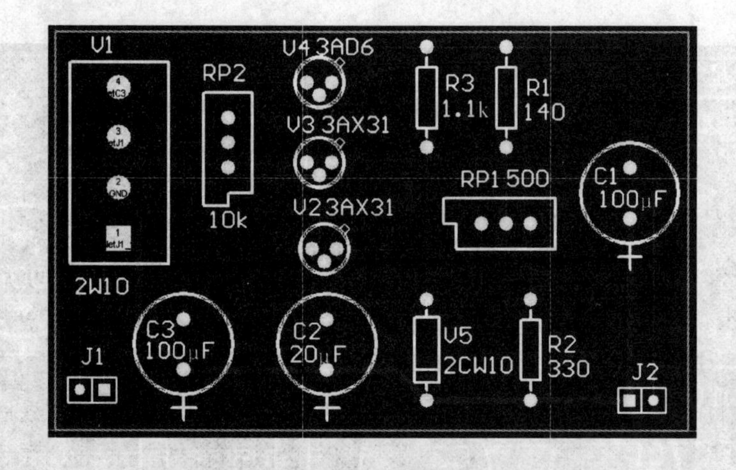

图 7-43　加宽地线后的结果

三、重新标注元器件

元器件经过自动布局后，其相对位置与原理图中的位置发生了变化，再经手动布局调整后，元器件的序号变得比较杂乱。这时就需要对元器件的序号进行重新标注，以便于查找。一般情况下，可更新元器件的流水号，使流水号排列保持一致性。

1. 更新元器件流水号

自动更新元器件流水号的具体操作步骤如下：

执行菜单命令 Tools/Re-Annotate...，显示如图 7-44 所示的元器件重新标注设置对话框。

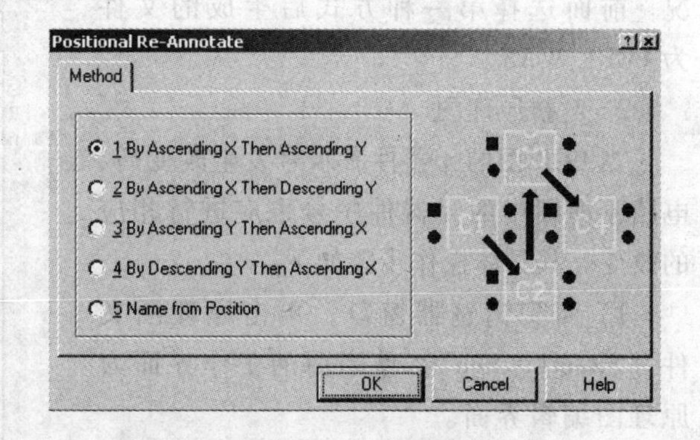

图 7-44　元器件重新标注设置对话框

在该对话框中，系统提供了五种更新方式：

By Ascending X Then Ascending Y 选项表示先按横坐标从左到右，然后再按纵坐标从下到上编号。

By Ascending X Then Descending Y 选项表示先按横坐标从左到右，然后再按纵坐标从上到下编号。

By Ascending Y Then Ascending X 选项表示先按纵坐标从下到上，然后再按横坐标从左到右编号。

By Descending Y Then Ascending X 选项表示先按纵坐标从上到下，然后再按横坐标从左到右编号。

Name from Position 选项表示根据坐标位置进行编号。

选择其中一种方式后，单击 OK 按钮。系统将按照选定的方式对元器件的流水号重新编号。现选择第一种方式对图 7-43 所示的 PCB 图重新编号，其结果如图 7-45 所示。

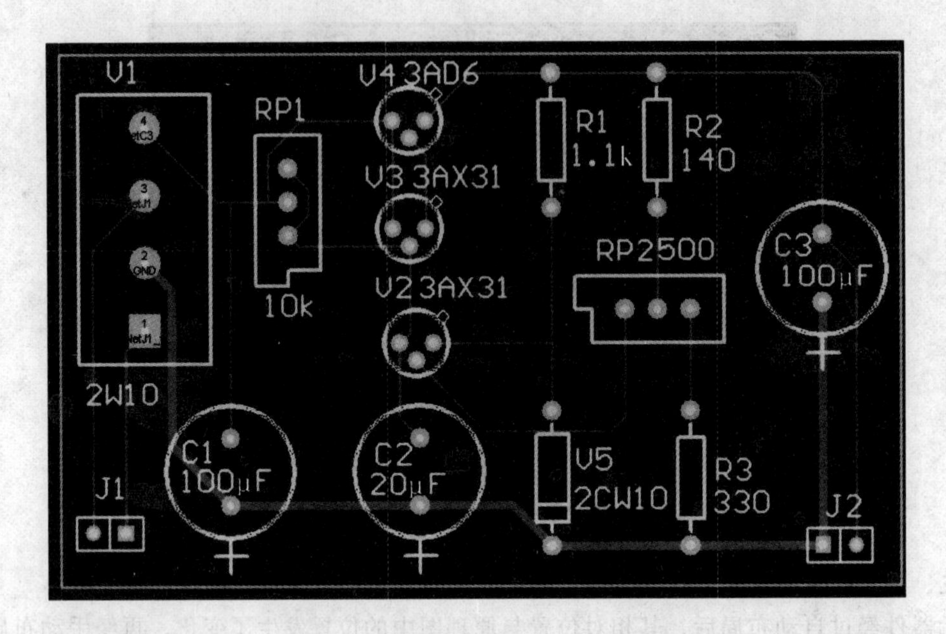

图 7-45　元器件重新编号后的 PCB 图

元器件重新编号后，系统将生成一个“.WAS”的文件记录元器件编号的变化情况。前面选择第一种方式后生成的文件为 PCB1.WAS。

2. 更新原理图

当 PCB 图的元器件流水号发生改变后，电路原理图中的元器件序号也应进行相应的改变。其具体操作步骤如下：

1）回到浏览器窗口，单击原理图文件“Sheet1. Sch”，使当前的工作界面为原理图编辑界面。

2）执行菜单命令 Tools/Back Annotate，弹出如图 7-46 所示的装入“.WAS”文件对话框，将上面 PCB 图重新标注后形成的文件“PCB1.WAS”装入。这里我们单击文件“PCB1.WAS”，然后单击按钮确认，即可更新原来的原理图。

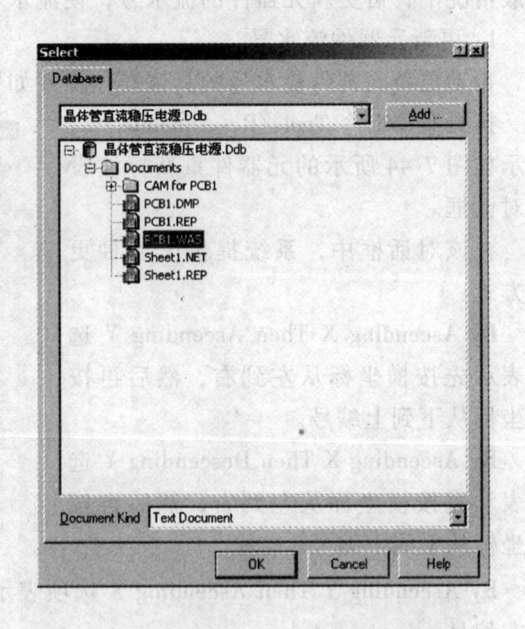

图 7-46　装入“.WAS”文件对话框

第七节　PCB 放置工具栏

PCB 编辑器提供了放置工具栏（Placement Tools），如图 7-47 所示。可以通过执行菜单命令 View/Toolbars/Placement Tools 来实现该工具栏的打开和关闭。

放置工具栏中各按钮的功能如下：

1. 绘制导线

1）单击放置工具栏中的按钮或执行菜单命令 Place/Keepout/Track，光标变成十字形状。将光标移到所需位置，单击鼠标左键确定导线的起点，然后移动光标，在导线的每一个转折点处单击鼠标左键确认（如果某一段导线与上一段导线呈 90°转折，则在转折处双击鼠标左键）即可完成一条导线的绘制，如图 7-48 所示。

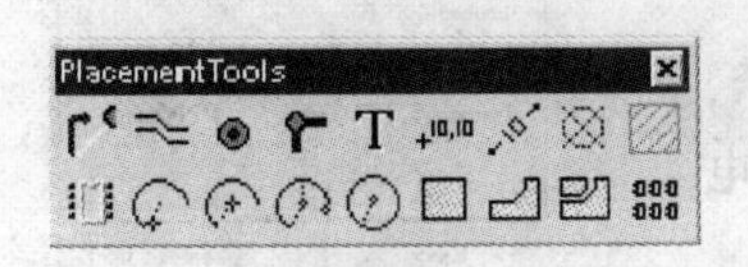

图 7-47　PCB 放置工具栏

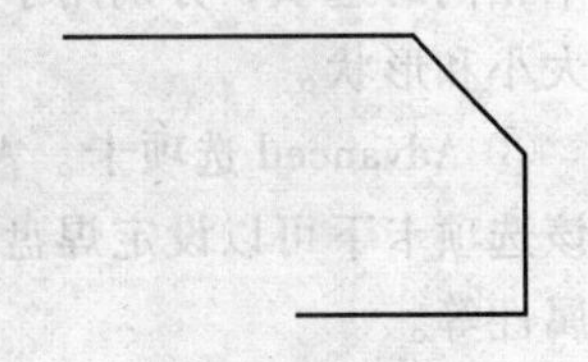

图 7-48　绘制一条导线

2）绘制完一条导线后，单击鼠标右键确认。之后程序仍处于该命令状态，可继续绘制导线。双击鼠标右键或按 Esc 键即可退出该命令状态。

3）设置导线属性：双击绘制完的导线，显示如图 7-49 所示的设置导线属性对话框。该对话框中各个选项说明如下：

① Width 文本框：设置导线宽度。

② Layer 下拉框：设置导线所在的层。

③ Net 下拉框：设置导线所在的网络。

④ Locked 复选框：设置导线的位置是否锁定。

⑤ Selection 复选框：设置导线是否处于选取状态。

⑥ Start-X 文本框：设置导线起点的 X 轴坐标。

⑦ Start-Y 文本框：设置导线起点的 Y 轴坐标。

⑧ End-X 文本框：设置导线终点的 X 轴坐标。

⑨ End-Y 文本框：设置导线终点的 Y 轴坐标。

⑩ Keepout 复选框：选中该复选框后，此导线具有电气边界特性。

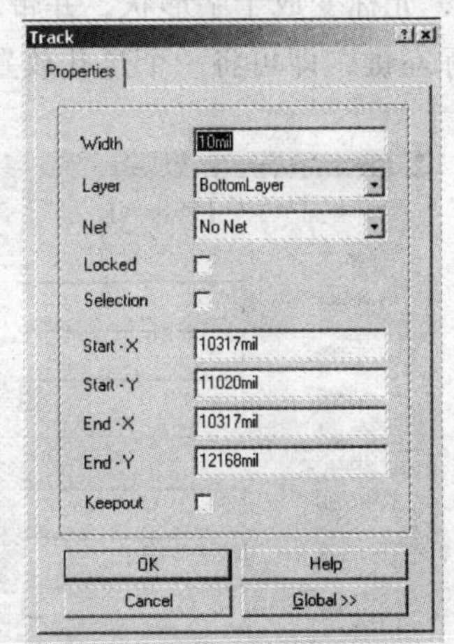

图 7-49　设置导线属性对话框

2. 放置焊盘

1）单击放置工具栏中的按钮或执行菜单命令 Place/Pad，光标变成十字形状，并带着一个焊盘出现在工作平面上。移动光标到所需位置处单击鼠标左键，即可将一个焊盘放置在该处。

2）重复上述步骤，可在工作平面上放置其他焊盘。图 7-50 所示为放置了多个焊盘的电路板。单击鼠标右键可退出该命令状态。

3）设置焊盘属性：双击已放置的焊盘，显示如图 7-51 所示的设置焊盘属性对话框。

图 7-50　放置了多个焊盘的电路板

该对话框包括三个选项卡，各选项卡含义如下：

① Properties 选项卡。在该选项卡下可设置焊盘的 X 轴尺寸、Y 轴尺寸、焊盘的形状、焊盘序号、焊盘通孔直径、焊盘所在层、焊盘的旋转角度以及焊盘所在位置的 X 轴和 Y 轴坐标。

② Pad Stack 选项卡。该选项卡下有三个选项组，即 Top、Middle 和 Bottom，如图 7-52 所示。每个选项组中都有三个相同的选项，分别用于指定焊盘在顶层、中间层和底层的大小和形状。

③ Advanced 选项卡。Advanced 选项卡如图 7-53 所示，在该选项卡下可以设定焊盘所在网络以及焊盘在网络中的电气属性等。

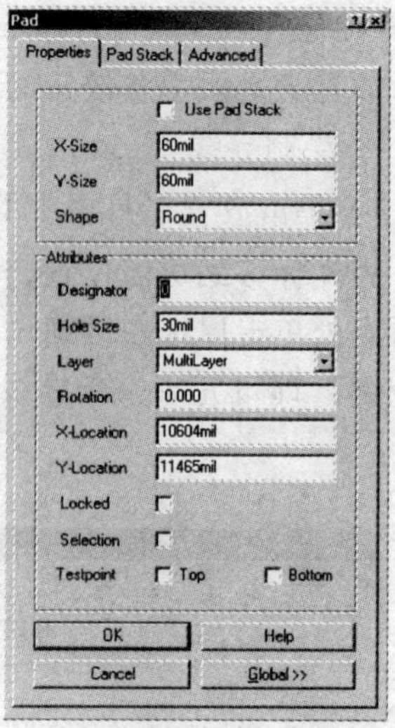

图 7-51　设置焊盘属性对话框

3. 放置过孔

1）单击放置工具栏中的按钮或执行菜单命令 Place/Via，光标变成十字形状，并带着一个过孔出现在工作平面上。移动光标到所需位置处单击鼠标左键，即可将一个过孔放置在该处，如图 7-54 所示。

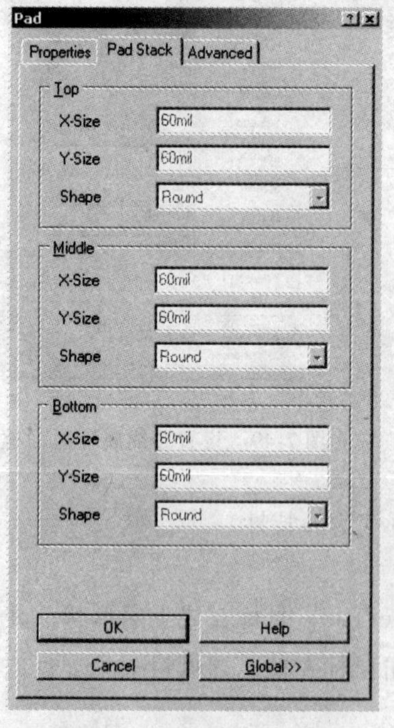

图 7-52　Pad Stack 选项卡

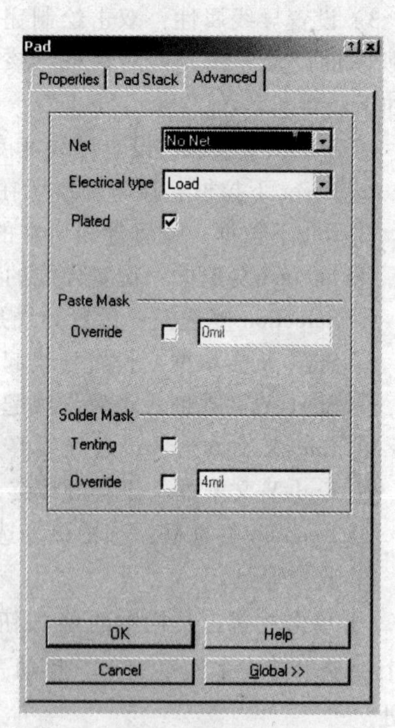

图 7-53　Advanced 选项卡

2）重复上述步骤，可在工作平面上放置其他过孔。

3）双击已放置的过孔，显示如图 7-55 所示的过孔属性对话框。

在该对话框中可设置过孔直径、过孔的通孔直径、过孔穿过的开始层、过孔穿过的结束层及该过孔是否与印制电路板的网络相连等属性。

图 7-54　放置了过孔的电路板

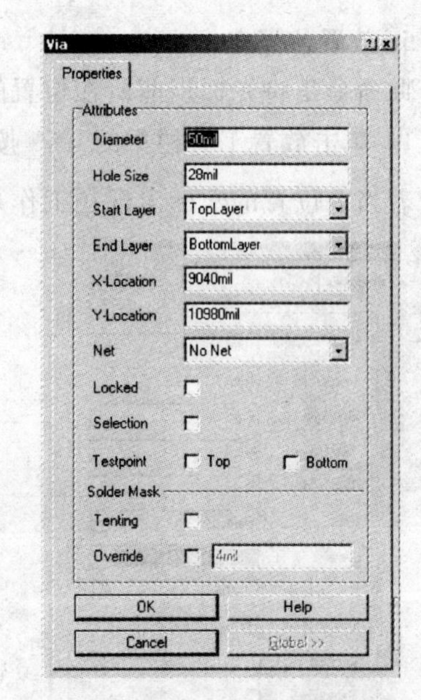

图 7-55　过孔属性对话框

4. 放置字符串

在绘制印制电路板时，常常需要在电路板上放置字符串，以作为必要的文字标注。放置字符串的具体操作步骤如下：

1）单击放置工具栏中的 T 按钮或执行菜单命令 Place/String，光标变成十字形状并带着一个缺省的字符串出现在工作平面上。在此状态下按 Tab 键，会出现如图 7-56 所示的字符串属性对话框。在该对话框中可以对字符串的内容（Text）、高度（Height）、宽度（Width）、字体（Font）、所处工作层（Layer）、放置角度（Rotation）、放置位置坐标（X-Location、Y-Location）等进行选择或设置，还可选择镜像（Mirror）、锁定（Location）、选中（Selection）等功能。设置好的对话框如图 7-56 所示。

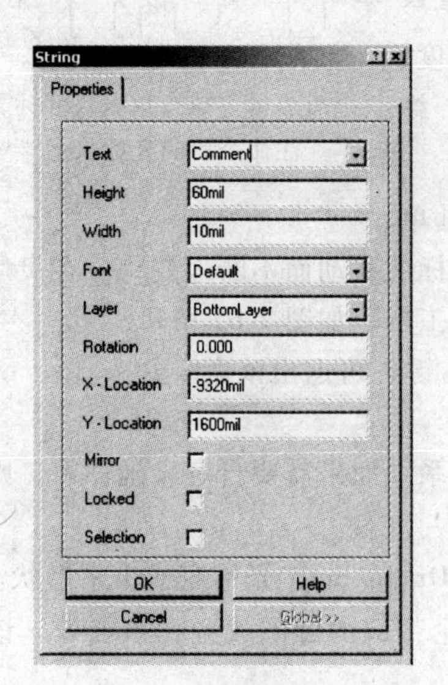

图 7-56　字符串属性对话框

2）设置好字符串属性后，单击对话框中的 OK 按钮。之后将光标移到所需位置，单击鼠标左键，即可将字符串放置到相应的位置上，如图 7-57 所示。在放置字符串前，按 空格 键可改变字符串的放置方向。放置结束后，单击鼠标右键，可退出该命令状态。

图 7-57　放置字符串

5. 放置位置坐标

此命令是将光标当前所在位置的坐标放置在工作平面上，其具体操作步骤如下：

1）单击放置工具栏中的 按钮或执行菜单命令 Place/Coordinate，光标变成十字形状并带着当前位置的坐标出现在工作平面上。在此状态下按 Tab 键，会出现如图 7-58 所示的位置坐标属性对话框。在该对话框中可设置位置坐标的有关属性。这里我们选择所处工作层为“Top OverLay”，其他则使用系统的缺省设置。

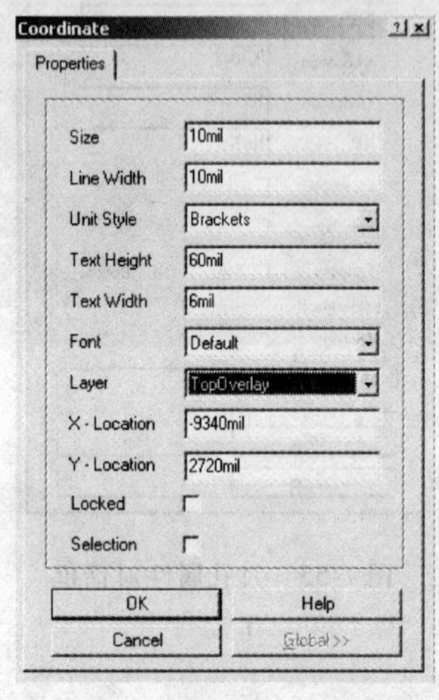

图 7-58 位置坐标属性对话框

2）设置好位置坐标属性后，单击对话框中的 OK 按钮确认。之后将光标移到所需位置，单击鼠标左键，即可将当前位置的坐标放到相应的位置上，如图 7-59 所示。放置结束后，单击鼠标右键，可退出该命令状态。

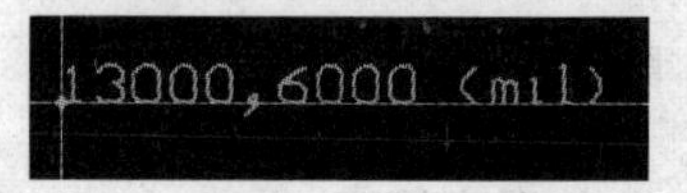

图 7-59 放置位置坐标

6. 放置尺寸标注

在设计印制电路板时，有时需要标注某些尺寸的大小，以方便印制电路板的制造。放置尺寸标注的具体操作步骤如下：

1）单击放置工具栏中的 按钮或执行菜单命令 Place/Dimension，出现如图 7-60 所示的状态。

2）在此状态下按 Tab 键，会出现如图 7-61 所示的设置尺寸标注属性对话框。在该对话框中可对尺寸标注的字体高度、宽度、线宽、单元类型、字体所处的工作层、起点坐标、终点坐标等属性进行设置，然后单击 OK 按钮确认。

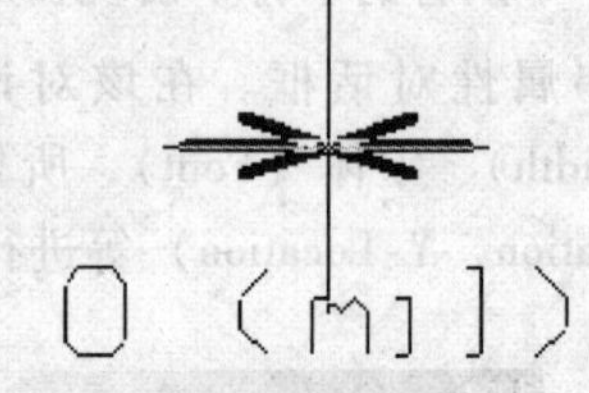

图 7-60 执行放置尺寸标注命令后的光标状态

3）设置好尺寸标注属性后，将光标移到尺寸的起点处单击鼠标左键，然后移动光标，此时显示的尺寸值会随着光标的移动而不断地变化。在尺寸的终点处再次单击鼠标左键，就完成了一次放置尺寸标注的工作，如图 7-62 所示。

4）重复上述操作，可继续放置尺寸标注。单击鼠标右键，可退出该命令状态。

7. 设置坐标原点

在印制电路板设计系统中，程序本身提供了一套坐标系。如果需要自定义坐标系，则需设置坐标原点。具体操作步骤如下：

1）单击放置工具栏中的 按钮或执行菜单命令 Edit/Origin/Set，光标变成十字形状。

2）移动光标到所需位置，单击鼠标左键，即可将一个带叉的圆圈放置在该点处，该点即被设置为用户坐标系的原点。

3）如果要恢复系统原有的坐标系，可执行菜单命令 Edit/Origin/Reset。

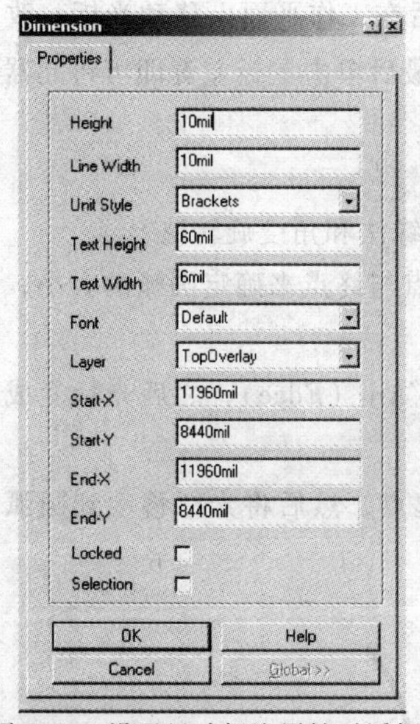

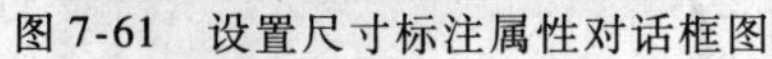
图 7-61　设置尺寸标注属性对话框图

图 7-62　放置尺寸标注

8. 放置元件封装

除了利用网络表装入元器件外，用户还可以将元器件手工放置到工作平面上。放置元件封装的具体操作步骤如下：

1）单击放置工具栏中的按钮或执行菜单命令 Place/Component。执行该命令后，出现如图 7-63 所示的放置元器件对话框。

2）在图 7-63 所示对话框中输入元器件的封装形式、序号、注释等参数，单击 OK 按钮确认后，光标变成十字形状并带着选定的元器件出现在工作平面上。此时按 Tab 键，会出现如图 7-64 所示的元件属性对话框。在该对话框中可以设定元器件的封装形式、序号、注释、所处工作层面、放置方向等参数。

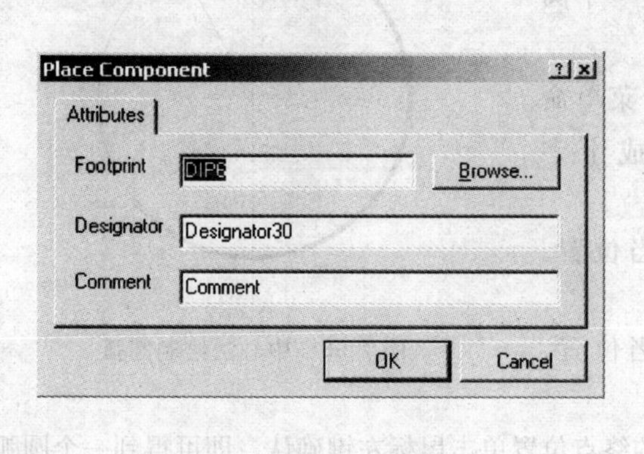

图 7-63　放置元件对话框

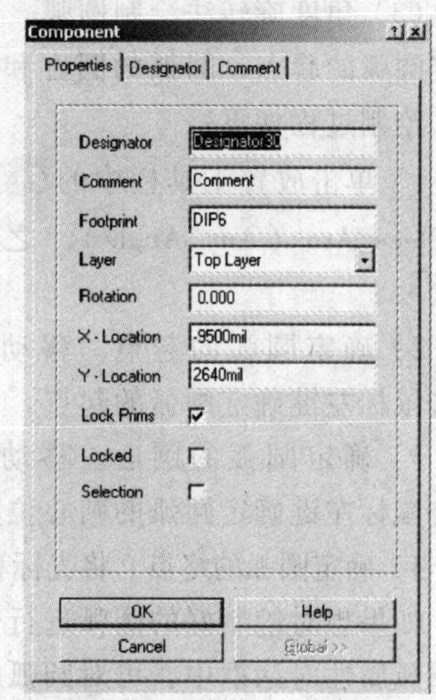

图 7-64　元件属性对话框

3）设置好元器件的属性后，单击 OK 按钮确认。然后在工作平面上移动光标，改变元器件的放置位置，也可按空格键调整元器件的放置方向，最后单击鼠标左键即可将元器件放置在当前光标所在位置。

9. 绘制圆弧和圆

Protel 99 SE 提供了三种绘制圆弧的方法：中心法、边缘法和角度旋转法。

（1）边缘法绘制圆弧　边缘法是通过确定圆弧上的起点与终点来确定圆弧的大小，绘制过程如下：

1）单击放置工具栏中的按钮或执行菜单命令 Place/Arc（Edge），之后光标变成十字形状。

2）移动光标至适当位置，单击鼠标左键确定圆弧的起点，然后将光标移动到圆弧的终点位置再单击鼠标左键，这样我们就得到了一个圆弧，如图 7-65 所示。

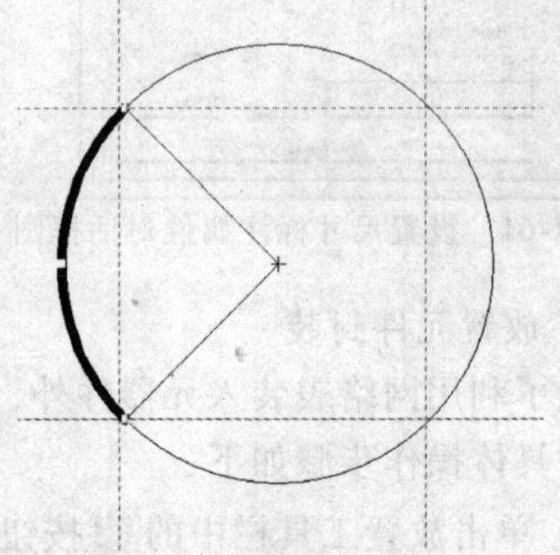

图 7-65　边缘法绘制圆弧

（2）中心法绘制圆弧　中心法是通过确定圆弧的中心、圆弧的半径、圆弧的起点和终点来确定一个圆弧，绘制过程如下：

1）单击放置工具栏中的按钮或执行菜单命令 Place/Arc（Center），之后光标变成十字形状。

2）确定圆弧中心。移动鼠标至适当位置，单击鼠标左键确定圆弧的中心。

3）确定圆弧半径。移动鼠标至适当位置，单击鼠标左键确定圆弧的半径。

4）确定圆弧的起点和终点。将光标移动到所需位置，单击鼠标左键确定圆弧的起点，然后将光标移动到圆弧的终点位置再次单击鼠标左键确认，这样我们就得到了一个圆弧，如图 7-66 所示。

（3）角度旋转法绘制圆弧　角度旋转法是通过确定圆弧的起点、圆弧的圆心和终点来确定一个圆弧，绘制过程如下：

1）单击放置工具栏中的按钮或执行菜单命令 Place/Arc（Any Angle），之后光标变成十字形状。

2）确定圆弧的起点。移动鼠标至适当位置，单击鼠标左键确定圆弧的起点。

3）确定圆弧的圆心。移动鼠标至适当位置，单击鼠标左键确定圆弧的圆心位置。

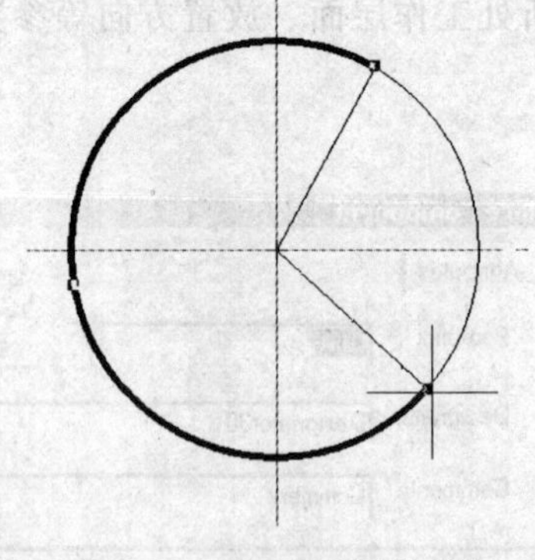

图 7-66　中心法绘制圆弧

4）确定圆弧的终点。将光标移动到圆弧的终点位置单击鼠标左键确认，即可得到一个圆弧。

如果想对绘制好的圆弧进行修改，可用鼠标左键双击该圆弧，在弹出的如图 7-67 所示的圆弧属性对话框中，可对圆弧的弧线宽度、所处工作层面、连接网络、中心位置坐标、半径、起始角度、终止角度等参数进行设置。

(4) 绘制圆

1) 单击放置工具栏中的◎按钮，或执行菜单命令 Place/Full Circle，之后光标变成十字形状。

2) 移动光标至适当位置，单击鼠标左键确定圆弧的圆心，再单击鼠标左键确定圆弧的半径，之后即可得到一个圆，如图 7-68 所示。

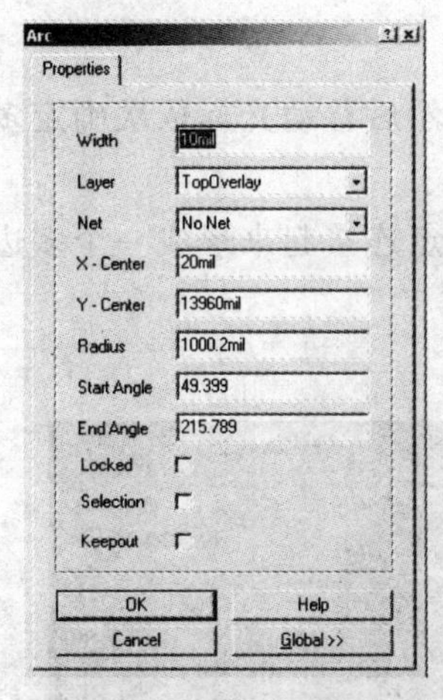

图 7-67 圆弧属性对话框图

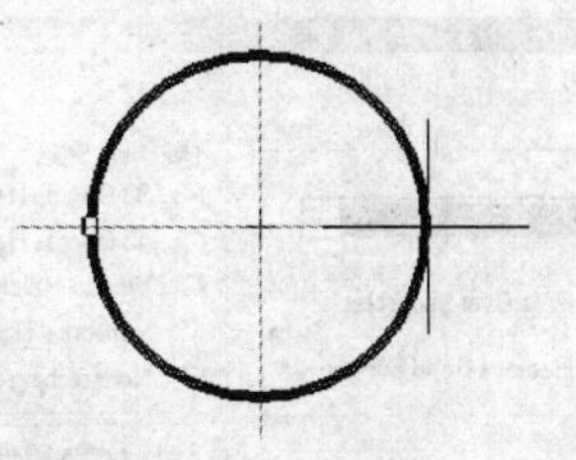

图 7-68 绘制的圆

10. 放置矩形填充

填充是用于提高系统的抗干扰性而设置的大面积电源或接地区域，通常放置在印制电路板的顶层、底层、内部电源或接地层上。放置矩形填充的具体操作步骤如下：

1) 单击放置工具栏中的▨按钮或执行菜单命令 Place/Fill，之后光标变成十字形状。

2) 按下 Tab 键，会出现如图 7-69 所示的矩形填充属性对话框。在该对话框中可以对矩形填充所处的工作层（Layer）、连接的网络（Net）、放置角度（Rotation）、两个角的坐标参数等进行设置，设置完成后单击 OK 按钮确认。

3) 移动光标，依次确定矩形区域对角线的两个顶点，即可完成对该区域的填充，如图 7-70 所示。

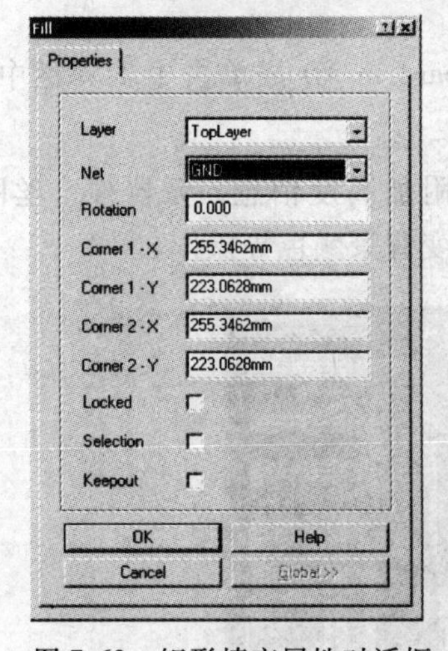

图 7-69 矩形填充属性对话框

图 7-70 放置矩形填充

11. 放置多边形平面

多边形平面与填充类似，用于大面积电源或接地，以增强系统的抗干扰性。放置多边形平面的具体操作步骤如下：

1) 单击放置工具栏中的◪按钮或执行菜单命令 Place/Polygon，之后弹出如图 7-71 所示的多边形属性对话框。

2) 在图 7-71 所示对话框中可以对与填充连接的网络（Net Options）、填充平面的格点尺寸（Grid Size）、线宽（Track Width）、所处工作层（Layer）、填充策略（Hatching Style）、环绕焊盘方式（Surround Pads With）、最小原始尺寸（Minimum Primitive Size）等参数进行

设置。设置完成后单击 OK 按钮确认，此时光标变成十字形状。

3）移动光标至适当位置，单击鼠标左键确定多边形的起点，然后移动光标依次确定多边形的其他顶点。

4）在多边形的终点处单击鼠标右键，程序会自动将起点和终点连接起来形成一个多边形区域，同时在该区域内完成填充，如图 7-72 所示。

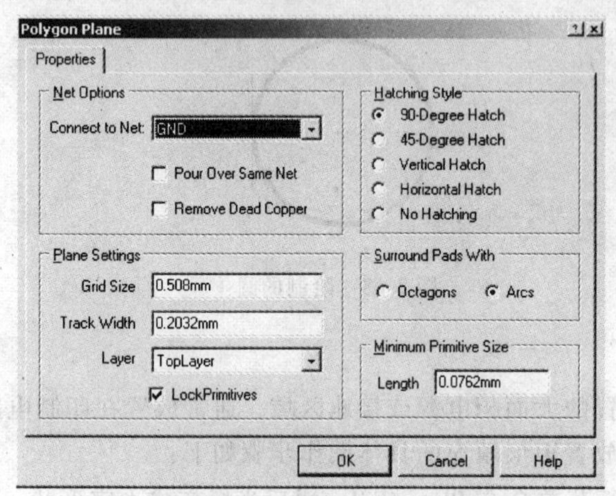

图 7-71 多边形属性对话框

图 7-72 放置多边形平面

12. 印制电路板的 3D 显示

印制电路板的 3D 显示可以通过执行菜单命令 View/Board in 3D 或单击主工具栏中的按钮来实现。图 7-73 所示即为印制电路板的三维效果图。

使用该功能可以显示清晰的 PCB 三维实体效果，不用附加高度信息，元器件、丝网、铜箔均可以被隐蔽，并且用户可以随意进行旋转、缩放、改变背景颜色等操作。

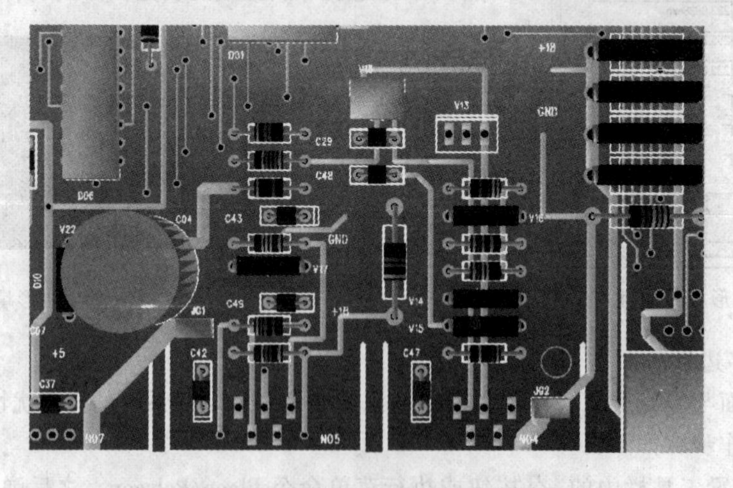

图 7-73 印制电路板的三维效果图

第八节 PCB 图的打印输出

完成 PCB 设计后，还需要打印输出图形，以备焊接元器件和存档。使用打印机打印输出 PCB 图的具体操作步骤如下：

1. 设置打印机

1）执行菜单命令 File/Print/Preview...。

2）执行上述命令后，系统将生成 Preview PCB1. PPC 文件。

3）进入 Preview PCB1. PPC 文件，执行菜单命令 File/Setup Printer...，系统将弹出图 7-74 所示的 PCB 打印设置对话框。

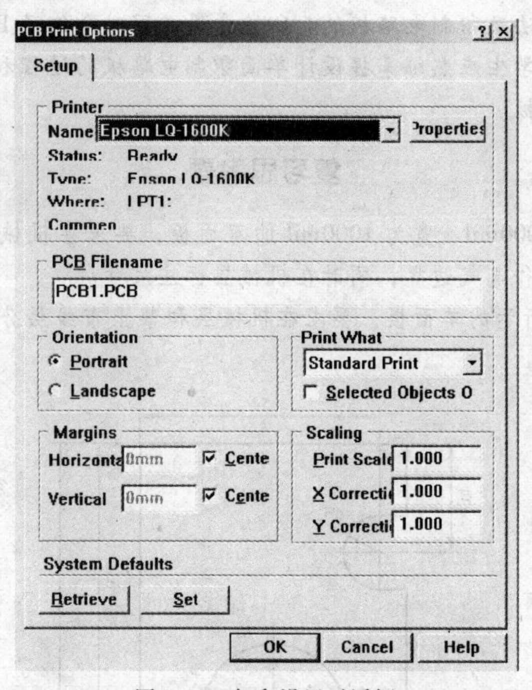

图 7-74 打印设置对话框

该对话框中各部分选项的作用如下：

① Name 下拉框：从中可选择打印机的名称。

② PCB Filename 文本框：显示所要打印的文件名。

③ Orientation 选项组：选择打印方向。其中 Portrait 选项为纵向打印，Landscape 选项为横向打印。

④ Print What 下拉框：选择打印的对象。其中 Standard Print 选项为标准形式，Whole Board on Page 选项为整块板打印在一页上，PCB Screen Region 选项为 PCB 区域打印。

⑤ 其他选项为打印边界和打印比例设置。

3）设置完成后单击 OK 按钮确认。

2. 打印输出

设置好打印机后，可执行菜单命令 File/Print 中的相关命令进行打印。打印 PCB 图形的命令有：

（1）File/All 打印所有图形。

（2）File/Job 打印操作对象。

（3）File/Page 打印给定的页面。

（4）File/Current　打印当前页。

本章小结

本章以制作单面印制电路板为例，详细讲解了单面板的设计过程。主要内容有：准备原理图和网络表、规划电路板、网络表与元器件的装入、元器件的布局、自动布线功能的使用、手工调整布线的方法及印制电路板的打印输出等，同时介绍了 PCB 放置工具栏。

通过本章的学习、学生应熟练掌握设计单面印制电路板的过程和方法，能够根据电路原理图制作单面印制电路板。

复习思考题

1. 定义一块长为 2000mil、宽为 1000mil 的双面板，要求在机械层和禁止布线层分别规划出电路板的物理边界和电气边界，同时在机械层标注尺寸。

2. 定义如图 7-75 所示的单面板，要求在机械层和禁止布线层分别规划出电路板的物理边界和电气边界。

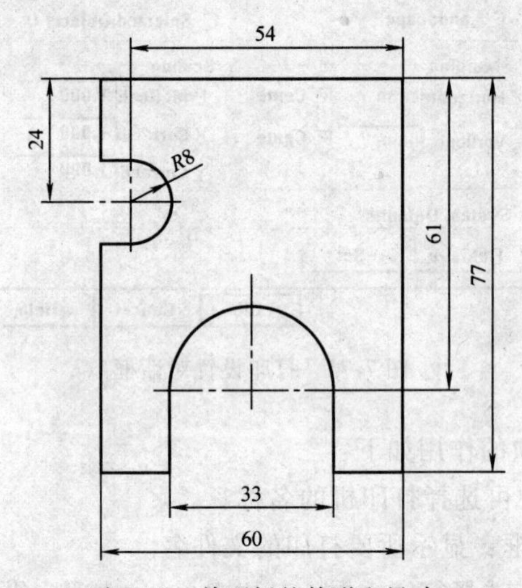

图 7-75　单面板的外形和尺寸

3. 根据图 7-76 所示的单级放大电路原理图设计单面印制电路板。

设计要求如下：

1）印制电路板的电气边界为 2000mil × 1000mil；图中各元器件采用如下封装形式：

电阻 R1、R2、R3、R4 的封装形式为 AXIAL0.3；电容 C1、C2、C3 的封装形式为 RAD0.1；晶体管 VT 的封装形式为 TO92A；连接器 J1 的封装形式为 SIP4；连接器 J2 的封装形式为 SIP2。

2）手工放置元器件封装，手工连接铜膜导线。

3）一般布线宽度为 10mil，电源、地线宽度为 30mil。

4. 绘制如图 7-77 所示的单向晶闸管交流调速电路图并将其设计成单面印制电路板。

设计要求如下：

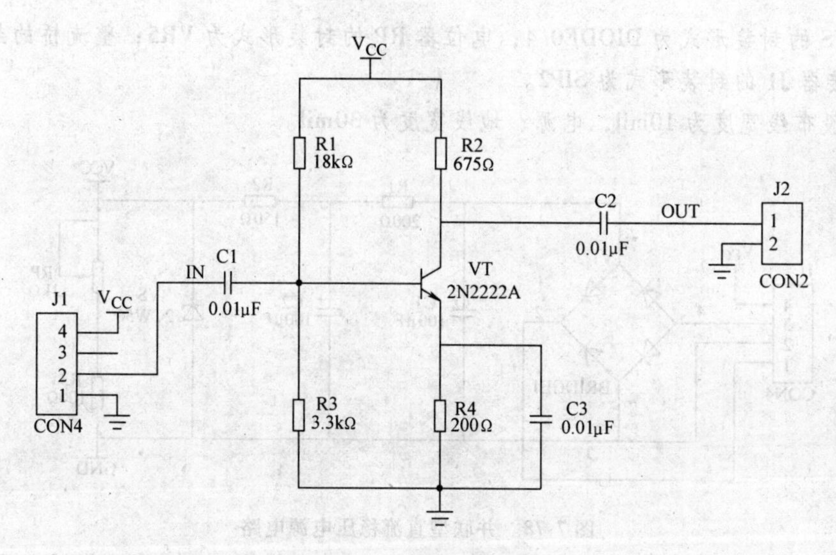

图 7-76　单级放大电路

1）绘制单向晶闸管交流调速电路图，并由原理图创建网络表。

2）印制电路板的电气边界为 2000mil×1500mil；图中各元器件采用如下封装形式：

电阻 R1、R2、R3、R4 的封装形式为 AXIAL0.3；电容 C 的封装形式为 RAD0.1；单结晶体管 VU 的封装形式为 TO92A；二极管 VD1、VD2、稳压二极管 VS1、VS2 的封装形式为 DIODE0.4；晶闸管 V2 的封装形式为 TO-126；电位器 RP 的封装形式为 VR4；整流桥的封装形式为 FLY4；连接器 J1 的封装形式为 SIP3。

3）一般布线宽度为 10mil，电源、地线宽度为 30mil。

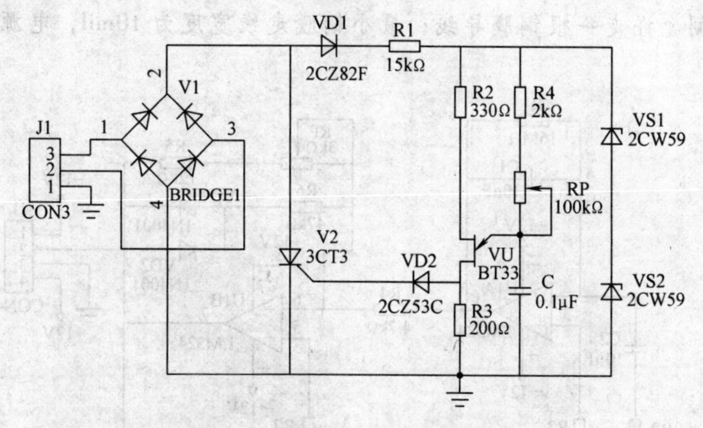

图 7-77　单向晶闸管交流调速电路

5. 绘制如图 7-78 所示的并联型直流稳压电源电路原理图并将其设计成单面印制电路板。

设计要求如下：

1）绘制并联型直流稳压电源电路原理图，并由原理图创建网络表。

2）印制电路板的电气边界为 50mm×30mm；图中各元器件采用如下封装形式：

电阻 R1、R2、R3 的封装形式为 AXIAL0.2；电容 C1、C2 的封装形式为 RB.2/.4；稳

压二极管 VS 的封装形式为 DIODE0.4；电位器 RP 的封装形式为 VR5；整流桥的封装形式为 FLY4；连接器 J1 的封装形式为 SIP2。

3）一般布线宽度为 10mil，电源、地线宽度为 30mil。

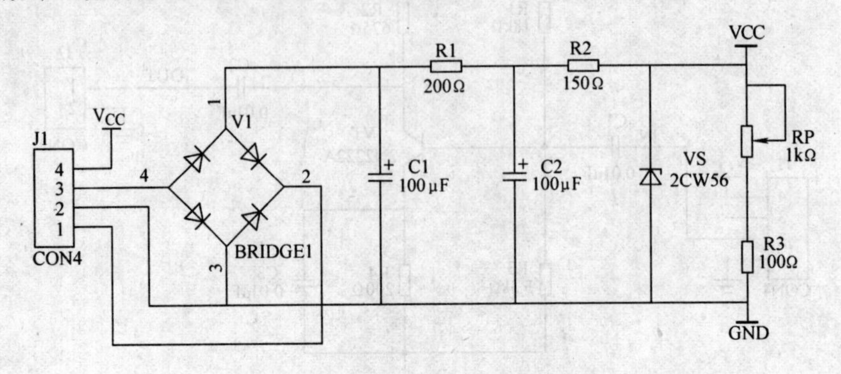

图 7-78　并联型直流稳压电源电路

6. 绘制如图 7-79 所示的波形产生电路原理图并将其设计成双面印制电路板。

设计要求如下：

1）绘制波形产生电路原理图。

2）根据原理图创建网络表。

3）制作双面印制电路板，电路板的物理边界为长 2400mil，宽 2000mil。

4）采用插针式元件封装。电阻 R1～R7 的封装形式为 AXIAL0.3；比较器 LM324 的封装形式为 DIP14；电容 C1、C2 的封装形式为 RAD0.3；二极管 VD1、VD2 的封装形式为 DIODE0.4；连接器 J1 的封装形式为 SIP4；电位器 RP 的封装形式为 VR2。

5）焊盘之间允许走一根铜膜导线；最小铜膜走线宽度为 10mil，电源、地线的铜膜线宽为 20mil。

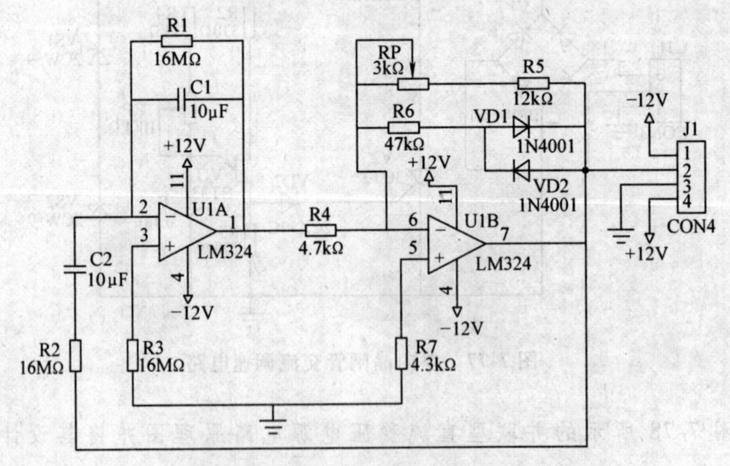

图 7-79　波形产生电路原理图

第八章 PCB 元件封装

教学目标：

1. 熟悉 PCB 元件库编辑器。
2. 掌握创建新元件封装的具体操作步骤，能够自制 PCB 元件封装。

教学重点：

创建新元件封装的具体操作步骤，能够自制 PCB 封装元件。

教学难点：

1. 自制 PCB 元件封装。
2. 创建项目元件封装库。

第一节 PCB 元件库编辑器

在进行电路设计的过程中，某些元器件的封装在元器件封装库中可能找不到，因为系统提供的元件库大都是根据厂商生产的元器件尺寸来设计其封装的，在实际运用中往往不能满足用户的要求，这就需要我们自行设计元器件的封装。

一、启动 PCB 元件库编辑器

启动 PCB 元件库编辑器的具体操作步骤如下：

1）创建一个名为“PCB 元件库 . ddb”的设计数据库文件。

2）打开该数据库中的“Documents”文件夹，执行菜单命令 File/new. . . ，之后出现如图 8-1 所示的选择文件类型对话框。

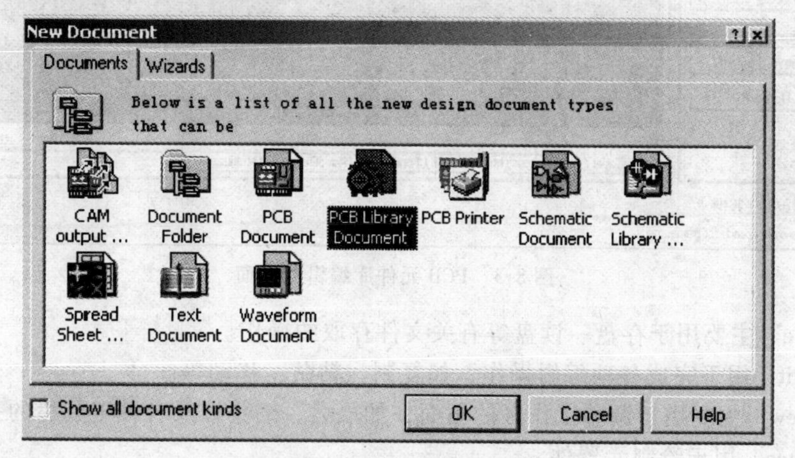

图 8-1 选择文件类型对话框

3）单击该对话框中的 PCB Library Document 图标，然后单击 OK 按钮确认，便创建了一个默认名为“PCBLIB1. LIB”的 PCB 元件库文件，如图 8-2 所示。

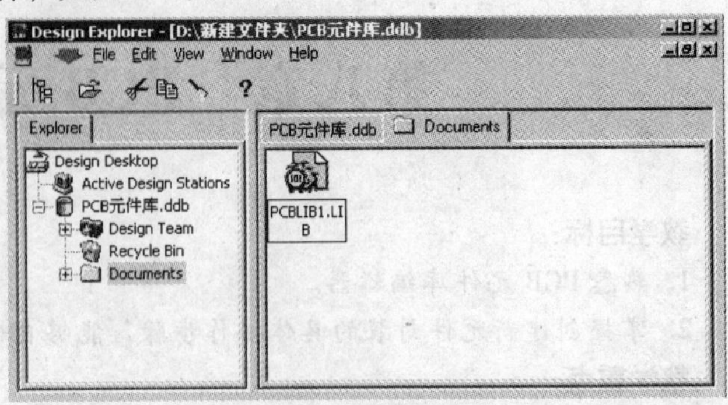

图 8-2　创建 PCB 元件库文件

4）双击 PCBLIB1. LIB 图标，即可进入 PCB 元件库编辑器。PCB 元件库编辑器界面如图 8-3 所示。

二、PCB 元件库编辑器介绍

PCB 元件库编辑器的界面与 PCB 编辑器的界面类似，大体上可分为以下几个部分：

1. 主菜单

在 PCB 元件库编辑器中进行的所有操作都可以在菜单中找到相应的菜单命令，它分为以下几栏：

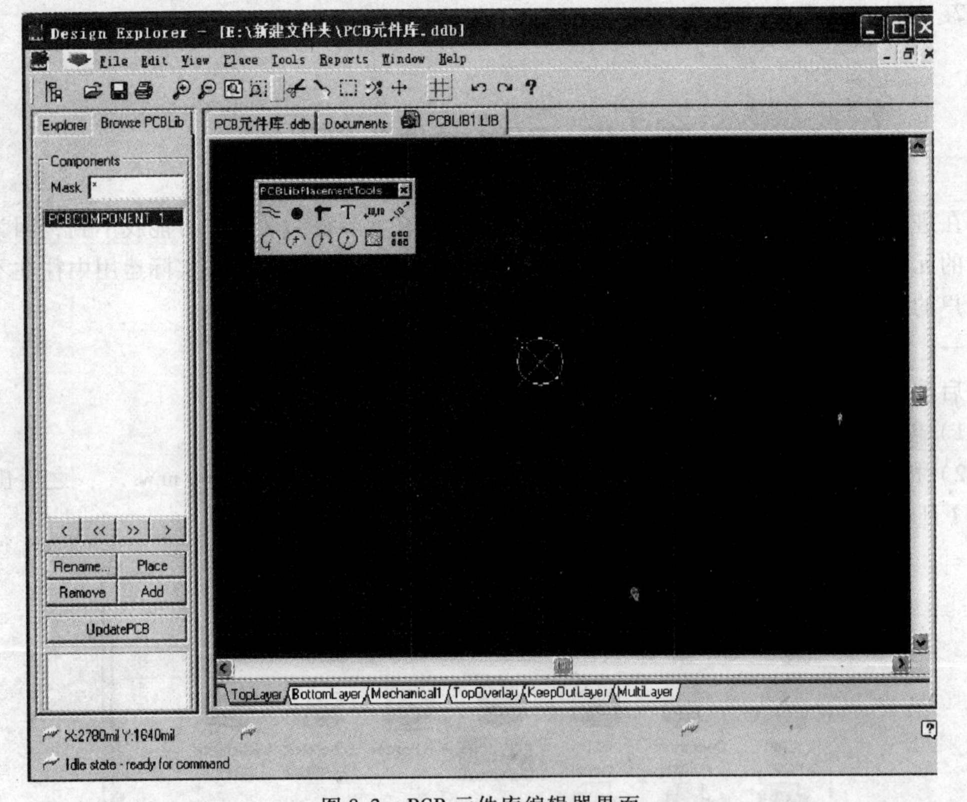

图 8-3　PCB 元件库编辑器界面

（1）File　主要用于存盘、读盘等有关文件存取的操作。

（2）Edit　用于完成各项编辑操作，如复制、粘贴、移动等。

（3）View　主要用于调整工作区的画面，如放大、缩小以及各种工具栏的打开与关闭。

（4）Place　用于绘制元器件。

（5）Tools　为用户在绘制元器件的过程中提供各种工具。

（6）Reports　用于产生各种报表。

（7）Window　界面的窗口操作。

（8）Help　为用户提供帮助信息。

2. 元件库编辑浏览器

元件库编辑浏览器主要用于对元件库进行编辑操作。

3. 主工具栏

主工具栏为用户提供了各种图标操作方式，包括打印、保存、放大与缩小界面等按钮。

4. PCB 元件库绘图工具栏

PCB 元件库绘图工具栏提供各种绘制 PCB 元件所必需的命令，如在工作平面上绘制焊点、线段等，它基本上与 Place 菜单相对应。

5. 状态栏与命令行

状态栏与命令行位于屏幕的最下方，用于提示用户当前系统所处的状态和正在执行的命令。

第二节　创建 PCB 元件封装

下面讲述如何创建一个新的 PCB 封装元件。应该指出的是，制作 PCB 封装元件与制作原理图元件有很大的不同。原理图元件只是示意性的图形，能说明元件的基本特征即可，而 PCB 封装元件直接与印制电路板相联系，它的各种尺寸必须与实物完全一致，这是我们在制作封装元件过程中必须注意的。

一、手工创建 PCB 元件封装

下面以实例介绍手工创建 PCB 元件封装的方法。

例 8-1　制作如图 8-4 所示的型号为 JZC-23F 的继电器。

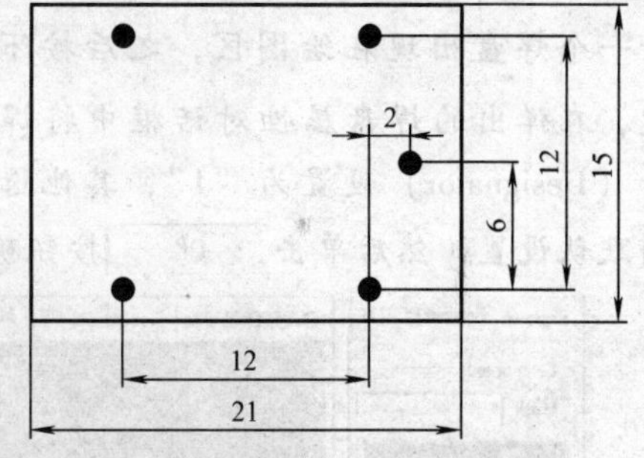

图 8-4　继电器 JZC-23F 的外形尺寸

制作 JZC-23F 封装的具体操作步骤如下：

1）创建一个名为“PCB 元件库 . ddb”的数据库文件。在该数据库的“Documents”文件夹中新建一个名为“新元件封装 . LIB”的元件库文件。双击“新元件封装 . LIB”图标，进入 PCB 元件库编辑器，这时浏览器窗口便出现一个默认名为“PCBCOMPONENT_1”的元件，如图 8-5 所示。

2）更改元件名。单击浏览器窗口中的 Rename... 按钮，在弹出的更改元件名对话框中将元件名改为“JZC-23F”，如图 8-6 所示。然后单击 OK 按钮确认，回到 PCB 元件库编辑器界面，如图 8-7 所示。

3）设置工作参数。单击工作区下面的 TopOverlay 标签，将工作层设置为顶层丝印层。执行菜单命令 Tools/Library Options...，在弹出的文件夹设置对话框中，将 Options 标签下各选项设置成如图 8-8 所示的内容。

4）绘制外框。单击绘图工具栏中的 ⌁ 按钮，执行画线命令，这时光标变成十字形状。移动光标到点（0，0）处单击左键，确定外框的起点，然后移动鼠标，同时注意屏幕左下角的坐标值，在点（21，0）处双击鼠标左键，确定元件外框的第二点，接着依次

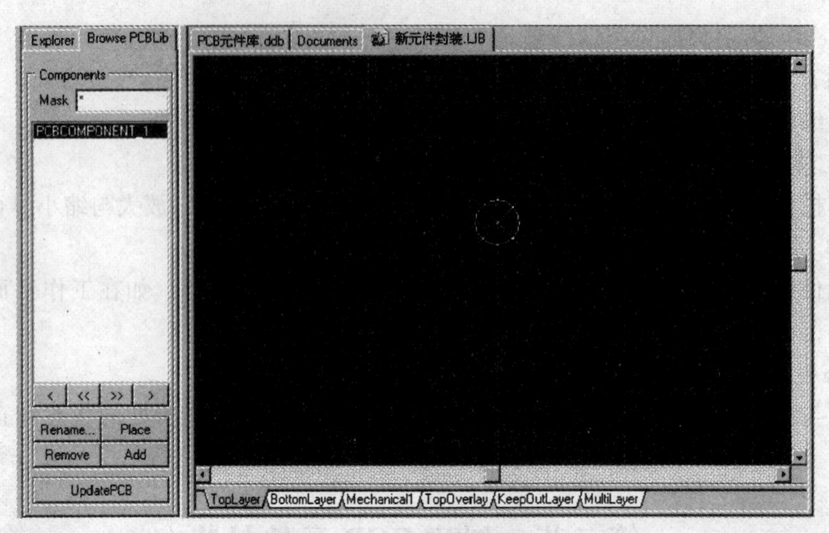

图 8-5　PCB 元件库编辑器

移动光标到点（21，15）、点（0，15）和点（0，0）处双击鼠标左键，便完成了矩形外框的绘制。

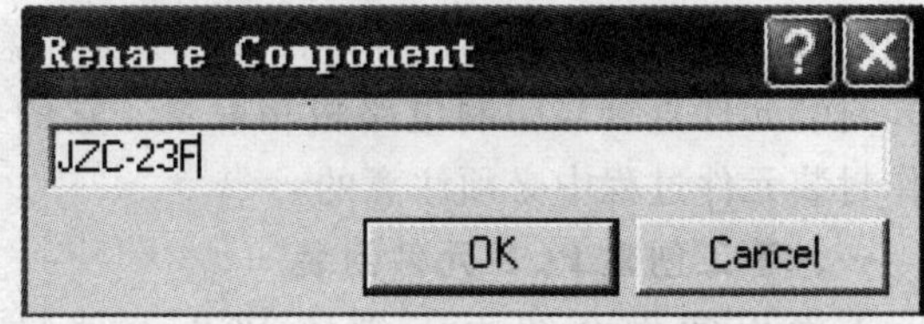

图 8-6　更改元件名对话框

5）放置焊盘。单击绘图工具栏中的 ● 按钮，执行放置焊盘命令。这时光标带着一个焊盘出现在绘图区，之后按下 Tab 键，在弹出的焊盘属性对话框中将焊盘标号（Designator）设置为“1”，其他选项采用默认设置，然后单击 OK 按钮确认。设置完的对话框如图 8-9 所示。

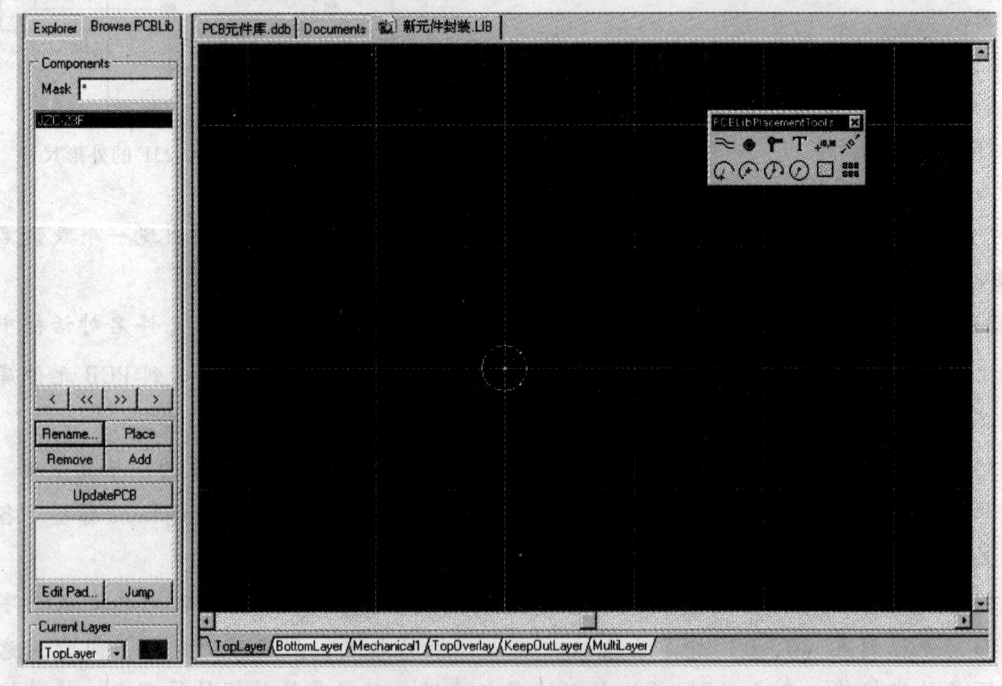

图 8-7　PCB 元件库编辑器界面

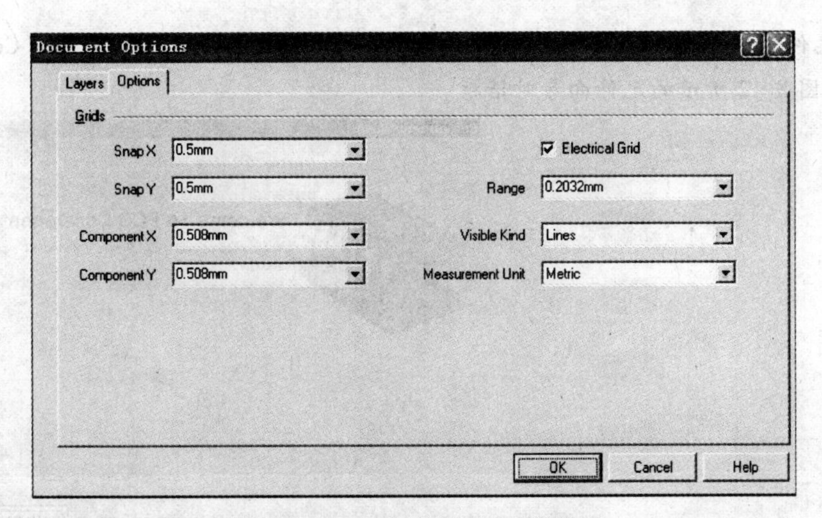

图 8-8　Options 标签下各选项的设置

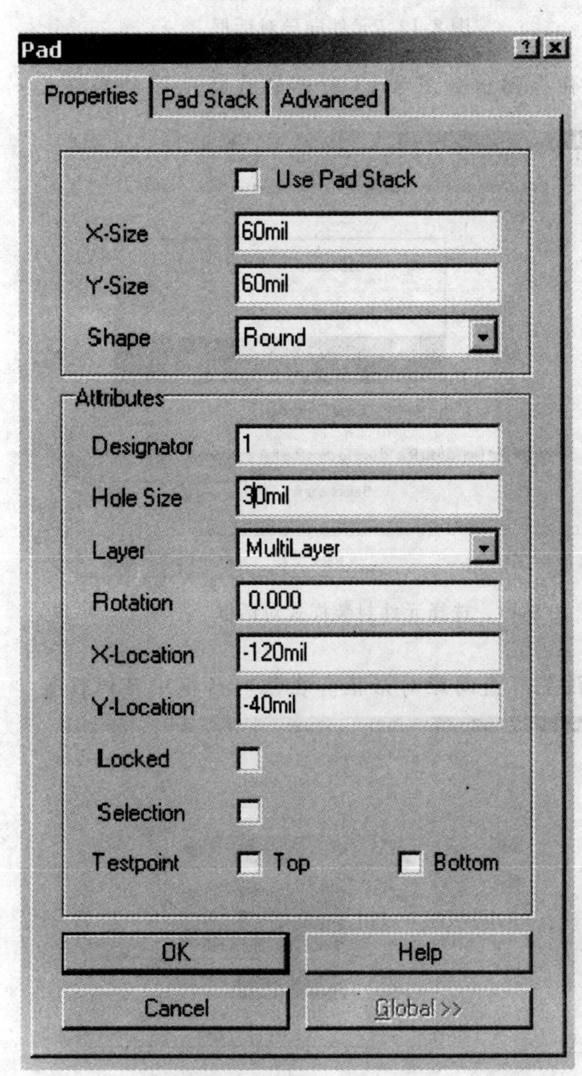

图 8-9　焊盘属性对话框

6）移动光标同时注意屏幕左下角的坐标值，到点（4.5，1.5）处单击鼠标左键，使将第一个焊盘放置在该点处。

7）采用同样的方法放置其他四个焊盘，依次将焊盘“2”放置在点（16.5，1.5）处，焊盘“3”放置在点（18.5，7.5）处，焊盘“4”放置在点（16.5，13.5）处，焊盘“5”放置在点（4.5，13.5）处，便完成了封装元件的制作。制作好的 JZC-23F 封装如图 8-10 所示。

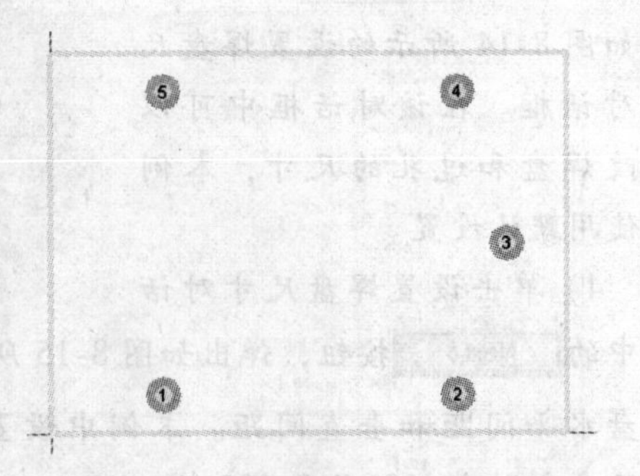

图 8-10　制作好的 JZC-23F 封装

8）执行菜单命令 File/Save，保存文件。

二、使用向导创建 PCB 元件封装

下面以实例介绍使用向导创建 PCB 元件封装的方法。

例 8-2　制作如图 8-11 所示的封装 DIP8。

具体操作步骤如下：

1）在元件库编辑浏览器中单击 Add 按钮，或执行菜单命令 Tools/New Component 命令，弹出如图 8-12 所示的元件向导对话框。

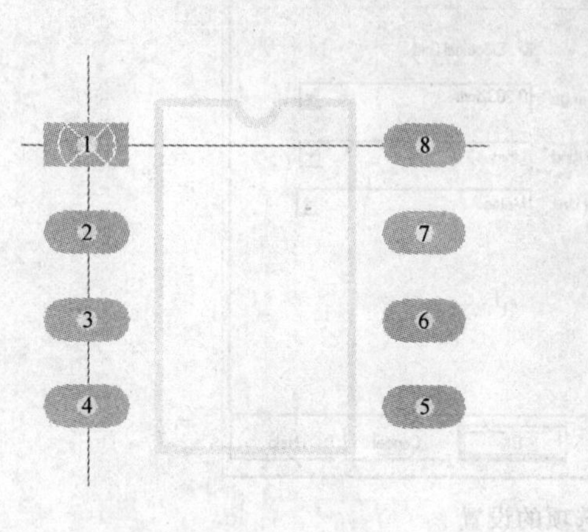

图 8-11　DIP8 封装

图 8-12　元件向导对话框

2）单击元件向导对话框中的 Next > 按钮，弹出如图 8-13 所示的选择元件封装样式对话框。在该对话框中可以设置元件的外形。Protel 99 SE 提供了 11 种元件的外形供用户选择。本例选择［DIP］封装外形，同时在对话框下面选择元件封装的度量单位为“mil”。

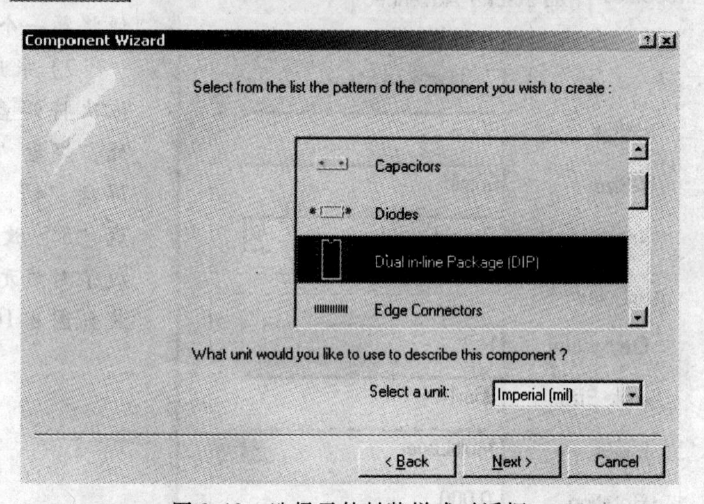

图 8-13　选择元件封装样式对话框

3）单击选择元件封装样式对话框中的 Next > 按钮，弹出如图 8-14 所示的设置焊盘尺寸对话框。在该对话框中可以修改焊盘和过孔的尺寸，本例中使用默认设置。

4）单击设置焊盘尺寸对话框中的 Next > 按钮，弹出如图 8-15 所示的设置焊盘间距对话框。在该对话框中可以设置焊盘水平间距和垂直间距。本例中设置的尺寸分别为 400mil 和 100mil。

5）单击设置焊盘间距对话框中的 Next > 按钮，弹出如图 8-16 所示的设置元件轮廓线宽对话框。在该对话框中可以设置元件的轮廓线宽。本例中使用默认设置。

6）单击设置元件轮廓线宽对话框中的 Next > 按钮，弹出如图 8-17 所示的

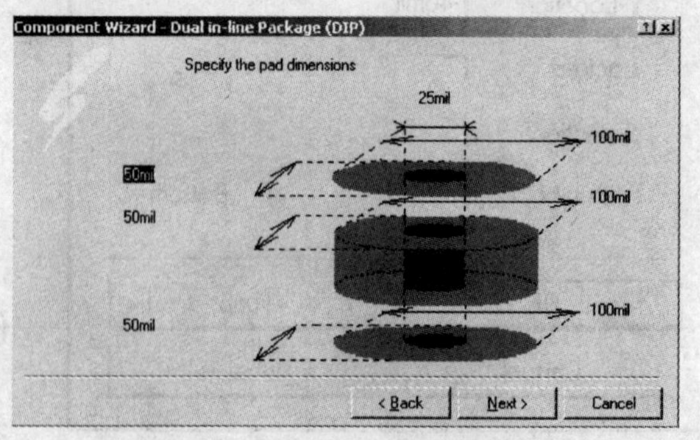

图 8-14　设置焊盘尺寸对话框

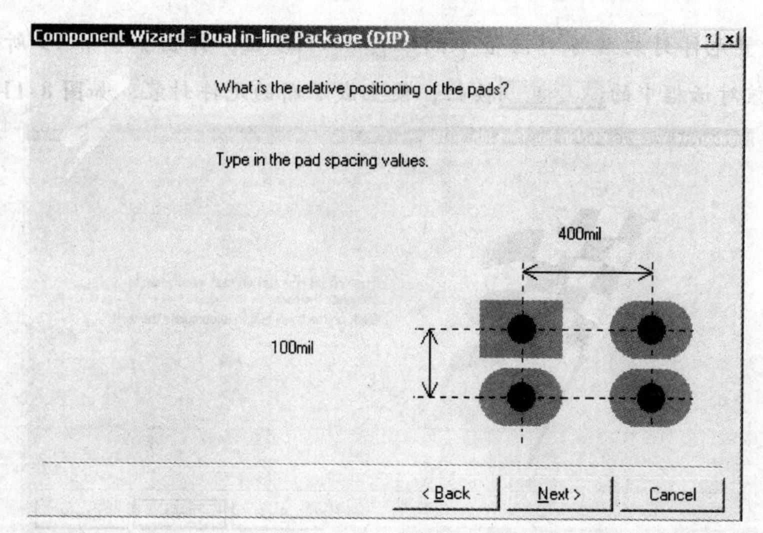

图 8-15　设置焊盘间距对话框

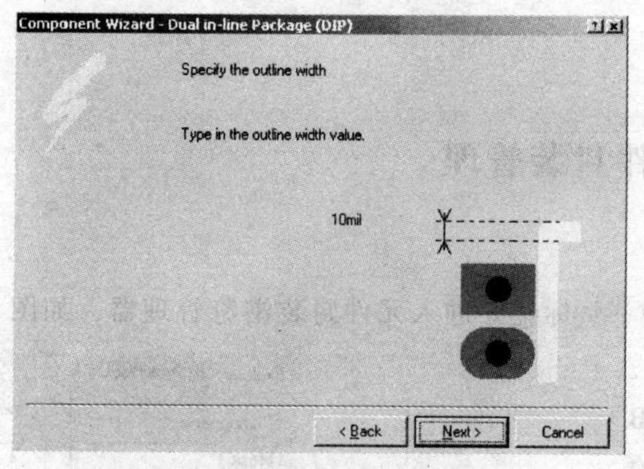

图 8-16　设置元件轮廓线宽对话框

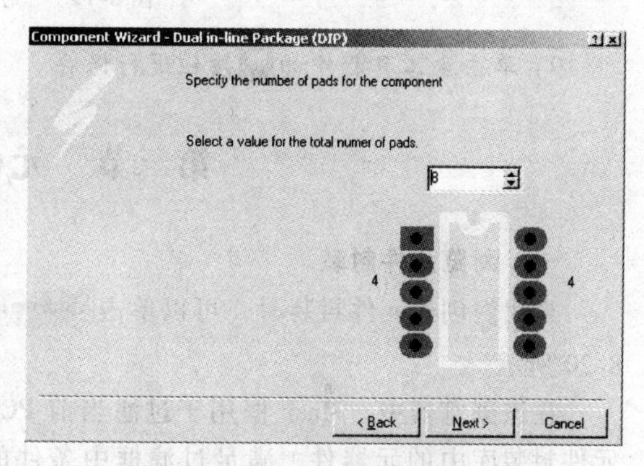

图 8-17　设置元件引脚数目对话框

设置元件引脚数目对话框。在该对话框中可以设置元件的引脚数。本例中将引脚数设置为 8。

7）单击设置元件引脚数目对话框中的 Next> 按钮，弹出如图 8-18 所示的设置元件封装名称对话框。在该对话框中可以设置元件的封装名称。本例中使用默认名。

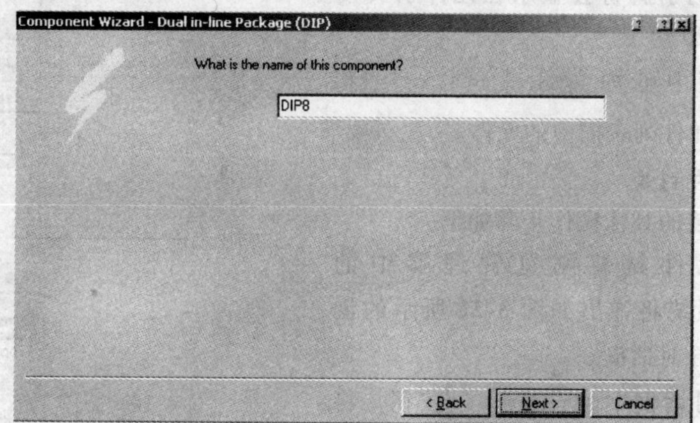

图 8-18　设置元件封装名称对话框

8）单击设置元件封装名称对话框中的 Next > 按钮，弹出如图 8-19 所示的“完成”对话框。单击该对话框中的 Finish 按钮，便生成了新的元件封装，如图 8-11 所示。

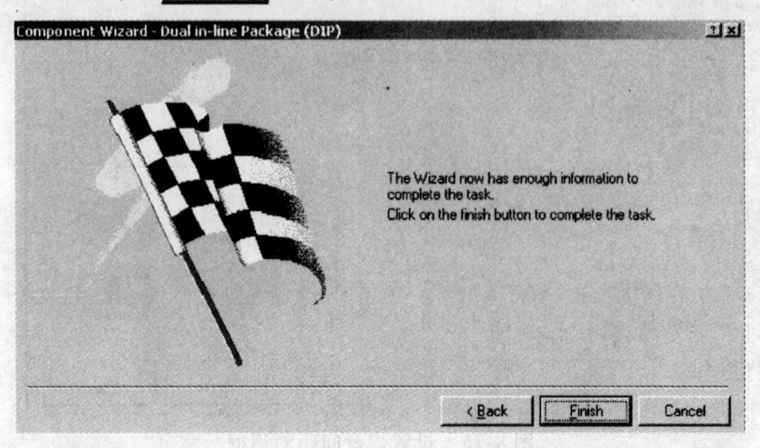

图 8-19 “完成”对话框

9）单击主工具栏中的按钮进行保存。

第三节 元件封装管理

一、浏览元件封装

当我们创建元件封装时，可以单击 Browse PCBLib 标签，进入元件封装浏览管理器，如图 8-20 所示。

在该浏览器中，Mask 框用于过滤当前 PCB 元件封装库中的元器件，满足过滤框中条件的所有元器件将会显示在元件列表框中。例如，在 Mask 编辑框中键入 J *，则在元件列表框中显示所有以 J 开头的元件封装。

当用户在元件列表框中选中一个元件封装时，该元件封装的引脚将会显示在元件引脚列表框中，如图 8-20 所示。

在该对话框中可按 < 、 << 、 >> 和 > 按钮来选择元件列表框中的元件。

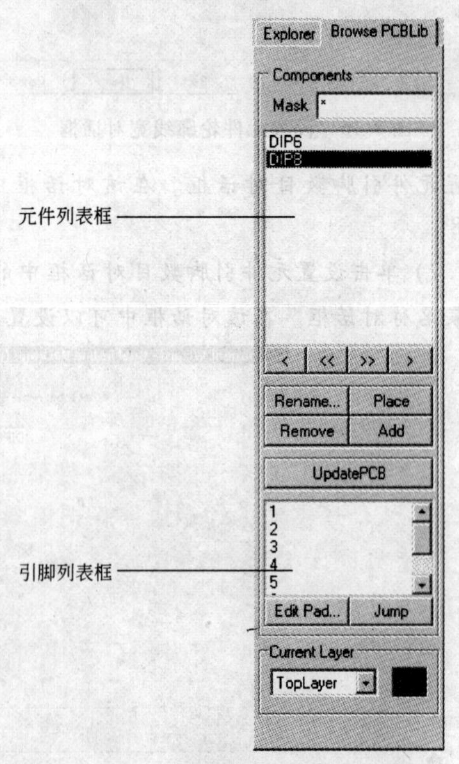

图 8-20 元件封装浏览管理器

二、添加元件封装

添加元件封装的具体操作步骤如下：

1）单击元件封装浏览管理器中的 Add 按钮，系统将弹出如图 8-21 所示的创建新元件封装向导对话框。

2）单击该对话框中的 Next > 按钮，将会按照向导进行创建新元件封装。如果单击

图 8-21　创建新元件封装向导对话框

Cancel按钮，系统将会生成一个名为“PCBCOMPONENT_1”的空文件，然后用户可以对该元件封装进行重命名，并可进行绘图操作，生成一个新的元件封装。

三、元件封装重命名

当创建了一个元件封装后，用户还可以对该元件封装进行重命名，具体操作步骤如下：

1）在元件列表框中选中一个元件封装，然后单击Rename...按钮，系统将弹出如图 8-22 所示的重命名元件封装对话框。

2）在该对话框中可以键入元件封装的新名，然后单击 OK 按钮即可完成重命名操作。

四、删除元件封装

在元件列表框中选中需要删除的元件封装，然后单击 Remove 按钮，系统将弹出如图 8-23 所示的确认提示框，如果单击 Yes 按钮，程序会执行删除操作；单击 No 按钮，程序会取消删除操作。

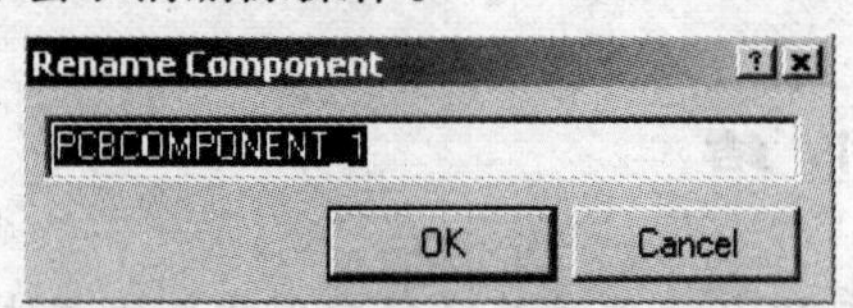

图 8-22　重命名元件封装对话框

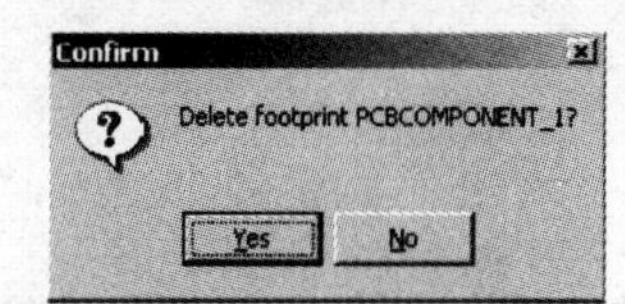

图 8-23　确认提示框

第四节　创建项目元件封装库

项目元件封装库是按照项目电路图上的元器件生成的一个封装库，实际上就是把整个项目中所用到的元器件整理并存入一个元件库文件中。

下面我们以第七章中制作的晶体管直流稳压电源的印制电路板为例，讲述创建该 PCB 图项目元件库的具体操作步骤。

1）执行菜单命令 File/Open，打开晶体管直流稳压电源的印制电路板图所属的设计数据库“晶体管直流稳压电源”，如图 8-24 所示。

2）在该数据库中打开文件“PCB1. PCB”。

3）执行菜单命令 Design/Make Library。执行该命令后程序会自动切换到

图 8-24　打开晶体管直流稳压电源设计数据库

元件封装库编辑器，生成相应的项目文件 PCB1. Lib，如图 8-25 所示。

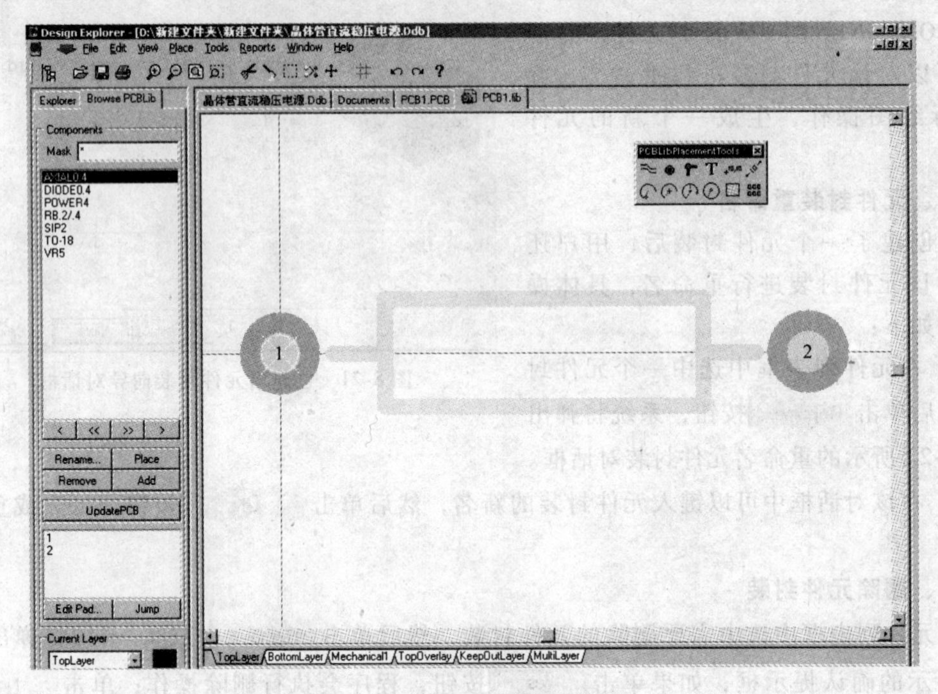

图 8-25　生成的新元件封装库

本章小结

本章主要介绍了 PCB 元件库编辑器及如何在 PCB 元件库编辑器中创建新的元件封装。

通过本章的学习应使学生熟悉 PCB 元件库编辑器的操作，能够按照实际元器件的尺寸及封装要求自制元件封装。

复习思考题

1. 新建一个设计数据库文件“元件封装 . ddb”，在该设计数据库的文件夹中创建一个名为“自制元件封装 . Lib”的 PCB 元件库文件，在该元件库文件中制作如下 PCB 元件封装：

1）制作如图 8-26 所示的 DC/DC 转换器 5D15B，封装名为“5D15B”。

2）制作如图 8-27 所示的普通发光二极管 LED，封装名为“LED0. 1”。图中显示的可视栅格设置为：Visible Grid1 = 100mil，Visible Grid 2 = 1000mil。

3）制作如图 8-28 所示的整流桥 2W10，封装名为“2W10”。图中显示的可视栅格设置为：Visible Grid1 = 100mil，Visible Grid 2 = 1000mil。

2. 绘制如图 8-29 所示的循环控制电路原理图并将其设计成单面印制电路板。

设计要求如下：

1）绘制循环控制电路原理图并由原理图创建网络表。

2）印制电路板的电气边界为 70mm × 50mm。

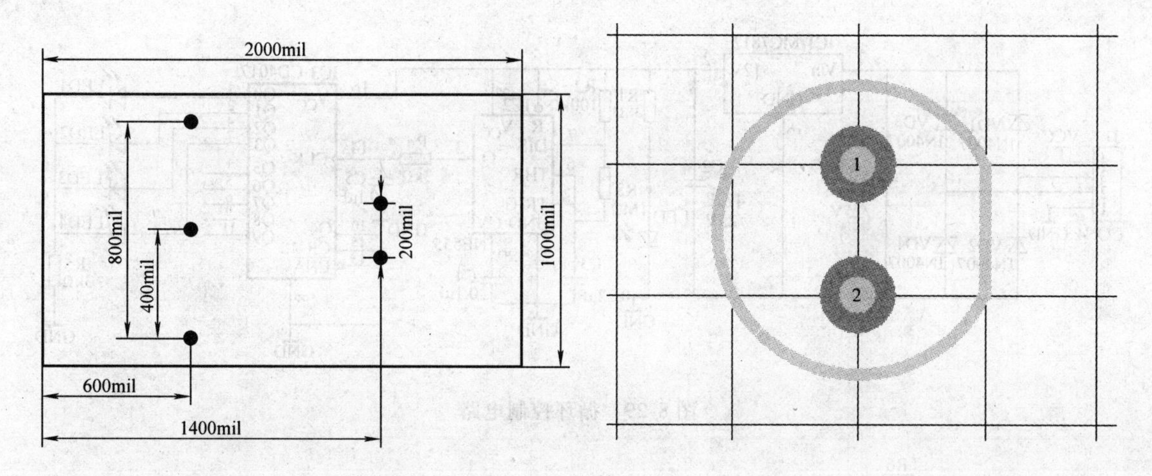

图 8-26　DC/DC 转换器 5D15B

图 8-27　发光二极管 LED

3）发光二极管的封装调用“自制元件封装 . Lib”库中的“LED0. 1”。图中其他元器件采用如下封装形式：

电阻 R1 ~ R5 封装形式为 AXIAL0. 3；电容 C4、C5 封装形式为 RAD0. 1；极性电容 C1 ~ C3 封装形式为 RB. 2/. 4；二极管 VD1 ~ VD4 封装形式为 DIODE0. 4；三端稳压器封装形式为 TO-220；集成电路 NE555 封装形式为 DIP8，CD4017 封装形式为 DIP16；连接器 J1 封装形式为 SIP4。

4）一般布线宽度为 10mil，电源、地线宽度为 30mil。

3. 绘制如图 8-30 所示的单结晶体管触发电路原理图并将其设计成单面印制电路板。

设计要求如下：

1）绘制单结晶体管触发电路原理图并由原理图创建网络表。

2）规划印制电路板的电气边界为 90mm × 70mm。

3）自制变压器元件封装，如图 8-31 所示，封装名为“TP”。

图 8-30 中其他元器件采用如下封装形式：

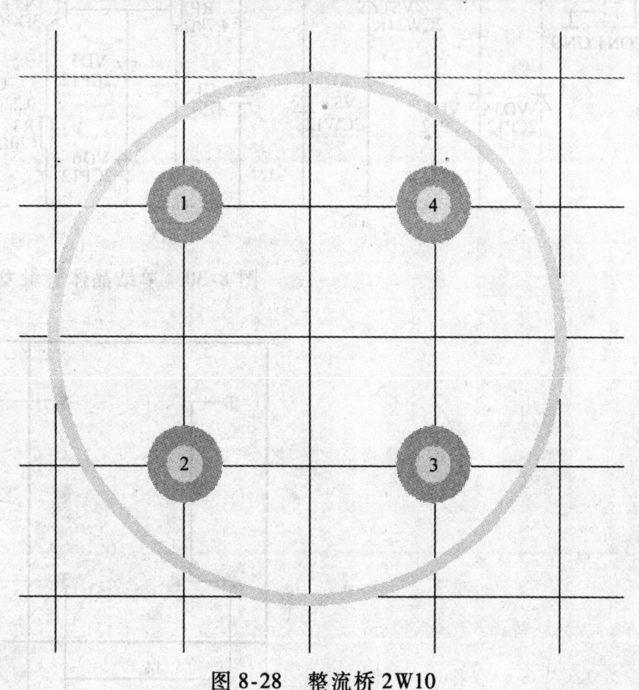

图 8-28　整流桥 2W10

电阻 R1 ~ R6 封装形式为 AXIAL0. 3；电容 C2 封装形式为 RAD0. 1；极性电容 C1 封装形式为 RB. 2/. 4；二极管 VD1 ~ VD11；稳压二极管 VS1、VS2 封装形式为 DIODE0. 4；电位器 RP 封装形式为 VR5；晶体管 VT1、VT2，单结晶体管 VU 封装形式为 TO92A；连接器 J1 封装形式为 SIP4；连接器 J2 封装形式为 SIP3。

4）一般布线宽度为 10mil，电源、地线宽度为 30mil。

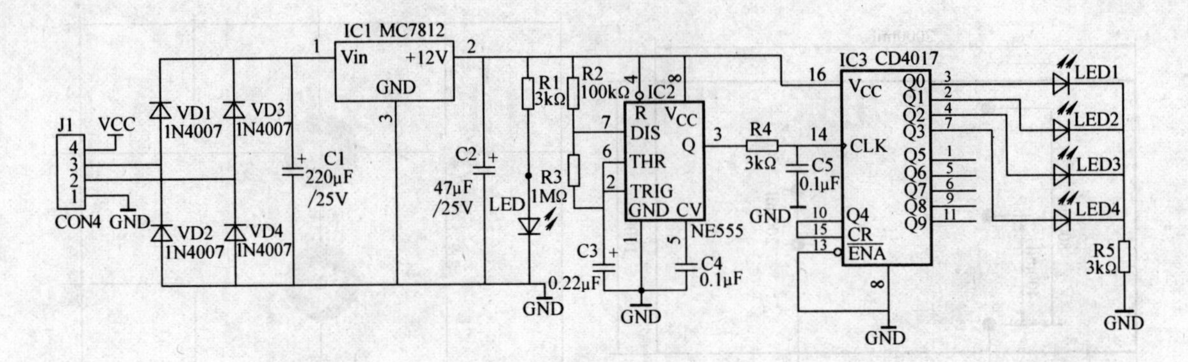

图 8-29　循环控制电路

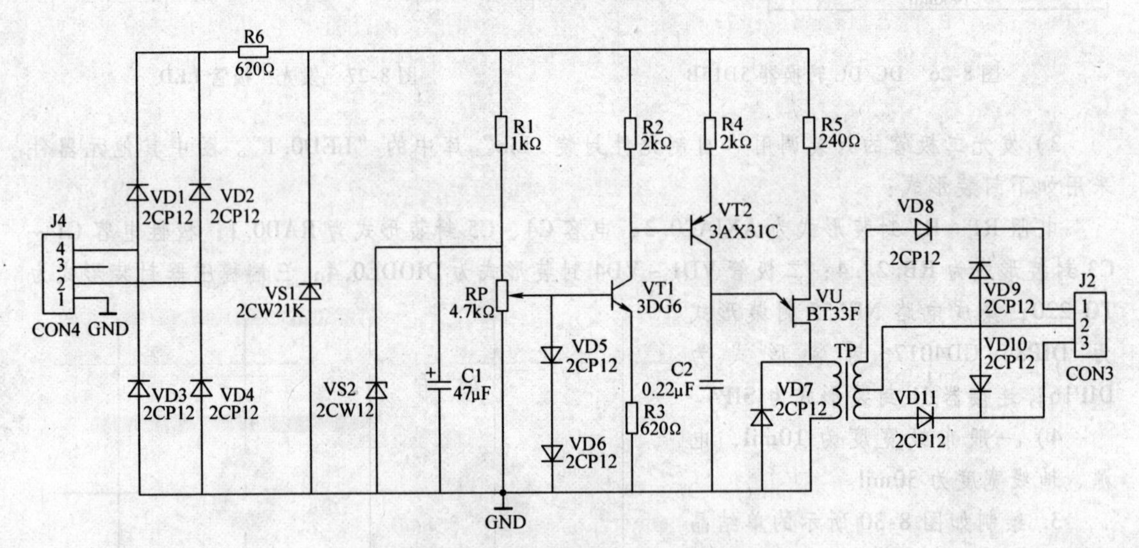

图 8-30　单结晶体管触发电路

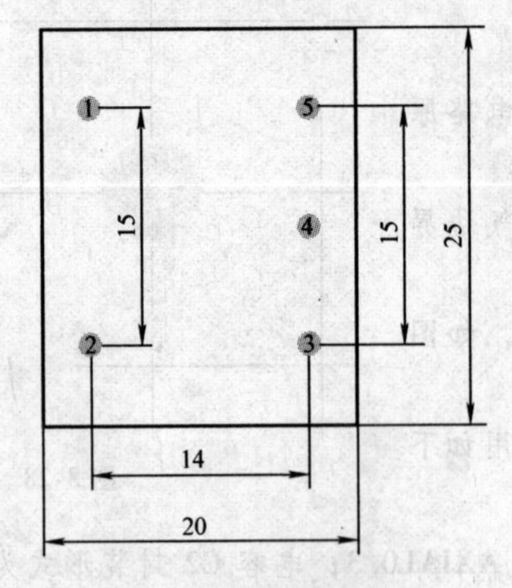

图 8-31　变压器的封装

第九章　生成 PCB 报表文件

教学目标

了解 PCB 报表的内容，能够生成各种 PCB 报表。

教学重点、难点：

掌握 PCB 报表的内容，能够生成各种 PCB 报表。

Protel 99 SE 的印制电路板设计系统提供了生成各种报表的功能，它可给用户提供有关设计过程及设计内容的详细资料，主要包括设计过程中的电路板状态信息、引脚信息、封装信息、网络信息以及布线信息等。

第一节　生成引脚报表

引脚报表能够提供电路板上选取的引脚信息。用户可选取若干个引脚，通过报表功能生成这些引脚的相关信息。下面我们以图 7-1 所示晶体管直流稳压电源的 PCB 图“PCB1. PCB”为例，说明生成引脚报表的具体操作步骤：

1）在电路板上选择需要生成报表的引脚。本例选择“PCB1. PCB”实例中的元器件 C1、RP1 和 V2 的引脚。

2）执行菜单命令 Reports/Selected Pins...，弹出如图 9-1 所示的选取引脚对话框。

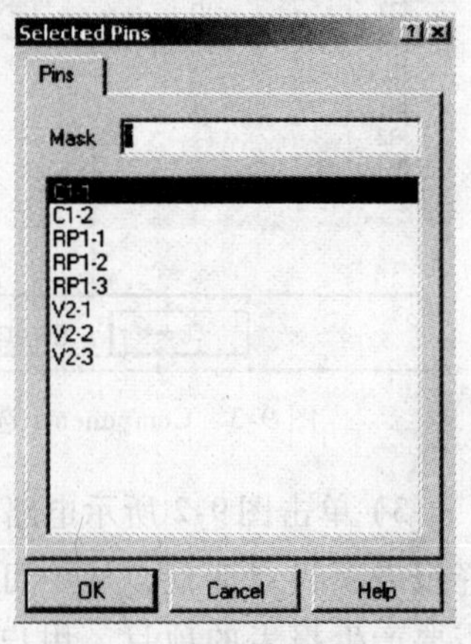

图 9-1　选取引脚对话框

在该对话框中，系统将用户选择的引脚全部列在其中。

3）单击该对话框中的 OK 按钮，系统会自动生成相应的“. DMP”文件，并切换到文本编辑窗口。报表文件的内容为：

C1-1	C1-2	RP1-1
RP1-2	RP1-3	V2-1
V2-2	V2-3	

第二节　生成电路板信息报表

电路板信息报表的作用是给用户提供一个电路板的完整信息，包括电路板尺寸、电路板上的焊点、过孔的数量以及元器件的标号等。生成电路板信息报表的具体操作步骤如下：

1）执行菜单命令 Reports/Board Information...，系统将弹出如图 9-2 所示的电路板信息对话框。

在该对话框中有三个选项卡，其中：

General选项卡主要显示电路板的一般信息，如电路板的大小、各个组件的数量、导线数、焊点数、过孔数、敷铜数、违反设计规则的数量等。

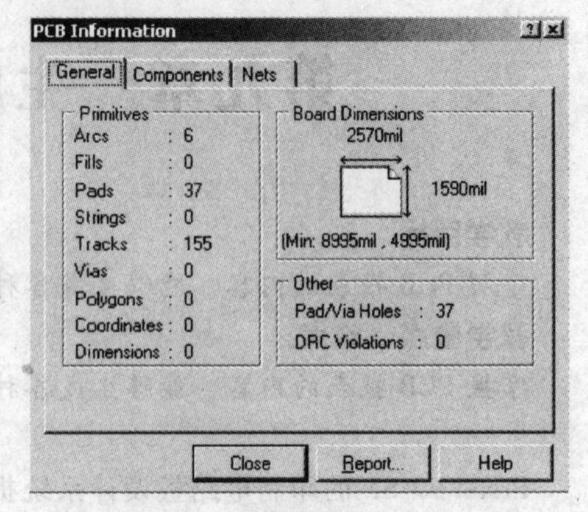

图 9-2　电路板信息对话框

Components选项卡：显示当前电路板上使用的元件序号以及元件所在的层等信息，如图9-3所示。

Nets选项卡显示当前电路板中的网络信息，如图9-4所示。

2）单击Nets选项卡中的 Pwr/Gnd.. 按钮，系统将弹出如图9-5所示的内部板层信息对话框。该对话框中列出了各个内部板层所接的网络、导孔和焊点以及导孔或焊点和内部板层的连接方式。

本实例中没有内部板层网络，所以在图9-5所示的对话框中未显示板层信息。

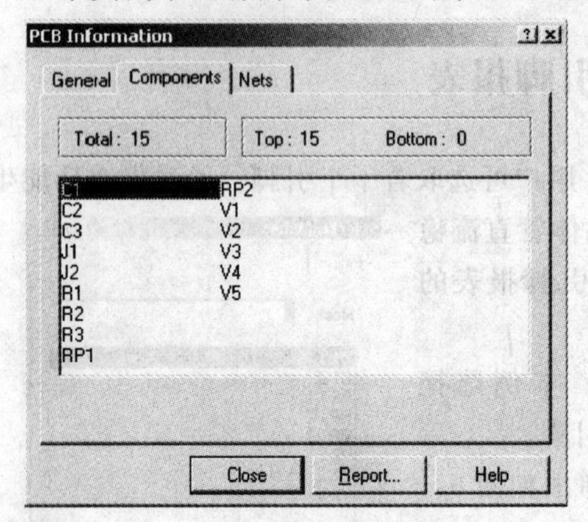

图 9-3　Components 选项卡

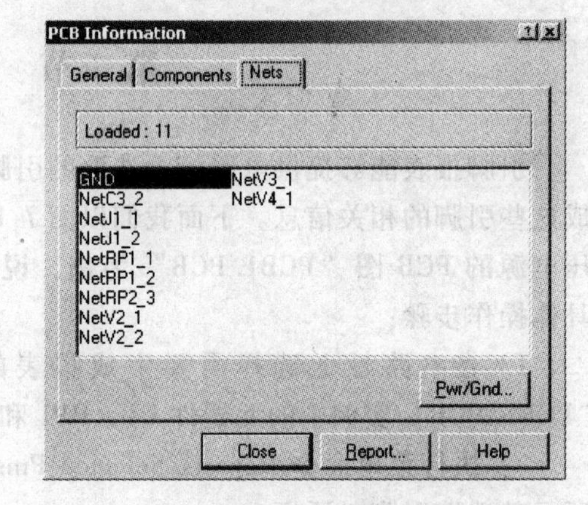

图 9-4　Nets 选项卡

3）单击图9-2所示电路板信息对话框中的 Report... 按钮，系统将弹出如图9-6所示的选择报表项目对话框，从中可以选择需要产生报表的项目。用户可以选择“All On”按钮，选择所有项目，或者选择“All Off”按钮，不选择任何项目。如果选中Selected Objects only复选框，则产生选中对象的电路板信息。本例中选择“All On”。

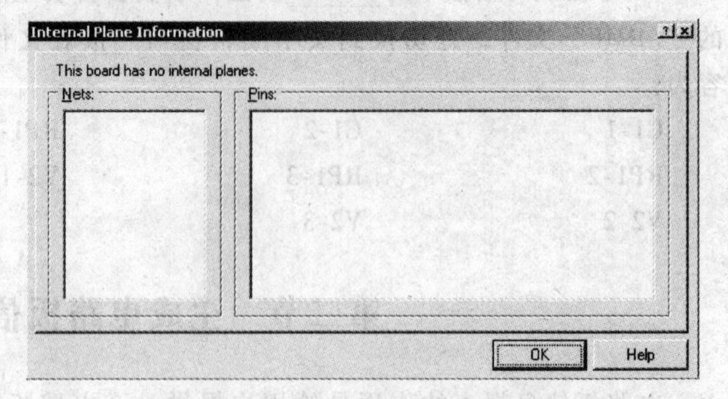

图 9-5　内部板层信息对话框

4）单击图9-6所示选择报表项目对话框中的 Report 按钮，生成以“.REP”为扩展名的报表文件。同时启动文本编辑器并打开该文件，从中我们可以阅读详细的信息。

本实例晶体管直流稳压电源的PCB图“PCB1.PCB”生成的电路板信息报表文件

如下：

当前电路板的信息报表：

Specifications For PCB4. PCB

On 21-Jan-2007 at 00：57：55

当前电路板的尺寸信息：

Size Of board 2. 57 × 1. 59 sq in

Equivalent 14 pin components 1. 55 sq in/14 pin component

Components on board 15

当前电路板的图元信息及其他信息：

Layer	Route	Pads	Tracks	Fills	Arcs	Text
BottomLayer		0	85	0	0	0
TopOverlay		0	66	0	6	30
KeepOutLayer		0	4	0	0	0
MultiLayer		37	0	0	0	0
Total		37	155	0	6	30

Layer Pair	Vias
Total	0

Non-Plated Hole Size	Pads	Vias
Total	0	0

Plated Hole Size	Pads	Vias
28mil (0. 7112mm)	16	0
30mil (0. 762mm)	9	0
32mil (0. 8128mm)	12	0

图 9-6 选择报表项目对话框

Total 37 0

Top Layer Annular Ring Size Count

18mil (0.4572mm) 4
30mil (0.762mm) 17
34mil (0.8636mm) 12
72mil (1.8288mm) 4

Total 37

Mid Layer Annular Ring Size Count

18mil (0.4572mm) 4
30mil (0.762mm) 17
34mil (0.8636mm) 12
72mil (1.8288mm) 4

Total 37

Bottom Layer Annular Ring Size Count

18mil (0.4572mm) 4
30mil (0.762mm) 17
34mil (0.8636mm) 12
72mil (1.8288mm) 4

Total 37

Pad Solder Mask Count

4mil (0.1016mm) 37

Total 37

Pad Paste Mask Count

0mil (0mm) 37

```
Total                                    37

Pad Pwr/Gnd Expansion                    Count
------------------------
20mil (0.508mm)                          37
------------------------
Total                                    37

Pad Relief Conductor Width               Count
------------------------
10mil (0.254mm)                          37
------------------------
Total                                    37

Pad Relief Air Gap                       Count
------------------------
10mil (0.254mm)                          37
------------------------
Total                                    37

Pad Relief Entries                       Count
------------------------
4                                        37
------------------------
Total                                    37

Track Width                              Count
------------------------
8mil (0.2032mm)                          9
10mil (0.254mm)                          99
12mil (0.3048mm)                         47
------------------------
Total                                    155

Arc Line Width                           Count
------------------------
10mil (0.254mm)                          6
------------------------
Total                                    6
```

```
Arc Radius                          Count
------------------------
100mil (2.54mm)                     3
200mil (5.08mm)                     3
------------------------
Total                               6

Arc Degrees                         Count
------------------------
360                                 6
------------------------
Total                               6

Text Height                         Count
------------------------
60mil (1.524mm)                     30
------------------------
Total                               30

Text Width                          Count
------------------------
10mil (0.254mm)                     30
------------------------
Total                               30

Net Track Width                     Count
------------------------
10mil (0.254mm)                     11
------------------------
Total                               11

Net Via Size                        Count
------------------------
50mil (1.27mm)                      11
------------------------
Total                               11

Routing Information
```

Routing completion : 100.00%
Connections : 26
Connections routed : 26
Connections remaining: 0

第三节 生成网络状态报表

网络状态报表主要用于列出当前电路板上所有网络的名称、所处的工作层面以及网络的走线长度。生成网络状态报表的具体操作步骤如下：

1）执行菜单命令 Reports/Netlist Status。

2）执行上述命令后，便生成以“.REP”为扩展名的网络状态报表文件，并同时打开了该文件。

下面为图 7-1 所示晶体管直流稳压电源的 PCB 图“PCB1.PCB”生成的网络状态报表文件的内容：

Nets report For Documents \ PCB1.PCB
On 26-Jan-2007 at 22:37:13

GND Signal Layers Only Length: 3397 mils

NetC3_2 Signal Layers Only Length: 2018 mils

NetJ1_1 Signal Layers Only Length: 625 mils

NetJ1_2 Signal Layers Only Length: 1066 mils

NetRP1_1 Signal Layers Only Length: 300 mils

NetRP1_2 Signal Layers Only Length: 300 mils

NetRP2_3 Signal Layers Only Length: 1370 mils

NetV2_1 Signal Layers Only Length: 1177 mils

NetV2_2 Signal Layers Only Length: 391 mils

NetV3_1 Signal Layers Only Length: 331 mils

NetV4_1 Signal Layers Only Length: 2764 mils

第四节　生成 NC 钻孔报表

钻孔文件用于提供制作电路板时所需的钻孔信息，该信息可直接用于数控钻孔机。生成 NC 钻孔报表的具体操作步骤如下：

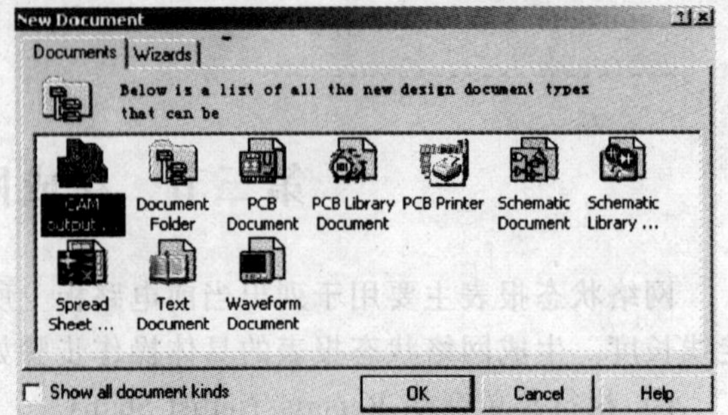

图 9-7　选择文件类型对话框

1）执行菜单命令 File/New...，弹出如图 9-7 所示的选择文件类型对话框。

2）双击该对话框中的 CAM output ... 图标，显示如图 9-8 所示的选择 PCB 文件对话框。

在其中选择需要产生报表的 PCB 文件。本例选择 PCB1. PCB。

3）单击图 9-8 选择 PCB 文件对话框中的 OK 按钮，显示如图 9-9 所示的生成输出向导对话框。

4）单击图 9-9 生成输出向导对话框中的 Next > 按钮，系统将弹出如图 9-10 所示的选择生成文件类型对话框。此处我们选择 NC. Drill 类型。

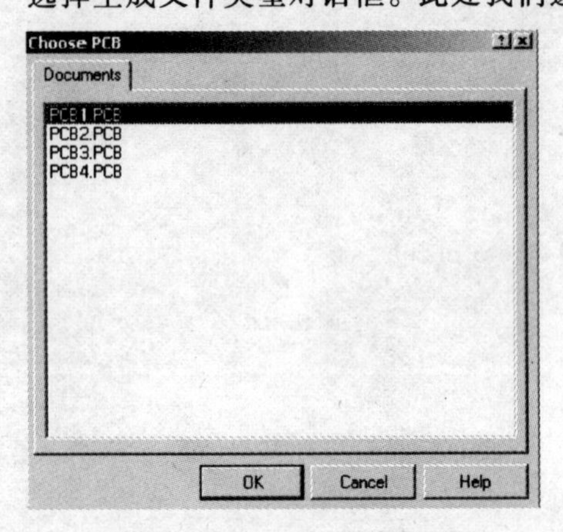

图 9-8　选择 PCB 文件对话框

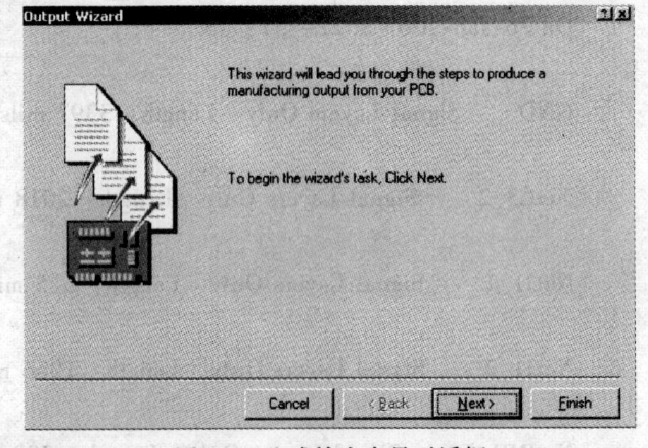

图 9-9　生成输出向导对话框

5）单击图 9-10 选择生成文件类型对话框中的 Next > 按钮，系统将弹出如图 9-11 所示的输入报表文件名对话框。此处我们选择默认文件名。

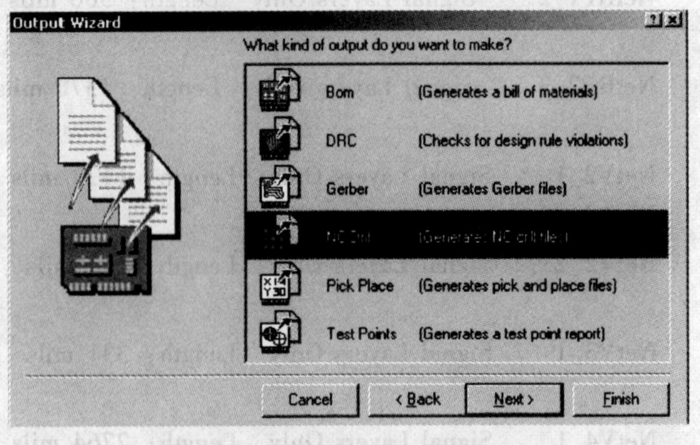

图 9-10　选择生成文件类型对话框

6）单击图 9-11 输入报表文件名对话框中的 Next > 按钮，系统将弹出如图 9-12 所示的单位格式对话框，从中可以选择单位（Inches 或 Milimeters）和单位格式（其中 2∶3 格式单位的分辨率为 1mil，2∶4 格式单位的分辨率为 0.1mil，2∶5 格式单位的分辨率为

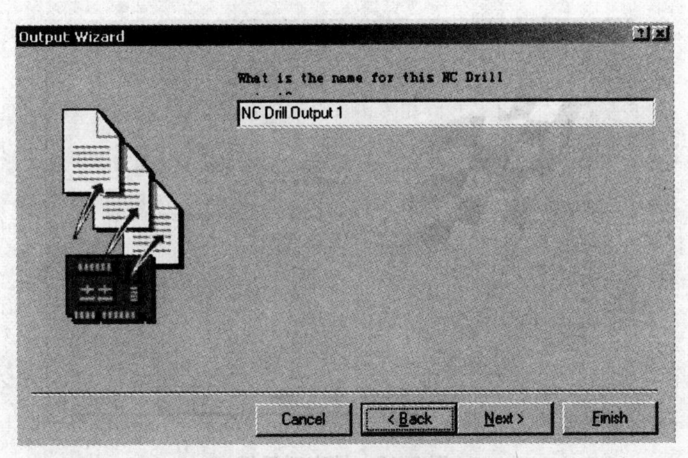

图 9-11　输入报表文件名对话框

0.01mil)，此处我们选择系统默认设置。

7）单击图 9-12 选择单位格式对话框中的 Next > 按钮，系统将弹出如图 9-13 所示的结束对话框，单击该对话框中的 Finish 按钮，即可产生辅助制造管理器文件，系统默认文件名为 CAMManager1. cam。

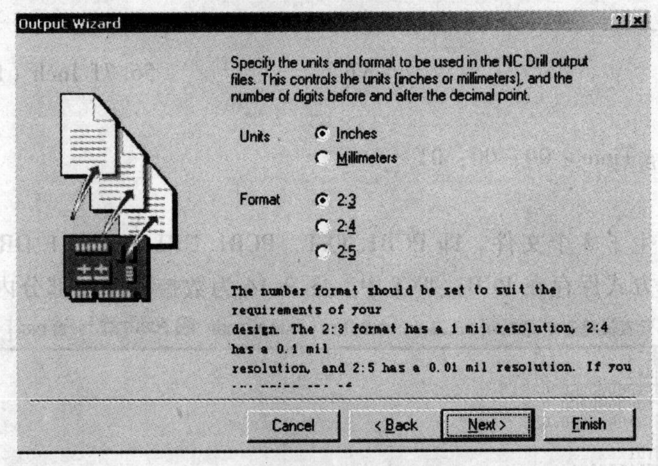

图 9-12　单位格式对话框

8）执行菜单命令 Tools/Generate CAM Files，系统将产生 PCB1. DRR 数控钻孔报表文件。图 7-1 所示晶体管直流稳压电源的 PCB 图“PCB1. PCB”生成的数控钻孔报表文件如下：

```
----------------------------------------------------------
NCDrill File Report For: PCB1. PCB   26-Jan-2007   22: 41: 31
----------------------------------------------------------

Layer Pair  : TopLayer to BottomLayer
ASCII File  : NCDrillOutput. TXT
EIA File    : NCDrillOutput. DRL

Tool        Hole Size        Hole Count Plated        Tool Travel
```

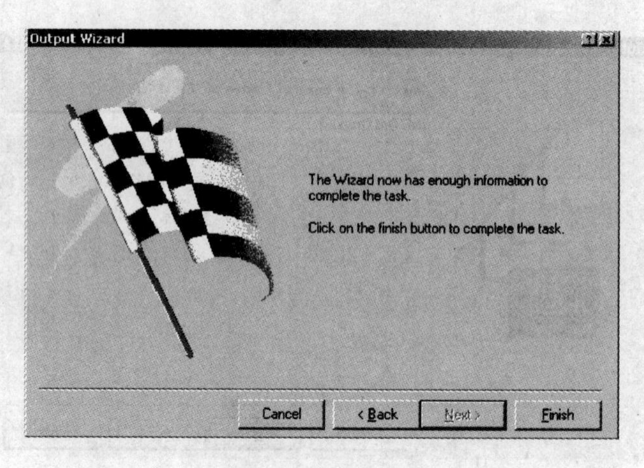

图 9-13　结束对话框

T1	28mil（0.7112mm）	16	19.87 Inch（504.70 mm）
T2	30mil（0.762mm）	9	15.57 Inch（395.43 mm）
T3	32mil（0.8128mm）	12	21.27 Inch（540.31 mm）

Totals	37	56.71 Inch（1440.43 mm）

Total Processing Time ：00：00：01

其实系统共产生了 3 个文件，即 PCB1.TXT、PCB1.DRL 和 PCB1.DRR，真正的数控程序是以文本文件的方式保存在 PCB1.TXT 中，图 9-14 为数控程序的部分内容。

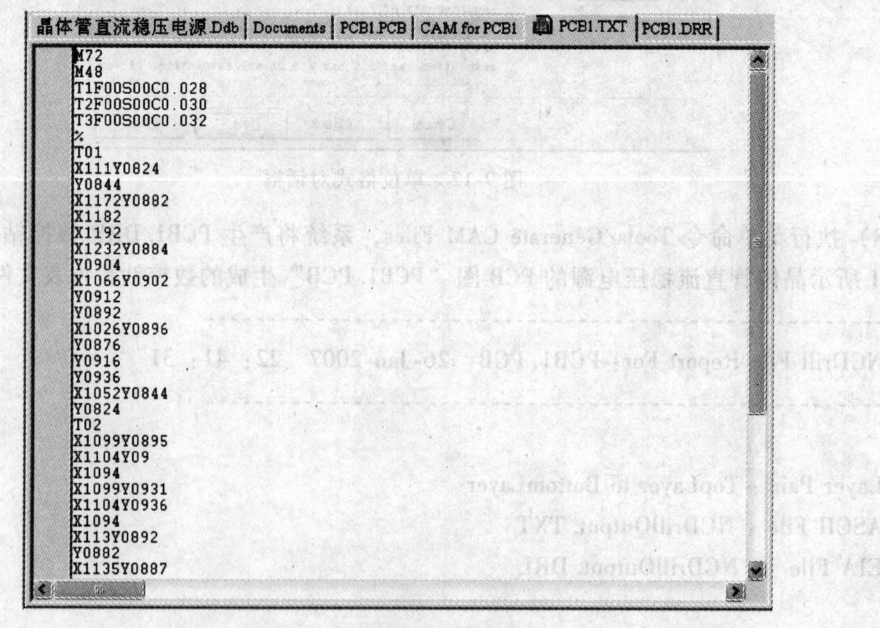

图 9-14　数控程序的部分内容

第五节　生成元件报表

元件报表文件可用来整理一个电路板或一个项目中的元器件，形成一个元件列表供用户查询。生成元件报表的具体操作步骤如下：

1）前四步操作与前述生成 NC 钻孔报表的操作相同。

2）在图 9-10 所示的选择生成文件类型对话框中选中“Bom”类型，然后单击该对话框中的 Next > 按钮。系统将弹出如图 9-15 所示的输入 Bom 报表文件名称对话框，在该对话框中可输入 Bom 报表名称。本例选择系统默认文件名。

3）单击图 9-15 输入 Bom 报表文件名称对话框中的 Next > 按钮，系统将弹出如图 9-16 所示的文件格式选择对话框，在该对话框中可输入 Bom 报表的格式。其中 Spreadsheet 为电子表格格式、Text 为文本格式、CSV 为字符串形式。本例采用系统默认选择。

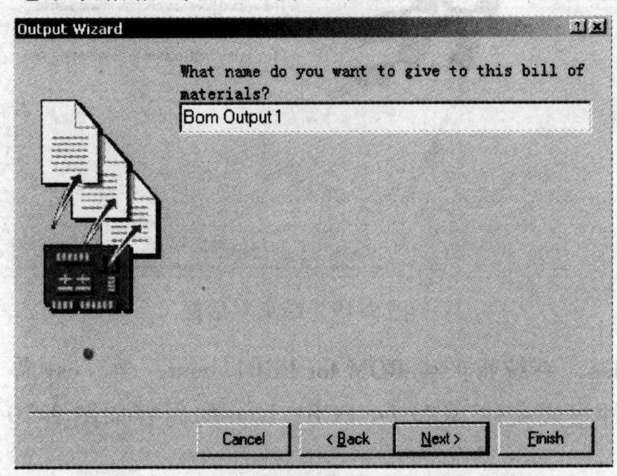

图 9-15　输入 Bom 报表文件名称对话框

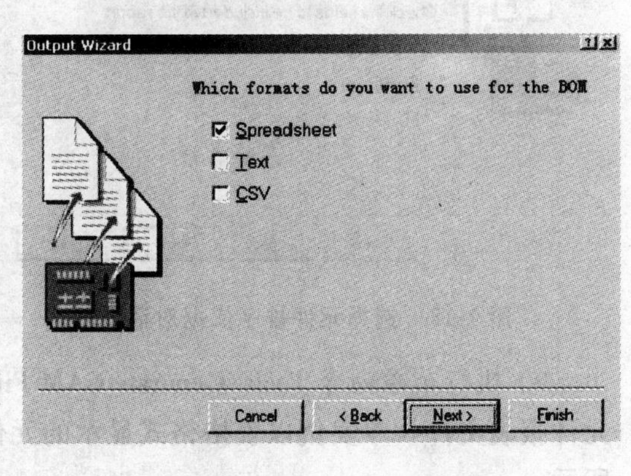

图 9-16　文件格式选择对话框

4）单击图 9-16 文件格式选择对话框中的 Next > 按钮，系统将弹出如图 9-17 所示的选择元件列表形式对话框。

在这个对话框中可以选择元件列表形式，系统提供了如下两种列表形式：

List：该选项为将当前电路板上所有元器件列表，每一个元器件占一行，所有元器件按顺序向下排列。

Group：该选项为将当前电路板上具有相同元件封装和元件名称的元器件合为一组，每组占一行。

本例中选择系统默认设置。

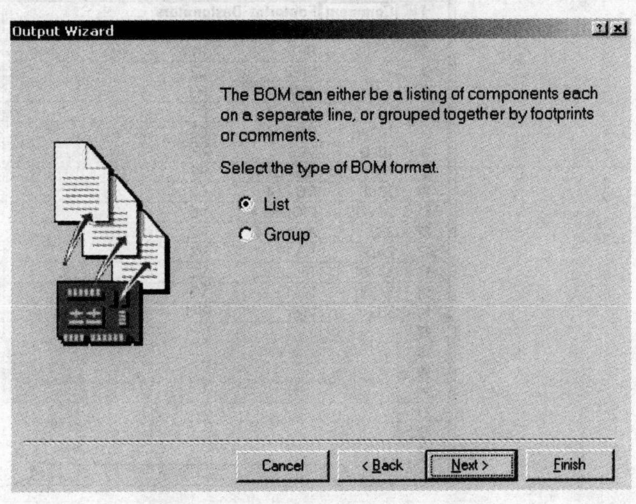

图 9-17　选择元件列表形式对话框

5）选择了列表形式后，单击图 9-17 选择元件列表形式对话框中的 Next> 按钮，系统将弹出如图 9-18 所示的选择元件排序依据对话框。

6）在图 9-18 选择元件排序依据对话框中选择 Comment 选项，用元件名称对元件报表排序。其中：Check the fields to be included in the report 选项组中的选项用于选择报表所要包含的范围。此处选用默认设置。

7）选择了报表包含的范围后，单击图 9-18 选择元件排序依据对话框中的 Next> 按钮，系统将弹出图 9-19 所示的结束对话框。

8）在图 9-19 结束对话框中单击 Finish 按钮，即可产生辅助制造管理器文件，系统默认文件名为 CAMManager2. cam。

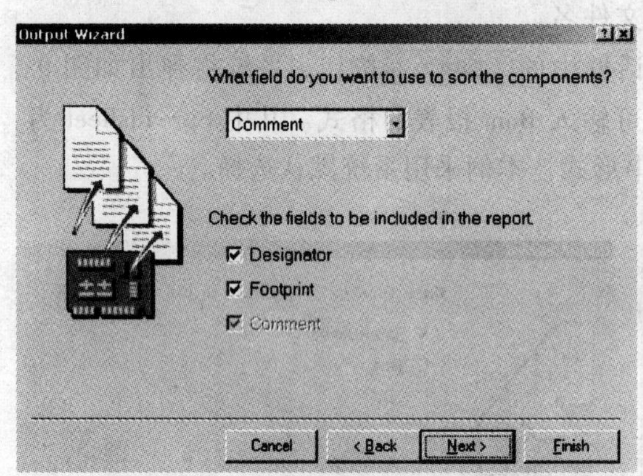

图 9-18　选择元件排序依据对话框

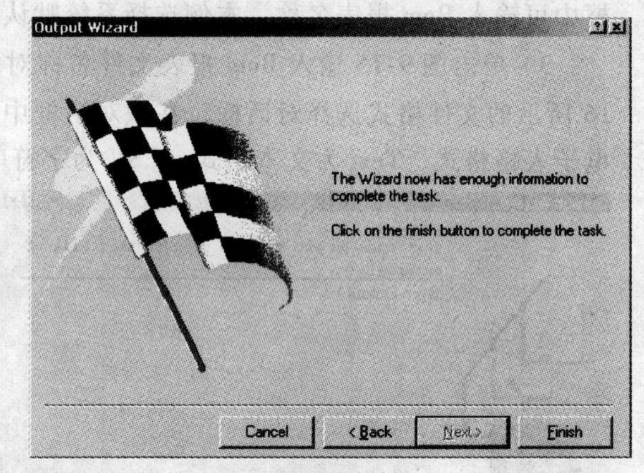

图 9-19　结束对话框

9）执行菜单命令 Tools/Generate CAM Files，系统将产生 BOM for PCB1. bom、txt、csv 等元件报表文件。本实例以表格格式显示的元件报表文件 BOM for PCB1. bom 的内容如图 9-20 所示。

晶体管直流稳压电源.Ddb | Sheet1.Sch | PCB1.PCB | Sheet1.NET | PCB1.DMP | PCB1.REP | BOM for PCB1.bom

Comment

	A	B	C	D	E	F	G	H
1	Comment	Footprint	Designators					
2		POWER4	V1					
3		SIP2	J1					
4		SIP2	J2					
5	1.1kΩ	AXIAL0.4	R3					
6	100μF	RB.2/.4	C1					
7	100μF	RB.2/.4	C3					
8	10kΩ	VR5	RP2					
9	140	AXIAL0.4	R1					
10	20μF	RB.2/.4	C2					
11	2CW10	DIODE0.4	V5					
12	330	AXIAL0.4	R2					
13	3AD6	TO-18	V4					
14	3AX31	TO-18	V2					
15	3AX31	TO-18	V3					
16	500	VR5	RP1					
17								
18								
19								
20								
21								
22								
23								

Sheet1

图 9-20　元件报表文件 BOM for PCB1. bom 的内容

第六节　生成电路特性报表

电路特性报表用于提供一些有关元器件的电特性信息。生成电路特性报表的具体操作步骤如下：

1）执行菜单命令 Reports/Signal Integrity。

2）执行上述命令后，系统将切换到文本编辑器，并在其中产生电路特性报表。本实例生成的电路特性报表为 PCB1. SIG，其内容如下：

```
Documents \ PCB1. SIG-Signal Integrity Report
--------------------------------

Designator to Component Type Specification
--------------------------------
Warning! No designator to component type mapping defined.
All components considered as type IC.

Power Supply Nets
-----------
Warning! No supply nets defined. Results may be unreliable.

ICs with valid models
---------------

ICs With No Valid Model
---------------
RP1        500        Closest match in library will be used
V3         3AX31      Closest match in library will be used
V2         3AX31      Closest match in library will be used
V4         3AD6       Closest match in library will be used
R2         330        Closest match in library will be used
V5         2CW10      Closest match in library will be used
C2         20μF       Closest match in library will be used
R1         140        Closest match in library will be used
RP2        10kΩ       Closest match in library will be used
C3         100μF      Closest match in library will be used
C1         100μF      Closest match in library will be used
R3         1.1kΩ      Closest match in library will be used
J2                    Closest match in library will be used
```

J1		Closest match in library will be used
V1	2W10	Closest match in library will be used

第七节　生成元件位置报表

元件位置报表用于提供元器件之间的距离，以判断元器件的位置布置是否合理。生成元件位置报表的具体操作步骤如下：

1）前四步操作与前述生成 NC 钻孔报表的操作相同。

2）在图 9-10 所示的选择生成文件类型对话框中选中“Pick Place”类型，然后单击该对话框中的 Next > 按钮。系统将弹出如图 9-21 所示的输入位置文件名称对话框，在该对话框中可输入位置文件名。本例选择系统默认文件名。

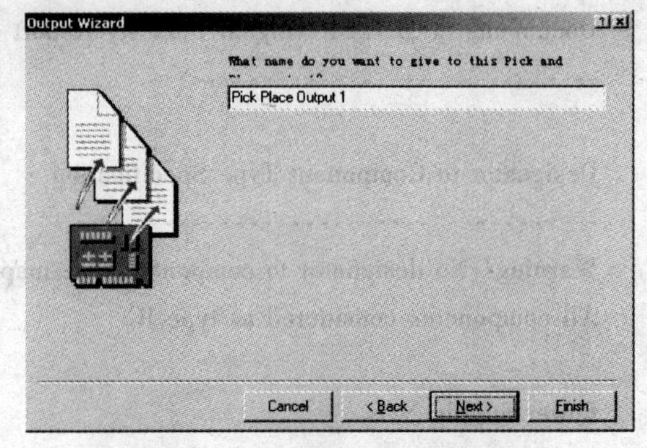

图 9-21　输入位置文件名称对话框

3）单击图 9-21 输入位置文件名称对话框中的 Next > 按钮，系统将弹出如图 9-22 所示的文件格式选择对话框。在该对话框中可选择报表的格式，其中 Spreadsheet 为电子表格格式、CSV 为字符串形式、Text 为文本格式。本例选择了三种形式。

4）单击图 9-22 文件格式选择对话框中的 Next > 按钮，系统将弹出如图 9-23 所示的单位设置对话框。在该对话框中可选择单位（Imperial 或 Metric），本例采用默认设置。

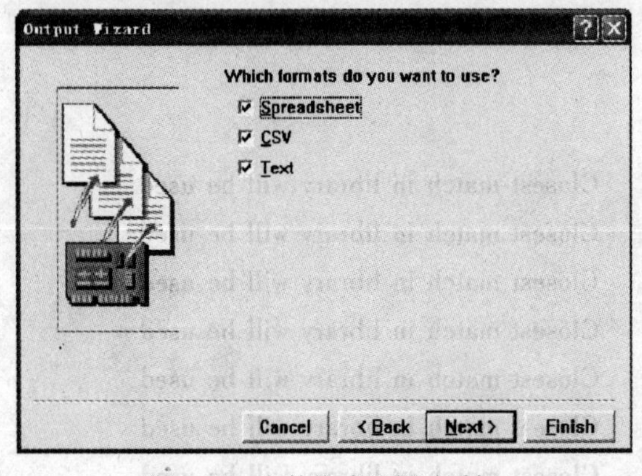

图 9-22　文件格式选择对话框

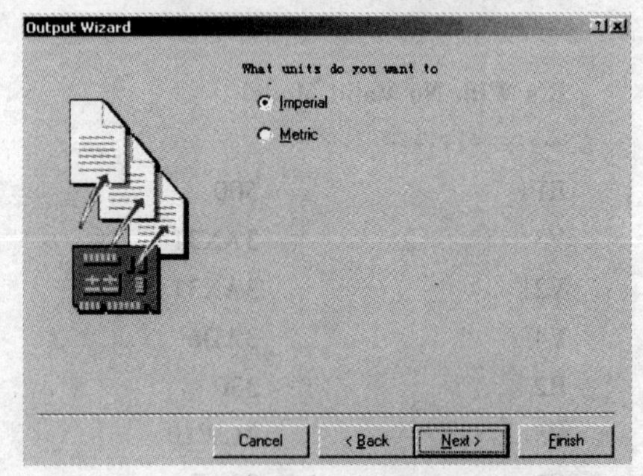

图 9-23　单位设置对话框

5）单击图 9-23 单位设置对话框中的 Next > 按钮，系统将弹出结束对话框，单击对话框中的 Finish 按钮，即可产生辅助制造管理器文件，系统默认文件名为 CAMManager3. cam。

6）执行菜单命令 Tools/Generate CAM Files，系统将产生 Pick Place for PCB1. pik、txt、csv 元件位置报表文件。本实例以表格格式显示的元件位置报表文件 Pick Place for PCB1. pik

的内容如图 9-24 所示。

A1 Designator

Designator	Footprint	Mid X	Mid Y	Ref X	Ref Y	Pad X	Pad Y	Layer	Rotation	Comment
V1	POWER4	10260mil	9060mil	10260mil	8760mil	10260mil	8760mil	T	90	2W10
J1	SIP2	10150mil	8160mil	10200mil	8160mil	10200mil	8160mil	T	180	
J2	SIP2	12370mil	8120mil	12320mil	8120mil	12320mil	8120mil	T	360	
R3	AXIAL0.4	11500mil	9320mil	11500mil	9120mil	11500mil	9120mil	T	90	1.1kΩ
C1	RB.2/.4	12320mil	8940mil	12320mil	8840mil	12320mil	8840mil	T	270	100μF
C3	RB.2/.4	10520mil	8340mil	10520mil	8240mil	10520mil	8240mil	T	270	100μF
RP2	VR5	10700mil	9140mil	10700mil	9240mil	10700mil	9240mil	T	270	10kΩ
R1	AXIAL0.4	11820mil	9320mil	11820mil	9120mil	11820mil	9120mil	T	90	140
C2	RB.2/.4	11100mil	8340mil	11100mil	8240mil	11100mil	8240mil	T	270	20μF
V5	DIODE0.4	11500mil	8320mil	11500mil	8520mil	11500mil	8520mil	T	270	2CW10
R2	AXIAL0.4	11920mil	8320mil	11920mil	8120mil	11920mil	8120mil	T	90	330
V4	TO-18	11070mil	9355mil	11120mil	9380mil	11120mil	9380mil	T	0	3AD6
V2	TO-18	11090mil	8695mil	11140mil	8720mil	11140mil	8720mil	T	360	3AX31
V3	TO-18	11070mil	9035mil	11120mil	9060mil	11070mil	9010mil	T	0	3AX31
RP1	VR5	11820mil	8820mil	11920mil	8820mil	11720mil	8820mil	T	180	500

Sheet1

图 9-24 元件位置报表

本章小结

PCB 设计系统提供了生成各种报表的功能，可以给设计人员提供关于设计过程及设计内容的详细资料。本章主要介绍了在印制电路板的设计过程中电路板的引脚报表、信息报表、网络状态报表、NC 钻孔报表及元件报表的内容和生成方法。

通过本章的学习，使学生应能生成关于 PCB 图的各种报表。

复习思考题

将第八章习题中制作的单面板分别生成 PCB 图的报表文件。

参考文献

[1] 高鹏，安涛，寇怀诚．Protel 99 入门与提高［M］．北京：人民邮电出版社，2002.

[2] 李东生，张勇，许四毛．Protel 99 SE 电路设计技术入门与应用［M］．北京：电子工业出版社，2007.

[3] 清源计算机工作室．Protel 99 SE 原理图与 PCB 及仿真［M］．北京：机械工业出版社，2004.

[4] 李敬梅．电力拖动控制线路与技能训练［M］．3 版．北京：中国劳动社会保障出版社，2006.

读者信息反馈表

感谢您购买《计算机绘图（电气类）》一书。为了更好地为您服务，有针对性地为您提供图书信息，方便您选购合适图书，我们希望了解您的需求和对我们教材的意见和建议，愿这小小的表格为我们架起一座沟通的桥梁。

<table>
<tr><td>姓名</td><td></td><td colspan="2">所在单位名称</td><td colspan="2"></td></tr>
<tr><td>性别</td><td></td><td colspan="2">所从事工作(或专业)</td><td colspan="2"></td></tr>
<tr><td>通信地址</td><td colspan="3"></td><td>邮编</td><td></td></tr>
<tr><td>办公电话</td><td colspan="2"></td><td>移动电话</td><td colspan="2"></td></tr>
<tr><td>E-mail</td><td colspan="5"></td></tr>
<tr><td colspan="6">1. 您选择图书时主要考虑的因素:(在相应项前面√)
(　)出版社　(　)内容　(　)价格　(　)封面设计　(　)其他
2. 您选择我们图书的途径(在相应项前面√)
(　)书目　(　)书店　(　)网站　(　)朋友推介　(　)其他</td></tr>
<tr><td colspan="6">希望我们与您经常保持联系的方式:
□电子邮件信息　□定期邮寄书目
□通过编辑联络　□定期电话咨询</td></tr>
<tr><td colspan="6">您关注(或需要)哪些类图书和教材:</td></tr>
<tr><td colspan="6">您对我社图书出版有哪些意见和建议(可从内容、质量、设计、需求等方面谈):</td></tr>
<tr><td colspan="6">您今后是否准备出版相应的教材、图书或专著(请写出出版的专业方向、准备出版的时间、出版社的选择等):</td></tr>
</table>

非常感谢您能抽出宝贵的时间完成这张调查表的填写并回寄给我们，您的意见和建议一经采纳，我们将有礼品回赠。我们愿以真诚的服务回报您对机械工业出版社技能教育分社的关心和支持。

请联系我们——

地址　北京市西城区百万庄大街 22 号　机械工业出版社技能教育分社

邮编　100037

社长电话　(010) 88379080　88379083　68329397 (带传真)

E-mail　jnfs@ mail. machineinfo. gov. cn